新时期小城镇规划建设管理指南丛书

小城镇生态建设与环境保护设计指南

张广钱　主编

天津大学出版社
TIANJIN UNIVERSITY PRESS

图书在版编目(CIP)数据

小城镇生态建设与环境保护设计指南/张广钱主编.
—天津:天津大学出版社,2014.10
(新时期小城镇规划建设管理指南丛书)
ISBN 978-7-5618-5217-0

Ⅰ.①小… Ⅱ.①张… Ⅲ.①小城镇—生态环境建设
—中国—指南 ②农村—生态环境—环境保护—中国—指南
Ⅳ.①X322-62

中国版本图书馆 CIP 数据核字(2014)第 242177 号

出版发行 天津大学出版社
出 版 人 杨欢
地　　址 天津市卫津路 92 号天津大学内(邮编:300072)
电　　话 发行部:022-27403647
网　　址 publish. tju. edu. cn
印　　刷 北京紫瑞利印刷有限公司
经　　销 全国各地新华书店
开　　本 140mm×203mm
印　　张 11.5
字　　数 289 千
版　　次 2015 年 1 月第 1 版
印　　次 2015 年 1 月第 1 次
定　　价 29.00 元

凡购本书,如有缺页、倒页、脱页等质量问题,烦请向我社发行部门联系调换

版权所有　　侵权必究

小城镇生态建设与环境保护设计指南

编委会

主　编：张广钱

副主编：张　伟

编　委：张　娜　　孟秋菊　　刘伟娜　　相夏楠

　　　　张微笑　　张蓬蓬　　吴　薇　　桓发义

　　　　聂广军　　李　丹　　胡爱玲

内 容 提 要

本书根据《国家新型城镇化规划（2014—2020 年)》及中央城镇化工作会议精神，系统阐述了小城镇生态建设以及环境保护设计的相关理论与方法。全书主要内容包括绪论、城镇化发展与环境变化、小城镇生态建设理论、小城镇生态环境系统、生态功能区划、小城镇生态环境系统分析与评价、小城镇生态设计规划、小城镇环境保护规划与设施建设、小城镇能源系统规划与建设、小城镇生态居住区规划与设计、生态环境建设规划编制等。

本书内容丰富、涉及面广，而且集系统性、先进性、实用性于一体，既可供从事小城镇规划、建设、管理的相关技术人员以及建制镇与乡镇领导干部学习工作时参考使用，也可作为高等院校相关专业师生的学习参考资料。

（前）（言）

　　城镇是国民经济的主要载体，城镇化道路是决定我国经济社会能否健康、持续、稳定发展的一项重要内容。发展小城镇是推进我国城镇化建设的重要途径，是带动农村经济和社会发展的一大战略，对于从根本上解决我国长期存在的一些深层次矛盾和问题，促进经济社会全面发展，将产生长远而又深刻的积极影响。

　　我国现在已进入全面建成小康社会的决定性阶段，正处于经济转型升级、加快推进社会主义现代化的重要时期，也处于城镇化深入发展的关键时期，必须深刻认识城镇化对经济社会发展的重大意义，牢牢把握城镇化蕴含的巨大机遇，准确研判城镇化发展的新趋势新特点，妥善应对城镇化面临的风险挑战。

　　改革开放以来，伴随着工业化进程加速，我国城镇化经历了一个起点低、速度快的发展过程。1978—2013 年，城镇常住人口从1.7亿人增加到7.3亿人，城镇化率从 17.9% 提升到 53.7%，年均提高 1.02 个百分点；城市数量从 193 个增加到 658 个，建制镇数量从 2 173 个增加到 20 113 个。京津冀、长江三角洲、珠江三角洲三大城市群，以 2.8% 的国土面积集聚了 18% 的人口，创造了 36% 的国内生产总值，成为带动我国经济快速增长和参与国际经济合作与竞争的主要平台。城市水、电、路、气、信息网络等基础设施显著改善，教育、医疗、文化体育、社会保障等公共服务水平明显提高，人均住宅、公园绿地面积大幅增加。城镇化的快速推进，吸纳了大量农村劳动力转移就业，提高了城乡生产要素配置效率，推动了国民经济持续快速发展，带来了社会结构深刻变革，促进了城乡居民生活水平全面提升，取得的成就举世瞩目。

根据世界城镇化发展普遍规律，我国仍处于城镇化率 30%～70%的快速发展区间，但延续过去传统粗放的城镇化模式，会带来产业升级缓慢、资源环境恶化、社会矛盾增多等诸多风险，可能落入"中等收入陷阱"，进而影响现代化进程。随着内外部环境和条件的深刻变化，城镇化必须进入以提升质量为主的转型发展新阶段。另外，由于我国城镇化是在人口多、资源相对短缺、生态环境比较脆弱、城乡区域发展不平衡的背景下推进的，这决定了我国必须从社会主义初级阶段这个最大实际出发，遵循城镇化发展规律，走中国特色新型城镇化道路。

面对小城镇规划建设工作所面临的新形势，如何使城镇化水平和质量稳步提升、城镇化格局更加优化、城市发展模式更加科学合理、城镇化体制机制更加完善，已成为当前小城镇建设过程中所面临的重要课题。为此，我们特组织相关专家学者以《国家新型城镇化规划（2014—2020 年）》、《中共中央关于全面深化改革若干重大问题的决定》、中央城镇化工作会议精神、《中华人民共和国国民经济和社会发展第十二个五年规划纲要》和《全国主体功能区规划》为主要依据，编写了"新时期小城镇规划建设管理指南丛书"。

本套丛书的编写紧紧围绕全面提高城镇化质量，加快转变城镇化发展方式，以人的城镇化为核心，有序推进农业转移人口市民化，努力体现小城镇建设"以人为本，公平共享""四化同步，统筹城乡""优化布局，集约高效""生态文明，绿色低碳""文化传承，彰显特色""市场主导，政府引导""统筹规划，分类指导"等原则，促进经济转型升级和社会和谐进步。本套丛书从小城镇建设政策法规、发展与规划、基础设施规划、住区规划与住宅设计、街道与广场设计、水资源利用与保护、园林景观设计、实用施工技术、生态建设与环境保护设计、建筑节能设计、给水厂设计与运行管理、污水处理厂设计与运行管理等方面对小城镇规划建设管理进行了全面系统的论述，内容丰富，资料翔实，集理论与实践于一体，具有很强的实用价值。

本套丛书涉及专业面较广，限于编者学识，书中难免存在纰漏及不当之处，敬请相关专家及广大读者指正，以便修订时完善。

目　录

绪　　论

近代社会发展的历史表明,乡村城镇化已经成为一个全球性的趋势,正在世界范围内轰轰烈烈地演变着。发展小城镇,是带动农村经济和社会发展的一个大战略。

一、小城镇的界定

小城镇,顾名思义即为较小的城镇。小城镇介于城乡之间,地位特殊。在我国,小城镇是一个使用频率较高的通用名词,但对小城镇概念的运用很不规范,因而对小城镇概念的覆盖范围,无论是理论工作者,还是实际工作者,往往存在着不同的看法。

概括地说,主要有以下四种观点。

(1)小城镇=小城市+建制镇+集镇。显然,这一小城镇概念分属城与乡两个范畴,从发展的观点看,集镇只宜称为"未建制镇"。

(2)小城镇=小城市+建制镇。这一小城镇概念是指城镇范畴中规模较小、人口少于20万的小城市(县级市)和建制镇。

(3)小城镇=建制镇。这一小城镇概念属于城镇范畴,是建制镇(包括县城镇)在城镇体系中的同义词。

(4)小城镇=建制镇+集镇。这一小城镇概念属城与乡两个范畴,包括小于城市,从属于县的县城镇、县城以外的建制镇和尚未设镇建制但相对发达的农村集镇。

二、小城镇的分类

由于自然、经济等条件的不同,各个小城镇表现出不同的特征类型。依据不同地区的特点,对小城镇进行以下类型划分。

1. 按地理特征分类

按照小城镇的地理特征,可将小城镇划分为平原小城镇、山地小城镇和滨水小城镇 3 类,见表 0-1。

表 0-1　小城镇按地理特征分类

类　型	特　征
平原小城镇	平原大都是沉积或冲积地层,具有广阔平坦的地貌,便于城市建设与运营,因此平原小城镇数量众多
山地小城镇	多数布置在低山、丘陵地区,由于地形起伏较大,通常呈现出独特的布局效果
滨水小城镇	历史上最早的一批小城镇多数出现在河谷地带。此外,滨水小城镇还包括滨海小城镇。这种类型的小城镇在城市布局、景观、产业发展等方面都体现着滨水的独特性

2. 按功能分类

按照小城镇比较突出的功能特征,可将小城镇划分为行政中心小城镇、工业型小城镇、农业型小城镇、渔业型小城镇、牧业型小城镇、林业型小城镇、工矿型小城镇、旅游型小城镇、交通型小城镇、流通型小城镇、口岸型小城镇、历史文化古镇等 12 类,见表 0-2。

表 0-2　小城镇按功能分类

类　型	特　征
行政中心小城镇	一定区域内的政治、经济、文化中心。包括县政府所在地的县城镇,镇政府所在地的建制镇,乡政府所在地的乡集镇(将来能成为建制镇)
工业型小城镇	产业结构以工业为主,在农村社会总产值中,工业产值占的比重大,从事工业生产的劳动力占劳动力总数的比重大
农业型小城镇	产业结构以第一产业为基础,多数是我国商品粮、经济作物、禽畜等生产基地,并有为其服务的产前、产中、产后的社会服务体系
渔业型小城镇	以捕捞、养殖、水产品加工、贮藏等为主导产业
牧业型小城镇	以保护野生动物、饲养、放牧、畜产品加工为主导产业,主要分布在我国的草原地带和部分山区
林业型小城镇	以森林保护、培育、木材综合利用为主导产业,同时也是林区生产、生活、流通服务中心,主要分布在江河中上游的山区林带

续表

类　型	特　征
工矿型小城镇	具有矿产资源的开采与加工能力,基础设施建设比较完善,商业、运输业、建筑业、服务业也比较发达
旅游型小城镇	具有名胜古迹或自然风景资源,城镇发展以名胜区为依托,通过旅游资源的开发及其配套设施的建设和为旅游提供第三产业服务,形成旅游服务型小城镇
交通型小城镇	一般具有位置优势,多位于公路、铁路、水运、海运的交通枢纽或沿海、沿路等交通便利地区,形成一定区域内的客流、物流中心
流通型小城镇	以商品流通为主,运输业和服务业比较发达,多由传统的农副产品集散地发展而来,服务半径一般在 15~20 km,设有贸易市场或专业市场、转运站、客运站、仓库等
口岸型小城镇	位于沿江、沿海港口岸的小城镇,以发展对外商品流通为主,也包括那些与邻国有互贸资源和互贸条件的边境口岸的城镇。这些小城镇多以陆路或界河的水上交通为主
历史文化古镇	历史悠久,具有一些有代表性的、典型民族风格或鲜明地域特点的建筑群,以及有历史价值、艺术价值和科学价值的文物

3. 按空间形态分类

从空间形态上划分,我国小城镇整体上可分为以下两大类。

(1)以连片发展的"城镇密集区"形态存在的小城镇。这类小城镇目前主要存在于我国沿海经济发达省份的局部地区。城与乡、镇域与镇区没有明显界限,城镇村庄首尾相接、密集连片。城镇多具有明显的交通与区位优势,以公路为轴沿路发展。

(2)以完整独立形态存在的小城镇大致可分为以下三种类型。

1)城市周边地区的小城镇包括大中城市周边的小城镇和小城市及县城周边的小城镇。这类小城镇的发展与中心城市紧密相关。

2)经济发达、城镇具有带状发展趋势地区的小城镇。这种类型的小城镇主要沿交通轴线分布,具有明显的交通与区位优势,最具有经济发展的潜能,即有可能发展形成城镇带。

3)远离城市独立发展的小城镇。这类小城镇远离城市,目前和将来都相对比较独立,除少部分实力相对较强、有一定发展潜力外,大部分的经济实力较弱,以为本地农村服务为主。

4. 按发展模式分类

从发展模式上划分,我国小城镇可划分为地方驱动型、城市辐射型、外贸推动型、外资促进型、科技带动型、交通推动型和产业聚集型。

三、小城镇的特点

1. 城乡结合的社会综合体

小城镇是城乡结合的社会综合体,被称为"城之尾,乡之首",是镇域经济、政治和文化中心,具有上接城市、下引乡村、促进区域经济和社会全面进步的综合功能。从城镇体系看,小城镇是城镇体系和城市居民点中的最低层次;从乡村地域体系看,小城镇又是乡村地域体系的最高层次。总的来说,小城镇在经济发展与信息传递等方面起着城市与乡村之间的纽带作用。

2. 数量大、分布广

据统计,1978 年,我国拥有 2 176 个建制镇,到 2008 年底,我国的建制镇数量增长到 19 234 个,至 2012 年末,建制镇数量增至 19 881 个。小城镇接近农村,其服务对象除镇区居民外,还包含了周围的村庄。我国的小城镇不但类型多、内涵广,而且作为区域城镇体系的基础层次,数量众多,分布面广。江苏、山东、湖南、广东和四川的建制镇个数都已经超过 1 000 个。

3. 区域性差异明显

长期以来,我国经济发展与经济实力不平衡,乡村产业化进程、乡村市场经济发展及乡镇企业数量都存在着东部优于西部的现象。小城镇的数量分布和发展层次都呈东高西低的状态,小城镇非农人口占全国的比率也呈现从东到西逐步递减的态势。即使在同省范围内,受自然条件、经济发展水平等因素的影响,小城镇的发展也很不平衡。

4. 人口结构复杂

小城镇人口结构比较复杂。在以矿业为主的小城镇中,非农业人口占城镇人口的大多数;但在大多数建制镇中,亦工亦农与农业人口却占有较大的比重。流动人口多,瞬时高峰集散人口多,是小城镇重要的特点。

5. 基础设施不足、建筑质量较差

小城镇的交通特点是与外部联系频繁而内部交通组织较为简单,道路系统分工不明确,路面质量较差。还有不少的小城镇沿公路两侧建设,布局拉得很长,影响交通。小城镇一般供水和排水设施差,供电、通信设施基础薄弱,公用工程设施标准较低,镇区内公共绿地少。小城镇原有建筑层数较低,以平房和低层建筑为主,有些旧区的居住建筑很有地方特色,但年久失修,缺乏维护和管理,建筑质量差。

四、小城镇发展前景

小城镇是新的历史时期下,农村经济发展和社会进步的重要载体,成为带动一定区域农村经济社会发展的中心。加快小城镇建设,既是实现农村城市化、城市现代化的必由之路,也是进一步调整农产品结构,推进农业产业化的一条行之有效的途径。

发展小城镇,是带动农村经济和社会发展的一个大战略,必须充分认识发展小城镇的重大战略意义。小城镇建设要注意保护文物古迹和文化自然景观;编制小城镇规划,要注重经济、社会和环境的全面发展,合理确定人口规模与用地规模,既要坚持建设标准,又要防止贪大求洋和乱铺摊子。

小城镇建设发展是一个漫长、浩大、渐进的社会系统工程,要从中国的国情出发,借鉴国外城市化发展趋势做出战略选择。以产业发展带动城镇建设,靠城镇建设推进农业产业化进程,致力可持续发展,最终达到乡村都市化,城乡一体化,实现人与自然的和谐发展。

第一章　城镇化发展与环境变化

第一节　城镇化发展

一、城镇化发展进程

城镇化,也有学者称之为城市化或都市化。狭义的城镇化是指农业人口不断转变为非农业人口的过程;广义的城镇化是指由农业为主的传统乡村社会向以工业和服务业为主的现代城市社会逐渐转变的历史过程,具体包括人口职业的转变、产业结构的转变、土地及地域空间的变化。

劳动力从第一产业向第二、三产业转移、城市人口在总人口中比重上升和城市用地规模扩大是城镇化的三大标志。其中,城市人口在总人口中比重上升是城镇化最重要的标志。

1. 城镇化发展的动力

(1)初始动力——农业发展。农业发展为城市经济提供资金积累,为人口向城市的聚集提供基本的物质生活条件,为城市发展提供劳动力,为城市轻工业生产提供原料,为城市工业提供市场,这些都是推动城镇化进程的初始动力。

(2)根本动力——工业化。工业化使城市成为区域经济的中心,冲破农村自然经济的桎梏,带动交通沿路经济和促进城市第三产业的大发展。

(3)直接动力——市场化。劳动力市场化使劳动力向城市的迁移得以实现;土地资源市场化使新城镇建设得以实现;产品市场化使城市化在更广阔地域的展开得以实现。

2. 城镇化演进过程

正常的城镇化进程都会经历城市化、郊区城市化、逆城市化、再城市化的过程。

（1）城市化。城市化一般指人口向城市地区集聚的过程和乡村地区转变为城市地区的过程。

（2）郊区城市化。人口的主要流向是城市中、上阶层人口移居市郊或外围地带，这就是郊区城市化。

（3）逆城市化。逆城市化也称城市中心空洞化。20 世纪 70 年代以来，发达国家以及一些大城市中心市区、郊区人口向外迁移，迁向离城市更远的农村和小城镇，出现了与城市化相反的人口流动的现象。逆城市化不是城市化的衰败，而是城市化扩展的一种新形式。逆城市化是建立在城乡差别近于消失、形成一体化的基础上，乡村、小城镇的交通、水、电、信息等设施完善，再加上优越的自然风光，吸引了久在大城市中面对浑浊空气、噪声的居民到乡村、城镇暂住、定居，从而导致逆城市化现象。具体表现在大城市中心区萎缩，中小城镇迅速发展；乡村人口数量增多，城市人口向乡村居民点和小城镇回流。

（4）再城市化。面对经济结构老化，人口减少，老城市积极调整产业结构，发展高新技术产业和第三产业，积极开发市中心衰弱区，以吸引年轻的专业人员回城居住，这就是再城市化。

3. 我国城镇化发展进程

《2012 中国新型城市化报告》指出，中国城市化率突破 50%。这意味着中国城镇人口首次超过农村人口，中国城镇化进入关键发展阶段。

新中国成立以来，我国城镇化进程可以分为以下几个阶段。

（1）1949—1957 年，是我国城镇化起步时期。1949 年，我国仅有 132 个城市，城市非农业人口 2 740 万人，城镇化水平（以城市非农业人口占总人口的比重计算）为 5.1%。在国民经济恢复和"一五"建设时期，随着 156 项重点工程建设的开展，出现了一批新兴的工矿业城市。与此同时，对武汉、成都、太原、西安、洛阳、兰州等一批老城市还进行了扩建和改造，加强发展了鞍山、本溪、哈尔滨、齐齐哈尔、长春等大中城市。一大批新建扩建工业项目在全国城市兴建，对土地、劳动力的需求和城市建设、经济发展以及服务业的兴起，都起到有力的推动作用。到 1957 年末,我国的城市数量发展到 176 个,城镇化水平上升到 8.4%。随着国家政治的稳定和经济建设的稳步发展,1953 年至 1957 年,全国工农业总产值平均年增长率为 18.3%,城市人口年均增长 16%。这说明,"一五"时期的城市发展及城市人口增长与国民经济的发展是基本适应的。

(2)1958—1965 年,是我国城镇化发展的不稳定时期。这期间,经历了"大跃进"运动。城市发展呈现出由扩大到紧缩的变化。"大跃进"后,全国城市由 1957 年的 176 个,增加到 1961 年的 208 个;城市人口由 5 412 万增长到 6 906 万,增长了 28%;城镇化水平由 8.4%上升到 10.5%。从 1962 年开始,陆续撤销了一大批城市,到 1965 年底,只剩下 168 个,比 1961 年减少了 40 个。这一时期,包括榆次、侯马、岳阳等一部分新设置的市恢复到县级建制;石家庄、保定等一部分地级市也实行降级,成为县级市。与此同时,由于城市社会经济出现萎缩,致使城市人口出现负增长,城镇化水平也由 1961 年的 10.5%减少到 1965 年的 9.2%。

(3)1966—1978 年,是我国城镇化发展的停滞时期。这期间,城市只增加了 25 个,城市非农业人口长期停滞在 6 000 万～7 000 万人,城镇化水平在 8.5%上下徘徊。

(4)1978 年至今,是我国城镇化发展的稳定时期。1979—1997 年期间,城镇化在改革开放中稳步发展,进入了稳定、快速发展的通道。改革开放政策的实施,无论是城市,还是农村,社会经济各项事业有了新的活力。"乡村工业化"和城市工业的空前扩张,对城镇化进程起着推动作用。这期间,我国经历了一个城镇化的快速发展时期。到 1997 年,我国城市数量已发展至 668 个,与 1979 年相比,新增城市 452 个,相当于前 30 年增加数量的 2 倍多。城市人口也迅速增加,城镇化水平增长到 18%。毫无疑问,这种快速发展是经济改革的体现,特别是由农村经济率先改革所带来的。

近期国家对房地产行业的调控对建筑业有一定的影响,但随着我国城镇化的不断推进,乡镇城区改扩建项目的上马以及保障性住房的大面积开工,建筑业将继续保持稳定发展的态势。未来 50 年,中国城市化率将提高到 76％以上,城市对整个国民经济的贡献率将达到 95％以上。都市圈、城市群、城市带和中心城市的发展预示了中国城市化进程的飞速发展。

二、城镇化发展利弊分析与规划建议

1. 城镇化发展的利弊分析

城镇化发展的积极意义在于:有利于吸收剩余劳动力,缩小城乡间的差距;有利于改善地区的产业结构;有利于工业化进程;有利于建立区域科技和文化的中心,提高区域的整体发展水平;有利于发展城市文化,进而影响乡村的生产和生活。

但是,城镇化的发展也带来诸多问题,见表 1-1。

表 1-1 城镇化带来的问题

序号	项目	内　　容
1	环境问题	生物圈:生物多样性减少。 岩石圈:导致耕地面积减少,土壤污染,地面下沉。 大气圈:空气污染。加剧热岛效应。 水圈:下渗减少,地表径流增多;水质恶化;水资源短缺;酸雨
2	社会问题	交通拥挤,住房紧张,就业困难,社会秩序混乱,社会保障压力快速加压,社保缺口难于填补
3	经济问题	地价上涨,成本上升
4	粮食问题	农民大量离开原耕种土地,弃耕抛荒问题越来越严重,我国粮食进口率逐渐增高,使得我国粮食安全存在隐患,这不利于我国国家发展和政局稳定

2. 城镇化发展规划的措施

没有城镇化水平的提高就没有现代化,在城镇化进程中,当前我国面临许多新的问题。不解决好城镇化发展进程中的突出问题,就会贻误时机。解决城镇化进程中突出问题的措施如下。

(1)工业进园,集约开发。城镇化的巨大推动力之一是工业化,工业化推进了城镇化。对城镇内的道路、供水、供电等基础设施进行统一规划与建设,大规模地进行统一开发。这样做能够节约土地,形成规模,资源共享,避免浪费,集约资源,形成良好的投资环境,有利于吸引大企业和大财团。

(2)规划先行,农民上楼。城镇化发展进程中的一个突出的问题就是规划滞后,水平较低,城镇无序开发,"只见新房,不见新城",道路狭窄,设施残缺。当前,应当树立"规划就是生产力"的观念,充分认识规划不科学是对生产力的严重破坏。重点解决两个问题:一是加快城镇中心区的规划和建设;二是解决农民、居民上楼的问题。这样做能够节约土地;改变农民传统的生活方式和习俗;引导农民走向城镇化,走出一条旧村改造和新城镇建设的新路。

(3)经营城镇,市场运作。城市化发展进程中资金投入的问题也很突出,特别是基础设施的建设,需要大笔的资金投入。这就要拓宽投资渠道,树立经营城镇的观念,引入市场运行机制。主要的做法:一是用土地置换资金,如建广场,周围的土地升值,允许投资者建商场;二是用使用权置换资金,文化体育设施规划设计归政府,建成以后的使用权归投资者,使用权可以是 15～30 年;三是用资源换资金,城镇的基础设施建成以后如何管理,也要充分地运用市场机制。

(4)民营经济,放手发展。一个城镇的发展是否有活力和后劲,很重要的一个方面是看其能否建立起与市场经济相适应的市场经济主体。因此,要把发展中的小民营企业作为经济发展的一个新的增长点。目前,重点是为中小民营企业营造一个良好的发展环境。

(5)注重商贸,优化结构。中小城镇的发展要从商贸和旅游做起,以此促进第三产业的快速发展,进而推进产业结构的升级,进一步培植强势产业。

(6)持续发展,人物和谐。实施可持续发展战略,建设一个生态型、现代化、园林化的城市,是城市化的新要求。要高起点规划、高标准建设,加大环境污染的治理力度,给人民群众营造一个适宜生活、适宜创业的环境。

(7)转变职能,强化管理。加快城市化的发展进程,必须大胆进行行政体制改革。首先,要转变政府职能,政府要退出生产经营领域,组建镇、村股份公司,实行委托经营,还把主要的精力集中到社会事务的管理和为企业提供服务上来。其次,建立责权利相统一的行政体制。要重心下移,下放一部分权力给城镇,这样,更有利于城镇的发展。最后,加大对城镇支持的力度,"放水养鱼",增加城镇的财税返还,推动我国小康社会的建设。

第二节 城镇化环境问题及其治理措施

随着我国城镇化进程的加快,城镇化水平的提升,环保与城镇化的关系已经愈加密切,且矛盾也日益突出。改革开放以来,我国经济发生了巨变,城镇化迅速发展。但由于城镇化进程中的城镇环境保护与城镇生态环境建设未能得到优先发展,从而制约了我国城镇化发展的进程。

一、城镇化环境问题的表现及危害

1. 城镇周边农村及农业污染严重

随着农业的快速发展,农村和农业的污染问题也日益严重,主要包括化肥、农药对农产品的污染及农膜产生的"白色污染";村镇居民产生的生活污水、垃圾污染;焚烧秸秆造成的大气污染;规模化养殖及水产养殖污染等。

2. 乡镇企业产生的工业污染

受乡村社区自然经济的影响,绝大多数乡镇在工业化进程中忽视了环境规划和治理,在布局上仍然呈现"村村点火、户户冒烟"的局面,大多数设备相对落后,产品技术层次不高,致使局部地区污染严重。有些地方的污水灌溉、固体废物堆放不当等还造成了严重的二次污染。

3. 大量农用土地被占用和毁坏,给农业生产带来严重影响

据统计,1979年以来,农村工业的占地面积已经达到一亿多亩,近年来全国每年因工业废水而污染的耕地面积达2亿多亩,占耕地总面

积的 15％左右。

4. 基础设施建设滞后产生的生活污染

与城市相对规范、完善的基础设施相比，小城镇明显落后，造成"脏、乱、差"现象突出。

总之，我国农村城镇化面临的环境形势不容乐观，必须充分认识到小城镇建设和发展中环保工作的重要性和紧迫性，增强责任感和使命感，处理好社会、经济发展与环境保护的关系。

二、协调城镇化与环境保护的对策

尽管推进城镇化不能做到零污染，但应通过相应的对策措施将城镇化对环境的损伤降低到最低限度，使自然环境系统本身能够承受并良性运转，这是推进城镇化过程中处理生态环境问题的基本准则。

协调城镇化与环境保护的对策如下。

1. 将资源环境因素纳入城镇化的社会经济大系统

传统的城镇化经济系统模型把整个经济社会看作一个系统，没有重视环境与自然资源的影响。引入自然资源环境因素后，经济系统就成为整个系统的一个有机组成部分，经济系统与自然资源环境系统之间就形成了相互依存的关系，从而使农村城镇化发展与生态环境保护有机地结合起来。

2. 政府要强化对城镇化进程中的环境管理

各级政府应重视城镇规划作用，增加农村环境基础设施建设的投入，改善农村垃圾随意堆放、污水不经处理随意排放等严重的环境问题；加强环境监督管理力度，规范乡镇企业的发展，严格执行国家有关环境保护的法律和法规，防止城市工业污染向乡镇的转移。

3. 大力推广和发展生态农业

目前，我国农业首先要积极发展以提高资源利用率的立体种植生态模式，立体种植是在半人工或人工环境下模拟自然生态系统原理进行生产种植。同时进行生物综合防治，少用农药，避免金属污染物或有害物质进入生态系统。

4. 提高环境保护法律意识

城镇化进程中,居民环保法律意识的提高有利于农村环境问题的解决。必须在农村加强环保知识教育,加强环保法制建设,提高居民的环境保护意识与环保法律知识,让环境保护观念深入人心。

5. 加强生态型城镇的建设

城镇数量的剧增和规模的迅速扩大,使得城镇功能的异化现象日益凸现,即本应为居民带来便利和幸福的城镇,反而因污染及生态的失衡损害了生存质量。城镇建设应该以生态型城镇作为城镇化的目标,应使人、生物和非生物成为一种和谐、均衡的系统,三者的协调发展才会带来整体的兴旺和繁荣。

农村城镇化进程中产生诸多环境问题是不可避免的,同时这也将制约农村城镇化的进程,因此,在推进农村城镇化进程中要注重环境保护,环境保护是农村城镇化进程中的重要因素。

第二章 小城镇生态建设理论

第一节 生态学理论

生态学及其相关学科知识是小城镇生态环境规划建设的科学基础。生态是指生物与其生存环境的关系。

一、生态学起源与发展

生态学一词是由德国生物学家赫克尔 1869 年首次提出的,1886 年他又创立了生态学这门学科。

生态学的起源与发展主要经历了以下几个阶段。

(1)初创阶段。从古代到 19 世纪,是生态学的初创阶段。人们通过对简单朴素的生态学思想进行研究,并根据实践观察的积累,于 19 世纪创立了生态学。生态学是人们在对自然界认识的过程中逐渐发展起来的。古希腊哲学家亚里士多德在他的著作《自然历史》中,曾描述了生物之间的竞争以及生物对环境的反应。我国春秋战国时代思想家管仲、荀况等人的著作中也提到了一些动物之间、动植物之间的关系,这些都是生态学内容和生态学思想。欧洲文艺复兴之后,尤其是哥伦布发现新大陆之后,人类开始认识自己居住的星球,对生物科学的研究也从叙述转变为实际的考察。马尔萨斯研究生物繁衍与土地及粮食资源的关系,1803 年发表了"人口论"。达尔文于 1859 年出版了《物种起源》,对生态学的发展也做出了很大贡献。赫克尔在前人的基础上创立了生态学。

(2)形成阶段。20 世纪前半叶是生态学的形成阶段。这个时期,生态学的基础理论和方法都已经形成,并在许多方面有了发展,建立了植物群落学、动物生态学等基本的生物生态学学科体系。尤其是 1935 年英国生态学家泰思利提出了生态系统的概念,把生物与环境之间关系的研究全面地高度概括起来,他认为:只有我们从根本上认识到有机体不能与它们的环境分开,而与它们的环境形成一个系统,它们才会引起我们的重视。这标志着生态学的发展进入了一个新的阶段。

(3)发展阶段。20世纪后半叶的生态学是生态学的发展阶段。随着工业发展、人口膨胀、环境污染和资源紧张等一系列问题的不断出现,迫使人们不得不以极大的关注协调人与自然的关系,探索全球持续发展的途径,大大推动了生态学的发展。近代系统科学、控制论、电脑技术和遥感技术的广泛应用,为生态学对复杂系统结构的分析和模拟创造了条件,为深入探索复杂系统的功能和机理提供了更为科学先进的手段。另外一些相邻学科的"感召效应"也促进了生态学的高速发展。

这个时期,生态学的研究吸收了其他学科的理论、方法及成果,并向其他学科领域扩散或渗透,不但拓宽了生态学的研究范围和深度,同时也促进了生态学时代的产生和生态学分支学科的大量涌现。

生态学经历了向自然科学和社会人文科学交叉和渗透的发展过程,生态学的发展过程及其研究领域的拓宽深刻反映了人类对环境不断关注、重视的过程。目前,生态学理论已与自然资源的利用及人类生存环境的问题高度相关,已成为环境科学重要的理论基础。生态学正朝着人和自然普遍的相互作用的研究层次发展,影响人们认识世界的理论视野和思维方法,具有世界观、道德观和价值观的性质。

二、生态因子与生物圈

1. 生态因子

生态因子是指对生物有影响的各种环境因子。常直接作用于个体和群体,主要影响个体生存和繁殖、种群分布和数量、群落结构和功能等。生态因子不仅本身起作用,而且相互发生作用,既受周围其他因子的影响,反过来又影响其他因子。

(1)生态因子分类。生态因子的类型多种多样,分类方法也不统一。简单、传统的分类方法是把生态因子分为生物因子和非生物因子两类。前者包括生物种内和种间的相互关系;后者则包括气候、土壤、地形等。根据生态因子的性质,可分为气候因子、土壤因子、地形因子、生物因子和人为因子,见表 2-1。

表 2-1　　生态因子按性质分类

序号	类别	内　　容
1	气候因子	气候因子也称地理因子,包括光、温度、水分、空气等。根据各因子的特点和性质,还可再细分为若干因子。如光因子可分为光强、光质和光周期等,温度因子可分为平均温度、积温、节律性变温和非节律性变温等
2	土壤因子	土壤是气候因子和生物因子共同作用的产物,土壤因子包括土壤结构、土壤的理化性质、土壤肥力和土壤生物等
3	地形因子	地形因子包括地面的起伏、坡度、坡向、阴坡和阳坡等,通过影响气候和土壤,间接地影响植物的生长和分布
4	生物因子	生物因子包括生物之间的各种相互关系,如捕食、寄生、竞争和互惠共生等
5	人为因子	把人为因子从生物因子中分离出来是为了强调人的作用的特殊性和重要性。人类活动对自然界的影响越来越大和越来越带有全球性,分布在地球各地的生物都直接或间接受到人类活动的巨大影响

(2)生态因子作用特征。任何生物所接受的都是多个因子综合的作用,但其中总是有一个或少数几个生态因子起主导作用。生态因子对生物的作用特征如下。

1)多因子综合作用。生物在一个地区生长发育,所受到的环境因素影响不是单因子的,而是综合的、多因子的共同影响。如温度是一、二年生植物春化阶段中起决定作用的因子,但如果空气不足、湿度不适,萌芽的种子仍不能通过春化阶段。这些因子彼此联系、互相促进、互相制约,任何一个因子的变化,必将引起其他因子不同程度的变化。只是这些因子中有主要和次要的、直接与间接的、重要和不重要的区别。

2)主导因子作用。在对生物起作用的诸多生态因子中,有一个生

态因子起决定性作用,称为主导因子。如以食物为主导因子,表现在
动物食性方面可分为食草动物、食肉动物和杂食动物等。以土壤为主
导因子,可将植物分成多种生态类型,有沙生植物、盐生植物、喜钙植
物等。

　　3)生态因子的不可替代性和补偿作用。生态因子对生物的作用
各不相同,从总体上来说生态因子是不可替代的,但在局部是可以做
一定的补偿。例如,光辐射因子和温度因子可以互相补充,但不能互
相替代。在一定条件下的多个生态因子的综合作用过程中,由于某一
因子在量上的不足,可由其他因子做一定的补偿。以植物的光合作用
来说,如果光照不足,可以增加二氧化碳的量来补偿。但生态因子的
补偿作用只能在一定的范围内做部分的补偿,而不能以一个因子替代
另一个因子。而且因子之间的补偿作用也不是经常存在的。

　　4)生态因子的直接作用和间接作用。生态因子对生物的生长、发
育、繁殖及分布的作用可分为直接作用和间接作用。例如光、温度、水
对生物的生长、分布以及类型起直接作用,而地形因子,如起伏、坡度、
海拔高度及经纬度等对生物的作用则不是直接的,但它们能影响光
照、温度、雨水等因子,因而对生物起间接作用。

　　5)因子作用的阶段性。生物生长发育有其自身的规律,不同的阶
段对环境因子的需求是不同的,所以生态因子对生物的作用又具有阶
段性。例如,大马哈鱼生活在海洋中,但生殖季节就成群结队洄游到
淡水河中产卵。有些鱼类不是终生定居在同样的环境中,而是根据其
生活史的不同阶段,对生存条件有不同要求,进行长距离的洄游。农
作物在不同的生长季节,对水分的需要量和对养分的需要量及种类的
需求也是不同的。

2. 生物圈

　　生物圈这一概念是 1875 年由奥地利地质学家休斯首先提出的,
20 世纪 20 年代,苏联生物地球化学家维尔纳茨基发现生物活动对地
表化学物质的迁移和富集有重大影响,提出了生物圈的学说。

　　地球表面生物赖以生存的部分,这个表面层有空气、水、土壤,可
以接收到太阳的辐射,因而能维持生物的生命。地球上的一切生物,

包括人类,都生活在地球的表面层,称为生物圈。生物圈中的生物体包括植物、动物和微生物。生物圈是岩石圈、大气圈、水圈长期演化并相互作用的产物,同时生物圈中的植物、动物、微生物也给岩石圈、大气圈、水圈的组成和演化带来广泛而深刻的影响与作用。

在整个地球表层生态环境中,最活跃、最敏感、最脆弱的部分就是生物圈。生态环境的破坏往往最先表现在生物圈,而生物圈的破坏又往往带来整个生态环境的破坏,因此,人们形象地把生物圈称作是生态环境的"晴雨表"。

(1)土壤岩石圈。土壤岩石圈又称大陆圈,是指地壳及上地幔部分。地壳的平均厚度约 17 km,其中又分为花岗岩层、玄武岩层和橄榄岩层。

1)岩石圈。地球的内部,从内到外大致可以分为地核、地幔和地壳三层,岩石圈即指最外层的地壳部分。岩石圈由各种岩石组成,其中包括岩浆岩、沉积岩和变质岩。岩石圈中包括各种矿物。岩石圈地表岩石经日晒、风吹、雨淋、水冲、冰冻等物理和化学作用风化破碎分解,再经生物作用形成土壤覆盖层。岩石圈是生物圈的牢固基础,地壳层的质量只是地球总质量的 0.7%,但它直接影响着生命的存在和繁衍。岩石圈中富含各种化学物质,组成原生质的元素就来源于此。岩石圈中除了植物生长所需的矿物质营养外,还贮藏着丰富的地下资源,如煤炭、石油,铁矿、铜矿等有色金属。

2)土壤圈。土壤圈也叫土壤层。土壤是万物生息的基础,是无机物向有机物转化的关键环节。土壤圈在地球表面,由岩石圈表面物理风化而成的疏松层作母质,加上水和有机物质通过化学变化以及生物作用,经过相当长的时间才能形成。土壤圈是自然环境中生物界与非生物界之间的一个复杂、独立的开放性物质体系,具有特殊的组成和功能。土壤是有机界和无机界相互联系、相互作用的产物,主要由矿物质、有机物、水分和空气构成,是环境中物质循环和能量转化的重要环节,也是岩石圈、大气圈和水圈之间的接触过渡地带。土壤不仅能为生物提供营养和栖息场所,还具有同化和代谢外界输入物质的能力。土壤中生活着各种微生物和土壤动物,能对外来的各种物质进行分解、转化和改造,所以土壤又被人们看成是一个自然的净化系统。当土壤被污染超过土壤自净化能力时,就会破坏土壤自然动态平衡。

(2)大气圈。大气圈是地球最外部的圈层,也是地球所有圈层中最活泼的圈层,是生命存在的基础之一。大气圈分为对流层、平流层、中间层和逸散层。平流层下部还存在薄薄的一层臭氧层。臭氧层的存在对地球上的生物免遭太阳光中的紫外线的照射及破坏起到了保护作用,被称之为“生命之伞”。大气圈主要由氮气和氧气组成,还含有少量的二氧化碳和不同含量的水蒸气。大气圈中的二氧化碳含量虽少,但作用很大,它可以阻止地球表面长波辐射的散失,对地球表层有增温作用。大气圈中的水蒸气含量不定,但却可形成雾、云、降水,对地球表层环境的水循环和能量的交换起到了重要的作用。大气圈的形成和演化经历了漫长而复杂的过程,受到岩石圈、水圈、生物圈的深刻影响,又给岩石圈、水圈、生物圈带来巨大的作用。总之,大气圈的状况和运动对整个自然生态环境的影响巨大而深刻。

(3)水圈。水圈是地球表层各种形态的水的总和,是地球外圈中作用最为活跃的一个圈层,也是一个连续不规则的圈层。水圈总量达14亿km,覆盖地球表面72%以上的面积,仅海洋就占地球表面71%的面积。水圈中海洋占97%的质量,陆地水仅占3%的质量,其中绝大部分是两极的冰盖。水圈与大气圈、生物圈和地球内圈的相互作用直接关系到影响人类活动的表层系统的演化。水圈也是外动力地质作用的主要介质,是塑造地球表面最重要的角色。

三、生态平衡原理

生态平衡是指在一定时间内生态系统中的生物和环境之间、生物各个种群之间,通过能量流动、物质循环和信息传递,使它们相互之间达到高度适应、协调和统一的状态。也就是说当生态系统处于平衡状态时,系统内各组成成分之间保持一定的比例关系,能量、物质的输入与输出在较长时间内趋于相等,结构和功能处于相对稳定状态,在受到外来干扰时,能通过自我调节恢复到初始的稳定状态。在生态系统内部,生产者、消费者、分解者和非生物环境之间,在一定时间内保持能量与物质输入、输出动态的相对稳定状态。

　　生态平衡是生态系统的结构和功能上的动态平衡。生态系统之所以能够保持动态的平衡,关键在于生态系统具有自动调节能力。比如,在某一地区,由于雨量充沛,气候适宜,草木繁茂,使兔的数量剧增。如果兔的数量无限制增长下去,草地和灌丛就会因兔的取食而破坏和减少,该生态系统就有崩溃的危险。但是,兔的数量增多,捕食兔的狐、鹰等动物就有了足够的食物,数量也增多了,结果兔被大量捕食后,数量又会随之减少,整个生态系统仍处于相对稳定状态。这个简单的例子说明生态系统具有自动调节能力,但事实上,自然界的实际情况要更加复杂。

　　生态系统的自动调节能力的强弱,有赖于生态系统内部生物品种和数量的多少以及食物链、食物网、能量流动和物质循环的复杂程度。在生物种类多样,食物链、食物网、能量流动和物质循环复杂的情况下,生态系统的自动调节能力比较强,一般比较容易保持稳定,如果使生态系统内部某一部分的功能发生障碍,这种障碍也会因其他部分的调节而得到补充。相反,在生物种类单一,内部结构简单的情况下,生态系统的自动调节能力就较差。例如,马尾松纯林容易发生松毛虫的爆发性危害,而在混交林(与单纯林相反,是由两种或两种以上乔木树种组成的森林)中,这种单一性的虫害就不容易发生。这是因为混交林内的物种较多,食物链、食物网的结构比较复杂,可以有多种天敌来控制一种害虫数量的发展。

　　一个生态系统的自动调节能力有一定的限度,如果外来干扰超过了这个限度,生态平衡就会遭到破坏。这个限度称为生态阈值。生态系统的自我调节能力,与生态系统的结构和功能有关。

1. 生态系统结构的多样性对生态平衡的影响

　　生态系统的结构越复杂,自我调节能力就越强;结构越简单,自我调节能力越弱。例如,一个草原生态系统,若只有草、野兔和狼构成简单的食物链,那么,一旦某一个环节出了问题,如野兔消灭,这个生态系统就会崩溃。如果这个系统中的食草动物不限于野兔,还有山羊和鹿等,那么,在野兔不足时,狼会去捕食山羊或鹿,野兔又可以得到恢复,生态系统仍会处于平衡状态。

2. 生态系统功能的完整性对生态平衡的影响

生态系统功能的完整性是指生态系统的能量流动和物质循环在生物生理机能的控制下能得到合理的运转。运转得越合理,自我调节能力就越强。例如,我国北方的河流没有南方的河流对污染的承受能力强。河流对污染的自我净化能力与稀释水量、温度、生物降解所需要的微生物等因素有关,而南方河流水量大,水温高,可以进行生物降解的微生物数量和种类,以及微生物生长的条件都比北方河流优越。

四、食物链(网)原理

生态系统内,各种生物之间由于食物而形成的一种联系称为食物链,实际上多数动物的食物不是单一的,因此,食物链之间又可以相互交错相连,构成复杂网状关系,称为食物网或食物循环。

食物链(网)原理应用于小城镇生态系统时,首先以产品为轴线,以利润为动力将小城镇生态系统中的生产者——企业相互联系在一起,各企业之间相互提供生产原料。在小城镇中应用食物链(网)原理可以建立生态工艺、生态工厂、生态农业。此外,食物链(网)原理还表明人类居于食物链的顶端,人类依赖于其他生产者及各营养级的"供养"而维持生存,人类对其生存环境污染的后果,最终会通过食物链的作用(即污染的富集作用)而归结于人类自身。

生物富集作用又称生物浓缩,是指生物体通过对环境中某些元素或难以分解的化合物的积累,使这些物质在生物体内的浓度超过环境中浓度的现象。

五、多样性导致稳定性原理

生态系统的结构愈多样和复杂,抗干扰的能力愈强,因而也易于保护生态平衡的稳定状态。这是因为在结构复杂的态系统中,当食物链(网)上的某一环节发生异常变化,造成能量、物质流动的障碍时,可由不同生物种群间的代偿作用加以克服。

在城市中,人类处于绝对的主导地位。城市生态系统表现为物种单一,生态系统非常脆弱。城市生物多样性关系到城市的可持续发展。小城镇生态系统中,各种群具有的多种属性保证了小城镇各类活动的展开;多种小城镇功能的复合作用与多种交通方式使小城镇更具有吸引力和辐射力;各部门行业和产业结构的多样性和复杂性导致了小城镇经济的稳定性。这些都是多样性导致稳定性原理在小城镇系统中的体现。多样性导致稳定性原理还使人们认识到保持小城镇的生物多样性是非常重要的。

在小城镇发展规划设计过程中,为满足人及生物对城市生态的需求,需结合横向生境结构、纵向生境结构、生物种群结构制定相应措施。

(1)横向生境结构是指城市生物多样性的横向支持系统。现代城市运转产生大量有害物质流。城市设计中通过合理的布局(如合理利用山谷下降气流、水面昼夜气流、绿带温差小气候季风等)完善城市自然水网,建立城市绿网,可为人们提供一个陶冶情操的良好环境。

(2)纵向生境结构是指城市生物和非生命物质与能量关系的结构。恢复城市生物与环境的良好关系,包括雨水的采集回收、城市雨污分流、绿化墙面,改善河基生物布局,将使城市生态系统更稳固。

(3)生物种群结构的多样性是城市生态系统多样性的内在需求。按照生态学原理,合理地引入良性物种,驱逐不良物种能加强城市生态系统的自我维持能力。生物多样性的运用主要体现在城市绿化设计中。因此,在城乡规划法规编制时,不能笼统地强调绿地的面积,更应该注重物种的多样性及搭配方式。城市绿地不应该一味追求大面积草地,而应该根据具体的环境地形,合理配置多种乔木,使植物在垂直空间上最大化地提高太阳光能的利用率。

城市生物多样性策略是通过建立绿色城市结构,疏通城市自然系统的物流、能量流,改善城市生态要素间的功能联系,增强城市中自然生态系统的抗干扰能力和自我维持能力、改善城市生态系统的质量,对我国城市可持续发展具有重要意义。

六、系统整体功能最优原理

小城镇中,各子系统功能的发挥影响着小城镇系统整体功能的发挥,同时,各子系统功能的状态,也取决于系统整体功能的状态;各子系统具有自身的目标与发展趋势,作为存在的个体,它们都有无限制满足自身发展的需要,而不顾其他个体的潜势存在。

小城镇各个子系统之间的关系并非总是协调一致的,而是呈现出相生相克的关系,因此,为了提高整个系统的整体功能和综合效益,一定要理顺小城镇生态系统结构,改善系统运行状态,使局部功能与效率服从于整体功能和效益。

七、环境承载力原理

环境承载力是可持续发展的内涵之一,也是生态学的规律之一,是指某一环境状态和结构在不发生对人类生存发展有害变化的前提下,所能承受的人类社会作用,具体体现在规模、强度和速度上。

环境承载力的内涵有几个方面,其中有一个很重要的方面就是可持续发展要求以环境与自然资源为基础,同环境承载能力相协调。另外,人们经常说搞循环经济要以生态学的规律作为指导,生态学的规律之一叫作"负载定额"。也就是说,每一个承载系统对任何的外来干扰都有一定的忍耐极限,当外来干扰超过此极限时,生态系统就会被损伤、破坏乃至瓦解。

环境承载力具有明显的区域性和时效性,地区不同或时间范围不同,环境承载力也不同。环境承载力包括以下三类。

1. 资源承载力

资源承载力包括自然资源条件,如淡水、土地、矿藏、生物等;也包括社会资源条件,如劳动力资源、交通工具与道路系统、经济发展实力等。

2. 技术承载力

技术承载力主要是指劳动力素质、文化程度与技术水平所能承受的人类社会作用强度。

3. 污染承载力

污染承载力是反映本地自然环境的自净能力大小的指标。环境承载力会随小城镇外部环境的变化而变化,可以通过改善外部条件得到提高,同时环境承载力的改变会引起城镇生态系统结构和功能的变化。

第二节　生态系统理论与生态城镇学

一、生态系统组成

1935 年,英国植物群落学家 A. G. 坦斯利(A. G. Tansley)首先提出了生态系统(ecosystem)一词。生态系统指的是在一定的时间和空间内,生物和非生物成分之间,通过物质循环、能量流动和信息传递而相互作用、相互依存所构成的统一体,是生态学的功能单位,属于生态学研究的最高层次。

生态系统的范围可大可小,相互交错。生物圈是最大的生态系统;热带雨林是最为复杂的生态系统。人类主要生活在以城市和农田为主的人工生态系统中。生态系统是开放系统,需要不断输入能量,维系自身的稳定,否则就有崩溃的危险。许多基础物质在生态系统中不断循环,其中碳循环与全球温室效应密切相关。

生态系统的成分,不论是陆地还是水域,或大或小,都可以概括为非生物和生物两大部分。如果没有非生物环境,生物就没有生存的场所和空间,也就得不到能量和物质,生物就无法生存,仅有环境而没有生物也谈不上生态系统。生态系统可以分为非生物环境、生产者、消费者与分解者四种基本成分。

1. 非生物环境

非生物环境包括三部分:一为太阳能和其他能源、水分、空气、气候和其他物理因子;二为参加物质循环的无机元素与化合物,无机元素如碳、氢、氧、氮、磷、钾等;三为有机物,如蛋白质、脂肪、碳水化合物和腐殖质等。

2. 生产者

生产者是指能利用太阳能,将简单的无机物合成为复杂的有机物的自养生物。生产者主要是各种绿色植物,也包括化能合成细菌与光合细菌,它们都是自养生物。

生产者在生态系统中的作用是通过光合作用将太阳光能转变为化学能,以简单的无机物为原料制造各种有机物,保证自然界二氧化碳与氧气的平衡。生产者不仅供给自身生长发育的能量需要,也是其他生物类群及人类食物和能量的来源,并且是生态系统所需一切能量的基础。

生产者是生态系统的主要成分,是连接无机环境和生物群落的桥梁,在生态系统中处于最重要的位置。

3. 消费者

消费者是指直接或间接依赖并消耗生产者而获取生存能量的异养生物,包括了几乎所有动物和部分微生物(主要有真细菌),它们通过捕食和寄生关系在生态系统中传递能量,其中,以生产者为食的消费者被称为初级消费者,以初级消费者为食的被称为次级消费者,其后还有三级消费者与四级消费者,同一种消费者在一个复杂的生态系统中可能充当多个级别,有的生物所充当的消费者级别还会随季节而变化。

消费者不能利用太阳光能制造有机物,只能直接或间接地从植物所制造的现成的有机物质中获得营养和能量。消费者虽不是有机物的最初生产者,但可将初级产品作为原料,制造各种次级产品,因此,消费者也是生态系统中十分重要的环节。

一个生态系统只需生产者和分解者就可以维持运作,数量众多的消费者在生态系统中起加快能量流动和物质循环的作用,可以看成是一种催化剂。

4. 分解者

分解者又称"还原者",是一类异养生物,包含各种细菌、真菌、放射菌、土壤原生动物等微生物,也包含蛞蝓、蚯蚓等腐生动物。分解者体形微小,但数量大得惊人,分布广泛,存在于生物圈的每个部分。

分解者是连接生物群落和无机环境的桥梁。分解者可以将生态系统中的各种无生命的复杂有机质(尸体、粪便等)分解成水、二氧化碳、铵盐等可以被生产者重新利用的物质,完成物质的循环,因此,分解者、生产者与无机环境就可以构成一个简单的生态系统。分解者是生态系统的必要成分。

二、生态系统结构和类型

构成生态系统的环境及各种生物的种类、数量和空间配置,在一定的时期处于相对稳定的状态,使生态系统能够保持一个相对稳定的结构。对生态系统结构的研究目前主要着眼于形态结构和营养结构。

1. 生态系统的形态结构

生态系统的形态结构指的是生态系统的空间与时间结构,是生物种类、数量的空间配置和时间变化。

(1)生态系统的空间配置。例如,一个森林生态系统,其植物、动物和微生物的种类和数量基本上是稳定的,且呈现出垂直成层的空间分布现象。在地上部分,自上而下有乔木层、灌木层、草本植物层和苔藓地衣层;在地下部分,有浅根系、深根系及根际微生物。动物也呈现出垂直成层的空间分布现象,最上层是能飞行的鸟类和昆虫;地面附近是兽类;最下层是蚂蚁、蚯蚓等,许多鼠类在地下打洞。在水平分布上,林缘、林内植物和动物的分布也有明显不同。

生态系统中的分层有利于生物充分利用阳光、水分、养料和空间。上层阳光充足,集中分布着绿色植物的树冠或藻类,有利于光合利用,称为绿带或光合作用层。在绿带以下为异养层或分解层,又称褐带。

(2)生态系统的时间变化。生态系统的时间变化反映出生态系统在时间上的动态,见表 2-2。

表 2-2　反映生态系统时间变化的时间量度

序号	项目	内　　容
1	长时间量度	长时间量度以生态系统进化为主要内容,如现在森林生态系统与古代时的变化
2	中等时间量度	中等时间量度以群落演替为主要内容,如草原的退化

续表

序号	项目	内　　容
3	短时间量度	短时间度量以年份、季节和昼夜等的周期性变化为主要内容。如一个森林生态系统，冬季满山白雪覆盖，一片林海雪原；春季冰雪融化，绿草如茵；夏季鲜花遍野，五彩缤纷；秋季果实累累，气象万千。不仅有季相变化，就是昼夜也有明显变化，如绿色植物白天在阳光下进行光合作用，在夜间只进行呼吸作用。短时间周期性变化在生态系统中是较为普遍的现象。 生态系统短时间结构的变化，反映了植物、动物等为适应环境因素的周期性变化，而引起整个生态系统的变化，这种生态系统短时间结构的变化往往反映了环境质量高低的变化。所以，对生态系统短时间结构变化的研究具有重要的意义

2. 生态系统的营养结构

生态系统各要素之间最本质的联系是通过营养来实现的，食物链和食物网构成了物种之间的营养关系。

（1）食物链。生态系统中贮存于有机物中的化学能在生态系统中层层传导，通俗地讲，是各种生物通过一系列吃与被吃的关系，将这种生物与那种生物紧密地联系起来，这种生物之间以食物营养关系彼此联系起来的序列，在生态学上被称为食物链。按照生物与生物之间的关系可将食物链分为捕食食物链、腐食食物链（碎食食物链）和寄生食物链。

（2）食物网。在生态系统中，一种生物往往同时属于数条食物链，生产者如此，消费者也亦如此。如牛、羊和兔都可能吃同一种草，这样这种草就与4条食物链相连。再如，黄鼠狼可以捕食鼠、鸟、青蛙等，它本身又可能被狐狸和狼捕食，黄鼠狼就同时处于数条食物链上。实际上，一个生态系统中常存在着许多条食物链，由这些食物链彼此相互交错连接成的复杂营养关系为食物网。食物网形象地反映了生态系统内各生物有机体之间的营养位置和相互关系。

生态系统中各生物之间通过食物网发生直接和间接的联系，保持着生态系统结构和功能的相对稳定性。应该指出的是，生态系统内部的营养结构是不断发生变化的。如果食物网中的某一条食物链发生了障碍,可以通过其他食物链来进行必要的调整和补偿。有时,营养结构网络上某一环节发生了变化,其影响会波及整个生态系统。

食物链、食物网不仅是生态环境的物质循环、能量和信息传递的渠道,当环境受到污染时,它们又是污染物扩散和富集的渠道。

3. 生态系统的类型

生态系统类型众多,一般可分为自然生态系统和人工生态系统。

(1)自然生态系统。自然生态系统还可进一步分为水域生态系统和陆地生态系统。

1)水域生态系统。是指水域系统中生物与生物、生物与非生物因子之间相互作用的统一体。包括内陆水域(湖泊、水库、河流、湿地等)、河口和海洋生态系统等。

2)陆地生态系统。是指特定陆地生物群落与其环境通过能量流动和物质循环所形成的一个彼此关联、相互作用并具有自动调节机制的统一整体。如温带森林生态系统、热带雨林生态系统、针叶林生态系统、典型草原生态系统、高寒草甸生态系统、荒漠生态系统、冻原生态系统等。

典型自然生态系统比较见表 2-3。

表 2-3　典型自然生态系统比较

类型	森林生态系统	草原生态系统	海洋生态系统	湿地生态系统
分布特点	湿润或较湿润地区	干旱地区,降雨量很少	整个海洋	沼泽地、泥炭地、河流、湖泊、红树林、沿海滩涂及低于 6 m 的浅海水域
物种	繁多	较多	繁多	较多
主要动物	营树栖和攀缘生活,如犀鸟、避役、树蛙、松鼠、貂等	有挖洞或快速奔跑特性,两栖类和水生动物少见	水生动物,从单细胞的原生动物到个体最大的鲸	水禽、鱼类,如丹顶鹤、天鹅及各种淡水鱼类

续表

类型	森林生态系统	草原生态系统	海洋生态系统	湿地生态系统
主要植物	高大乔木	草本	微小浮游植物	芦苇
群落结构	复杂	较复杂	复杂	较复杂
种群和群落动态	长期相对稳定	常剧烈变化	长期相对稳定	周期性变化
限制因素	一定的生存空间	水,其次为温度和阳光	阳光、温度、盐度、深度	温度
主要效益	人类资源库;改善生态环境;生物圈中能量流动和物质循环的主体	提供大量的肉、奶和毛皮;调节气候,防风固沙	维持生物圈中碳氧平衡和水循环;调节全球气候;提供各种丰富资源	生活和工农业用水的直接来源;多雨或河流多水时可蓄积,调节流量和控制洪水,干旱时可释放储存的水补充地表径流和地下水,缓解旱情;消除污染;提供丰富的生物资源
保护措施	退耕还林,合理采伐,防虫防火	防止过度放牧,防虫防鼠	防止过度捕捞及环境污染	加入《湿地公约》、建立重要湿地

(2)人工生态系统。人工生态系统是指以人类活动为生态环境中心,按照人类的理想要求建立的生态系统。如城市生态系统,农业生态系统等。

人工生态系统是由自然环境(包括生物和非生物因素)、社会环境(包括政治、经济、法律等)和人类(包括生活和生产活动)三部分组成的网络结构。人类在系统中既是消费者又是主宰者,人类的生产、生命活动必须遵循生态规律和经济规律,才能维持系统的稳定和发展。

人工生态系统的特点如下。

1)社会性。即受人类社会的强烈干预和影响。

2)易变性。易变性又称不稳定性。易受各种环境因素的影响,并随人类活动而发生变化,自我调节能力差。

3)开放性。系统本身不能自给自足,依赖于外系统,并受外部的调控。

4)目的性。系统运行的目的不是为维持自身的平衡,而是为满足人类的需要。

三、生态系统的基本功能

生态系统的基本功能是由生态系统的结构及其特征决定的,主要表现在生物生产、能量流动、物质循环与信息传递等几个方面。

1. 生物生产

生态系统的生物生产是指生物有机体在不断运转的生态系统中通过能量代谢,将能量、物质重新组合,形成新的产品的过程,主要包括初级生产和次级生产两个过程。

(1)初级生产。初级生产是指绿色植物的生产,即植物通过光合作用,吸收和固定光能,把无机物转化为有机物的过程,用化学方程式表示为:

$$6CO_2 + 12H_2O \xrightarrow[\text{叶绿素}]{\text{光能}(2.8 \times 10^6 \text{ J})} C_6H_{12}O_6 + 6O_2 + 6H_2O$$

式中:CO_2 和 H_2O 是原料,糖类(CH_2O)是光合作用的主要产物,如蔗糖、淀粉和纤维素等。光合作用是自然界最为重要的化学反应,实际上光合作用是一个非常复杂的过程,人类至今对其机理还没有完全搞清楚。

生态系统初级生产的能源来自太阳辐射能,如果把照射在植物叶面的太阳光以 100% 计算,除叶面蒸腾、反射、吸收等消耗,用于光合作用的太阳能为 0.5%~3.5%,这就是光合作用能量的全部来源。生产的结果是太阳能转变为化学能,简单的无机物转变为复杂的有机物。在一定的时间范围内,生态系统的物质贮存量称为生物量。不同的生态系统,不同水热条件下的不同生物群落,太阳能的固定数及其速率、其总初级生产量、净初级生产量和生物量都有很大差异。

(2)次级生产。次级生产是指消费者和分解者利用初级生产物质进行同化作用建造自己和繁衍后代的过程,所形成的有机物(消费者体重增加和后代繁衍)的量称为次级生产量。生态系统净初级生产量只有一部分被食草动物所利用,而大部分未被采食和触及。真正被食草动物所摄取利用的这一部分,称为消耗量。消耗量中大部分被消化吸收,这一部分为同化量,剩余部分经消化道排出体外。被动物所固化的能量,一部分用于呼吸而被消耗掉,剩余部分被用于个体成长和生殖。生态系统次级生产量可用下式表示为:

$$P_s = C - F_u - R$$

式中　P_s——次级生产量;

　　C——摄入的能量;

　　F_u——排泄物中的能量;

　　R——呼吸所消耗的能量。

生态系统中各种消费者的营养层次虽不相同,但它们的次级生产过程基本上都遵循上述途径。

2. 能量流动

能量流动是指生态系统中能量输入、传递、转化和丧失的过程。能量流动是生态系统的重要功能,在生态系统中,生物与环境、生物与生物间的密切联系,可以通过能量流动来实现。生态系统的能量流动也可以看作是动能和势能在系统内的传递与转化的过程。

(1)能量流动的基本模式。能量流动的基本模式见表2-4。

表2-4　能量流动的基本模式

序号	项目	内　　容
1	能量形式的转变	在光合作用中由太阳能转变为化学能;化学能在生物间的转移过程中总有一部分能量耗散掉,这是一部分化学能转变为热能耗散到环境中
2	能量的转移	在生态系统中,以化学能形式的初级生产产品主要有两个去向:一部分为各种食草动物所采食;另一部分作为凋落物质的枯枝败叶成为分解者的食物来源。在这个过程中能量由植物转移到动物与微生物身上

序号	项目	内　　容
3	能量的利用	能量在生态系统的流动中,总有一部分被生物所利用,这些能量提供了各类生物的成长、繁衍之需
4	能量的耗散	无论是初级还是次级生产过程,能量在传递或转变中总有一部分被耗散掉,即生物的呼吸及排泄耗去了总能量的一部分。生产者呼吸消耗的能量约占生物总初级生产量的 50%。能量在动物之间传递也是这样,两个营养层次间的能量利用率一般只有 10%左右

(2)能量流动特点。生态系统的流动有三大特点,即变动性、单向性和递减性。

1)变动性。生态系统中的能量流动和物理系统中的能量流动有所不同。生态系统中的能量流动是呈非线性变化的,如捕食者的捕食量、消化率都是变化的,无法确定的。所以在生态系统中的能流,无论是短期行为,还是长期进化都是变化的。

2)单向性。生态系统中的能量只能是单向流动的,其流动方向为:太阳能→绿色植物→食草动物→食肉动物→微生物。太阳的辐射能以光能的形式通过光合作用被植物所固定在生态系统中后,不能再以光能的形式返回;自养生物被异养生物摄取后,能量就由自养生物流到异养生物,也不能再返回;因此,就总的能量流动途径而言,能量只能一次性流经生态系统,是不可逆的。

3)递减性。能量在生态系统中的传递是不可逆的,而且是递减的,从太阳辐射能被生产者固定开始,能量沿营养级的转移,每次转移都必然有损失,流动中能量逐渐减少,每经过一个营养级都有能量以热的形式散失掉。

能量流动的递减性是因为能量利用率较低。首先,生产者(绿色植物)对太阳能的利用率就只有约 1.2%,然后,能量通过食物营养关系从一个营养级转移到下一个营养级,每经过一个营养级,能量大约减少 90%,通常利用率只有 4.5%～17.0%,平均约 10%转移到下一个营养级,即能量转化率为 10%,这就是生态学中的"十分之一定律"。

这一定律证明了生态系统的能量转化效率是很低的,因而食物链的营养级不可能无限增加。

将单位时间内各营养级所得能量的数量值用面积表示,由低到高绘制成图,即为能量金字塔,如图 2-1 所示。

(3)物质循环。物质循环是生态系统的主要功能之一。生态系统中生物的生命活动,除了需要能量外,还需要有物质基础,物质在地球上是循环使用的。生态系统中各种营养物质经过分解者分解成为可被生产者利用的形式归还环境中重复利用,周而复始地循环,这个过程叫物质循环。

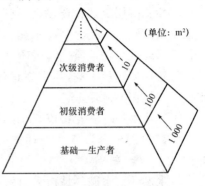

图 2-1 能量金字塔

生态系统中的物质有 30～40 种化学元素,这些元素大致可分为三类,见表 2-5。

表 2-5 生态系统中的物质

序号	项目	构 成
1	能量元素	能量元素也称结构元素,是构成生命蛋白所必需的基本元素,如碳、氢、氧、氮
2	大量元素	大量元素是生命过程大量需要的元素,包括钙、镁、磷、钾、硫、钠等
3	微量元素	微量元素包括铜、锌、硼、锰、钼、钴、铁、氟、碘、硒、硅、锶等。微量元素的需要量很小,但也是不可缺少的,这些物质存在于大气、水域及土壤中

1)按物质循环的层次不同,生态系统的物质循环可划分为生物个体层次的物质循环、生态系统层次的物质循环和生物圈层次的物质循环。

①生物个体层次的物质循环主要是指生物个体吸收营养物质建造自身的同时,还经过新陈代谢活动,把体内产生的废物排出体外,经

过分解者的作用归还于环境。

②生态系统层次的物质循环又称营养物质循环,是在一个具体范围内进行的(某一生态系统内),在初级生产者代谢的基础上,通过各级消费者和分解者把营养物质归还于环境之中。

③生物圈层次的物质循环是营养物质在各生态系统之间的输入与输出,以及它们在大气圈、水圈和土壤圈之间的交换,又称为生物地球化学循环或生物地质化学循环。

2)按循环途径不同,生态系统的物质循环可划分为气体型循环、水循环和沉积型循环。

①气体型循环。元素以气态的形式在大气中循环即为气体型循环,又称"气态循环",气态循环把大气和海洋紧密联系起来,具有全球性。

②水循环。水循环是指大自然的水通过蒸发、植物蒸腾、水汽输送、降水、地表径流、下渗、地下径流等环节,在水圈、大气圈、岩石圈、生物圈中进行连续运动的过程。水循环是生态系统中的重要过程,是所有物质进行循环的必要条件。

③沉积型循环。沉积型循环也称为固相循环,发生在岩石圈,元素以沉积物的形式通过岩石的风化作用和沉积物本身的分解作用转变成生态系统可用的物质。沉积循环是缓慢的、非全球性的、不显著的循环。沉积循环以硫、磷、碘为代表,还包括硅以及碱等金属元素。

(4)信息传递。生态系统信息传递又称信息流,是指生态系统中各生命成分之间及生命成分与环境之间的信息流动与反馈过程,是它们之间相互作用、相互影响的一种特殊形式。生态系统中的能量流和物质流的行为由信息决定,而物质流和能量流又是信息流的载体。

物质流是循环的,能量流是单向的、不可逆的;而信息流却是有来有往的、双向流动的。正是由于信息流的存在,自然生态系统的自动调节机制才得以实现。

信息流从生态学角度来划分,主要有营养信息、物理信息、化学信息、行为信息四类。

1)营养信息。通过营养传递的形式,把信息从一个种群传递给另一个种群，或从一个个体传递给另一个个体，即为营养信息。实际上食物链、食物网就可视为一种营养信息传递系统。食物链中任一环节出现变化，都会发出一个营养信息，对别的环节产生影响。

2)物理信息。物理信息是指通过物理过程传递的信息，可以来自无机环境，也可以来自生物群落，主要有声、光、温度、湿度、磁力、机械振动等。这些信息对于生物而言，有的表示吸引，有的表示排斥，有的表示友好，有的表示恐吓。与植物有关的物理信息主要是光和色彩。植物与光的信息联系是非常紧密的，植物和动物之间的信息常是非常鲜艳的色彩。与动物有关的物理信息主要是声音和语言，昆虫是用声信号进行种内通信的第一批陆生动物。用摩擦发出声信号，是昆虫中最常见的声信号通信方式。鸟类的鸣，兽类的吼叫可以表达惊恐、安全、恫吓、警告、嫌恶、有无食物和要求配偶等各种信息。这些实际上就是动物自己的语言。此外，动物之间的物理信息还有光信号，常见的有萤光昆虫和鱼类的闪光等。

3)化学信息。化学信息是指生物在某些特定的条件下，或某个生长发育阶段，分泌出某些特殊的化学物质，这些分泌物不是提供营养，而是在生物的个体或种群之间传递某种信息。化学信息包括生物碱、有机酸及代谢产物等。化学信息制约着生态系统内各种生物的相互关系，使生物之间相互吸引、促进，或相互排斥、克制，在种间和种内发生作用。

4)行为信息。许多动物的不同个体相遇时，常会表现出有趣的行为，即行为信息，例如蜜蜂的"圆圈舞"以及鸟类的"求偶炫耀"。行为信息多种多样，有的表示识别，有的表示威胁、挑战，有的向对方炫耀自己的优势，有的则表示从属，可以在同种和异种生物间传递。如果没有信息的传递，就难以想象数万甚至上百万的个体能有分工、协作，能有条不紊地成为一个整体。

四、生态城镇学

研究生态城镇需要运用系统科学的思想，综合吸收各学科的经验和方法。而生态城镇学便是一门为研究生态城镇应运而生的综合性学科,研究方法的高度综合性是其主要特征。生态城镇学是涉及城镇规划、城镇土地利用、生态学、社会学、经济学、建筑学、园林学、地理学、环境学、系统科学、哲学、美学、心理学、伦理学、医学、法律学等诸多学科渗透与融合的综合性学科。

生态城镇的概念源于联合国教科文组织发起的"人与生物圈计划"。生态城镇可以理解为在生态系统承载能力范围内运用生态经济学原理和系统工程方法去改变生产和消费方式、决策和管理方法,挖掘市域内外一切可以利用的资源潜力,建设经济发达、生态高效的产业,体制合理、社会和谐的文化以及生态健康、景观适宜的环境,实现经济、社会和环境的协调统一与持续发展的城镇。

生态城镇具有以下鲜明的生态特征。

(1)经济功能与生态功能的高度协调统一。城镇的功能由单纯的社会经济功能转变为生态功能支持下的生态、社会、经济协调功能。

(2)经济、社会和生态高度和谐,低投入,高收益。

(3)不仅重视经济发展与环境的协调,更注重人类生活质量的提高,强调人与自然的协调发展。

(4)不同地域、文化显示生态城镇的不同特色与个性,呈现生态多样性。

五、小城镇生态系统

生态学研究的是生物与其生存环境之间的关系,其中包括人类与其周围动物、植物、微生物、自然之间的关系。生态系统中的各个部分相辅相成,其中任何一个部分发生变化将影响到其他部分;反过来,这些变化又会导致其他方面的变化。生态系统受到外来干扰,对变化有一个承受极限,超过此限度,自然系统就将处于不稳定状态。

若把小城镇看成一个生态系统,这个生态系统中包括各种生物复合体,而且还包括人们称为环境的全部物理因素。小城镇生态系统包括小城镇特定地段中的生物群落和物理环境相互作用的任何统一体,并且在系统内部,能量的流动形成一定的营养结构、生物多样性和物质循环,强调一定地域中各种生物相互之间及它们与其周围环境之间功能上的统一性。

从生态学的角度来看,小城镇生态系统具有一般生态系统的最基本的特征,即生物与环境的相互作用。在小城镇生态系统中有生命的部分包括人、动物、植物和微生物以及各种物理的、化学的无生命的环境部分,它们之间进行着物质代谢、信息传递和能量流动。

小城镇生态系统具有以下特点。

(1)小城镇生态系统是人工生态系统。人是这个系统的核心和决定因素,小城镇的规模、结构、性质都是人为决定的。整个生态系统的作用效力是衡量人们的这些决定是否合理的标准。在小城镇生态系统中,人既是调节者又是被调节者。

(2)小城镇生态系统是消费者占优势的生态系统。在小城镇生态系统中,消费者生物量大大超过第一层初级生产者生物量。生物量结构呈倒金字塔形,同时需要有大量的附加能量和物质的输入和输出,相应地需要大规模的运输,对外部资源有极大的依赖性。

(3)小城镇生态系统是分解功能不充分的生态系统。与其他的自然生态系统相比,小城镇生态系统资源利用效率较低,物质循环不是环状而是线状的。小城镇生态系统的分解功能不完全,大量的物质能源常以废物形式输出,造成严重的环境污染。同时小城镇在生产活动中把许多自然界深藏地下的甚至本来不存在的物质引进小城镇生态系统,加重了环境污染。

(4)小城镇生态系统是自我调节和自我维持能力很薄弱的生态系统。当自然生态系统受到外界干扰时,可以借助于自我调节和自我维持能力以维持生态平衡;小城镇生态系统受到干扰时,其生态平衡只有通过人们的正确参与才能维持。

(5)小城镇生态系统是受社会经济多种因素制约的生态系统。人是这个生态系统的核心。从"生物学上的人"的角度出发,人的许多活动是服从生物学规律的;从"社会学上的人"以及"经济学上的人"的角度出发,人的活动和行为准则是由社会生产力和生产关系以及与之相联系的上层建筑所决定的。因此,小城镇生态系统是和小城镇经济与小城镇社会紧密联系在一起的。

第三节　可持续发展理论

随着全球经济的快速发展，人类社会对环境的冲击力大大增强，全球范围的环境污染和破坏日益严重，于是，一些科学家开始将环境问题作为一个重大的科学技术问题提出来并进行深入的研究。人们首先根据传统理论研究治理方法和技术，同时进一步认识到，仅靠科技手段，用工业文明方式去修补环境是不能从根本上解决环境问题的，必须在各个层次上去调控人类社会的行为和支配人类社会行为的、打着工业文明烙印的思想和观念，于是，可持续发展作为一种新的发展观悄然兴起，并日益引起国际社会的关注。

一、可持续发展的定义

可持续发展是指既满足当代人的需要，又对后代人满足其需要的能力不构成危害的发展。具体来说，可持续发展的实质是在经济发展过程中兼顾各方面利益，协调发展环境和经济，其最终目标是要达到社会、经济、生态的最佳综合效益，做到人口、资源、环境与发展的协调统一。

可持续发展这一新的发展观，为小城镇生态环境的发展和规划提供了新的理念，新的途径和方法也随之产生。

1. 可持续发展定义的基本要素

可持续发展定义包含两个基本要素——"需要"和对需要的"限制"。满足需要，首先是要满足贫困人民的基本需要。对需要的限制主要是指对未来环境需要的能力构成危害的限制，这种能力一旦被突破，必将危及支持地球生命的大气、水体、土壤和生物等构成的自然系统。决定两个基本要素的关键性因素如下。

（1）回收再分配，以保证不会为了短期生存的需要而被迫耗尽自然资源。

（2）降低主要是穷人对遭受自然灾害和农产品价格暴跌等损害的脆弱性。

(3)普遍提供卫生、教育、水、新鲜空气等可持续生存的基本条件，保护和满足社会最脆弱人群的基本需要，为全体人民，特别是为贫困人民提供发展的平等机会和选择自由。

2. 可持续发展的内涵

从可持续发展的定义中分析，可持续发展有以下几个方面的内涵。

(1)共同发展。地球是一个复杂的巨系统，每个国家或地区都是这个巨系统不可分割的子系统。系统的最根本特征是其整体性，每个子系统都和其他子系统相互联系并发生作用，只要一个系统发生问题，都会直接或间接影响到其他系统的紊乱，甚至会诱发系统的整体突变，其整体性在地球生态系统中表现最为突出。因此，可持续发展追求的是整体发展和协调发展，即共同发展。

(2)协调发展。协调发展包括经济、社会、环境三大系统的整体协调，也包括世界、国家和地区三个空间层面的协调，还包括一个国家或地区经济与人口、资源、环境、社会以及内部各个阶层的协调。

(3)公平发展。世界经济的发展始终存在着因水平差异而表现出来的层次性问题。如果这种发展水平的层次性因不公平、不平等而引发或加剧，就会由局部上升到整体，并最终影响到整个世界的可持续发展。可持续发展思想的公平发展包含两个纬度：一是时间纬度上的公平，当代人的发展不能以损害后代人的发展能力为代价；二是空间纬度上的公平，一个国家或地区的发展不能以损害其他国家或地区的发展能力为代价。

(4)高效发展。公平和效率是可持续发展的两个轮子。可持续发展的效率不同于经济学的效率，可持续发展的效率既包括经济意义上的效率，也包含着自然资源和环境的损益的成分。因此，可持续发展思想的高效发展是指经济、社会、资源、环境、人口等协调下的高效率发展。

(5)多维发展。人类社会的发展表现出全球化的趋势，但是不同国家与地区的发展水平是不同的，而且不同国家与地区又有着异质性的文化、体制、地理环境、国际环境等发展背景。此外，因为可持续发展又是一个综合性、全球性的概念,要考虑到不同地域实体的可接受性,因此,可持续发展本身包含了多样性、多模式、多维度选择的内容。因此,在可持续发展这个全球性目标的约束和指导下,各国与各地区在实施可持续发展战略时,应该从国情或区情出发,走符合本国或本区实际的、多样性、多模式的可持续发展道路。

二、可持续发展理论的历史沿革

可持续发展理论的形成与发展经历了三个历史性的发展阶段。

1. 萌芽阶段

20 世纪 50 年代以后,在经济增长、城镇化、人口、资源等所形成的环境压力下,人们对传统发展的模式产生了怀疑。

1962 年,美国生物学家莱切尔·卡逊在她的作品《寂静的春天》里描绘了一幅由于农药污染所导致的可怕景象,惊呼人们将会失去"春光明媚的春天",为环境问题敲响了警钟,引起了西方社会的强烈反响,西方学者开始对人类长远经济的发展予以关注和研究。

1972 年,两位美国学者巴巴拉·沃德和雷内·杜博斯发表《只有一个地球》,把人类生存与环境的认识提高到可持续发展的新境界。同年,国际著名学术团体"罗马俱乐部"发表了著名的研究报告《增长的极限》,明确提出"持续增长"和"合理的持久的均衡发展"的概念,随后围绕"增长极限理论"展开了大范围的讨论,为可持续发展理论的诞生奠定了基础。也是在这一年,联合国在斯德哥尔摩召开人类环境会议,通过了具有历史意义的《人类环境宣言》,可持续发展思想的萌芽正式产生。

2. 理论发展阶段

1980 年,国际自然保护同盟在世界野生生物基金会的支持下拟定了《世界保护战略》,第一次明确提出了"可持续发展"一词,标志着可持续发展思想的正式诞生。

1983 年,世界环境与发展委员会在前挪威首相布伦特兰夫人的领导下,于 1987 年向联合国提出了一份题为《我们共同的未来》的报告,该报告对可持续发展的内涵做了界定和详尽的理论阐述,已经形成了完整的理论体系,这对可持续发展理论的成型和发展起了关键性的作用。

3. 实践应用阶段

20 世纪 90 年代以来,可持续发展理论被世界各国普遍接受,由战略思想转为实践。

1992 年 6 月,在巴西里约热内卢召开的联合国环境与发展会议上通过了《里约宣言》《21 世纪议程》《森林问题原则声明》三个贯穿有可持续发展思想的重要文件,并产生了《气候变化框架公约》和《生物多样化公约》两个国际公约。这一系列的决议和文件,把可持续发展由理论和概念推向行动,标志着已经把"可持续发展"推向人类共同追求的实现目标,"可持续发展"的思想在各国具有合法性并形成全球共识。随后各国纷纷制定符合本国国情的可持续发展战略,如我国制定了《中国 21 世纪议程》。截止到 1997 年,全球已经有约 2 000 个地方针对当地的情况制定了 21 世纪议程。有 100 多个国家成立了国家可持续发展理事会或类似机构,有代表性的主要有美国总统可持续发展理事会、菲律宾国家可持续发展理事会等。许多国家可持续发展理事会受到国家元首亲自关注或由国家议会授权成立。

三、可持续发展理论的基本原则

可持续发展是一种新的人类生存方式。这种生存方式不但要求应体现在以资源利用和环境保护为主的环境生活领域,更要体现到作为发展源头的经济生活和社会生活中去。贯彻可持续发展战略必须遵从以下基本原则。

1. 公平性原则

可持续发展强调发展应该追求代内平等和时代平等原则。

(1)代内平等。即指本代人的公平。可持续发展要满足全体人民的基本需求和给全体人民机会以满足他们要求较好生活的愿望。当今世界的现实是一部分人富足,而占世界 1/5 的人口处于贫困状态;占全球人口 26% 的发达国家耗用了占全球 80% 的能源、钢铁和纸张等。这种贫富悬殊、两极分化的世界不可能实现可持续发展。因此,要给世界以公平的分配和公平的发展权,把消除贫困作为可持续发展进程特别优先的问题来考虑。

（2）时代平等。即指代际的公平。要认识到人类赖以生存的自然资源是有限的。本代人不能因为自己的发展与需求而损害人类世世代代满足需求的条件——自然资源与环境，要给世世代代以公平利用自然资源的权利。

2. 持续性原则

持续性原则的核心思想是指人类的经济建设和社会发展不能超越自然资源与生态环境的承载能力。这意味着，可持续发展不仅要求人与人之间的公平，还要顾及人与自然之间的公平。

资源和环境是人类生存与发展的基础，可持续发展主张建立在保护地球自然系统基础上的发展，因此，发展必须有一定的限制因素。人类发展对自然资源的耗竭速率应充分顾及资源的临界性，应以不损害支持地球生命的大气、水、土壤、生物等自然系统为前提。发展一旦破坏了人类生存的物质基础，发展本身也就衰退了。

3. 共同性原则

鉴于世界各国历史、文化和发展水平的差异，可持续发展的具体目标、政策和实施步骤不可能是唯一的。但是，可持续发展作为全球发展的总目标，所体现的公平性原则和持续性原则，则是应该共同遵从的。要实现可持续发展的总目标，就必须采取全球共同的联合行动，认识到地球的整体性和相互依赖性。从根本上说，贯彻可持续发展就是要促进人类之间及人类与自然之间的和谐。如果每个人都能真诚地按"共同性原则"办事，那么人类内部及人与自然之间就能保持互惠共生的关系，从而实现可持续发展。

四、可持续发展理论的内容与特点

（一）可持续发展理论的内容

1. 可持续发展模式与评价指标体系

可持续发展的目标，是要建设和创造一个可持续发展的社会、经济和环境，核心是可持续发展的科技和教育。可持续发展的战略目标是:恢复经济增长;改善增长质量;满足人类基本需求;确保稳定的人口水平;保护和加强资源基础;改善技术方向;在决策中协调经济与生态关系。

可持续发展的理论摒弃了过去过分强调环保和过分强调经济增长的偏激思想,主张"既要生存、又要发展"。这一点对于发展中国家是非常重要的。在评价指标体系方面是将资源核算、环境核算与国民经济核算进行关联研究,从而克服传统国民经济核算体系的缺陷,建立可持续发展目标导向的"资源—环境—经济"一体化管理体制。

目前,可持续发展的主要战略方法是建立反映资源、环境和经济之间关系的独立账户体系,将之作为核心账户的"卫星账户"体系,间接地将环境资源因素纳入国民经济核算。

2. 环境与可持续发展

20 世纪 70 年代以后,环境经济学家提出利用价格机制、税收、信贷、赔偿等经济杠杆,以使社会损失计入私人厂商的生产成本,把外部因素内在化,使环境资源得到保护。

20 世纪 80 年代以后,一些环境经济学方面的专家学者又进行了大量的环境价值论研究及价值评估,对环境资源价值论进行逐步完善。环境经济学在可持续发展中的作用除了将环境资源核算纳入到国民经济核算中以外,还有在微观层次上的建设项目的持续发展的费用效益分析,中观层次的产业结构及生产力的布局调整和宏观层次的政策研究。

3. 经济与可持续发展

经济与可持续发展的关系主要体现在两个方面:一是经济活动的生态环境成本问题;二是作为基础产业的农业协调生产优化问题。在经济活动的外部效果即社会成本方面,可持续发展理论把它从过去的宏观和微观分别考虑,转向宏微观结合。宏观上,以 SEEA 核算体系作为环境经济一体化的指标;微观上,是将生态环境成本纳入微观核算,利用有效的监测机制和价格机制,使微观生产单位对外部效果承担经济责任。

4. 社会与可持续发展

对人口资源的正确估计是可持续发展战略考虑的前提之一。在对人口资源的正确估计方面，要首先考虑以下内容。

(1)人口的绝对数量与粮食问题。

(2)人口老化及养老保障。

(3)城市化带来的农业人口过剩。

(4)妇女问题和社会分工。

(5)人口素质、教育和社会结构的完善。

(6)人口信息的开发与利用及家庭结构问题。

另外，灾害防治和环境法制的研究也是可持续发展的主要内容。

5. 区域的可持续发展

区域可持续发展的核心就是经济增长点。增长点是指某些特定的产业部门或地区在经济增长中起着特殊的和占据支撑区域的作用。第一，产业规模应相对地大，才能产生充分的直接效应和间接效应；第二，应当是增长最快的产业和地区；第三，应同其他产业部门之间具有高强度的投入产出关系，能够使增长效应被传递分散；第四，应是创新的"朝阳式"产业或企业。新经济增长点的作用已被中国经济发展的实际效应所证实。

(二)可持续发展理论的特点

(1)发展理论是当前可持续发展理论的基础，可持续发展的前提是发展，但此时的发展不是单纯的经济发展，而是要提高生产力水平，是社会的整体发展。

(2)区域的可持续发展问题是城市、城乡、省域乃至国际指定发展战略的首要问题，区域的经济、社会、环境和资源的协调发展是推动整个世界发展的前提。

(3)技术创新和技术支撑体系的建立是目前可持续发展的关键内容，应大力发展有关技术及监测手段。

(4)科教效益的作用逐步在社会进步和发展中显露出来，最终形成社会效益、环境效益、经济效益和科教效益的统一。

（5）微观单元企业的运行机制和内部要素结构正在逐渐向可持续发展方向靠拢。

五、可持续发展的能力建设

如果说，经济、人口、资源、环境等内容的协调发展构成了可持续发展战略的目标体系，那么，管理、法制、科技、教育等方面的能力建设就构成了可持续发展战略的支撑体系。可持续发展的能力建设是可持续发展的目标得以实现的必要保证，可持续发展的能力建设包括决策、管理、法制、政策、科技、教育、人力资源、公众参与等内容。

1. 可持续发展的管理体系

实现可持续发展需要有一个非常有效的管理体系。历史与现实表明，环境与发展不协调的许多问题是由于决策与管理的不当造成的。因此，提高决策与管理能力就构成了可持续发展能力建设的重要内容。可持续发展管理体系要求培养高素质的决策人员与管理人员，综合运用规划、法制、行政、经济等手段，建立和完善可持续发展的组织结构，形成综合决策与协调管理的机制。

2. 可持续发展的法制体系

与可持续发展有关的立法是可持续发展战略具体化、法制化的途径，与可持续发展有关的立法的实施是可持续发展战略付诸实现的重要保障。可持续发展要求通过法制体系的建立与实施，实现自然资源的合理利用，使生态破坏与环境污染得到控制，保障经济、社会、生态的可持续发展。因此，建立可持续发展的法制体系是可持续发展能力建设的重要方面。

3. 可持续发展的科技系统

科学技术是可持续发展的基础。没有较高水平的科学技术支持，可持续发展的目标就不能实现。科学技术可以有效地为可持续发展的决策提供依据与手段，促进可持续发展管理水平的提高，加深人类对人与自然关系的理解，扩大自然资源的可供给范围，提高资源利用效率和经济效益，提供保护生态环境和控制环境污染的有效手段。

4. 可持续发展的教育系统

可持续发展要求人们有较高的知识水平和道德水平,这就需要在可持续发展的能力建设中应大力发展符合可持续发展精神的教育事业。可持续发展的教育体系应该不仅使人们获得可持续发展的科学知识,也使人们具备可持续发展的道德水平。这种教育既包括学校教育这种主要形式,也包括广泛的潜移默化的社会教育。

5. 可持续发展的公众参与

公众参与是实现可持续发展的必要保证,因此也是可持续发展能力建设的主要方面。这是因为可持续发展的目标和行动,必须依靠社会公众和社会团体最大限度的认同、支持和参与。公众、团体和组织的参与方式和参与程度,将决定可持续发展目标实现的进程。公众对可持续发展的参与应该是全面的。公众和社会团体不但要参与有关环境与发展的决策,特别是那些可能影响到他们生活和工作的决策,而且更需要参与对决策执行过程的监督。

六、全球具有较大影响的几类可持续发展概念

可持续发展概念形成了不同的流派,这些流派或对相关问题有所侧重,或强调可持续发展中的不同属性,从全球范围来看,比较有影响的有以下几类。

1. 着重于从自然属性定义可持续发展

持续性这一概念是由生态学家首先提出来的,即所谓生态持续性。持续性旨在强调自然资源及其开发利用程度间的平衡,不超越环境系统更新能力的发展。1991 年 11 月,国际生态学协会和国际生物科学联合会联合举行关于可持续发展问题的专题研讨会。该研讨会的成果不仅发展而且深化了可持续发展概念的自然属性,将可持续发展定义为:保护和加强环境系统的生产和更新能力。从生物圈概念出发定义可持续发展,是从自然属性方面定义可持续发展的一种代表,即认为可持续发展是寻求一种最佳的生态系统以支持生态的完整性和人类愿望的实现,使人类的生存环境得以持续。

2. 着重于从社会属性定义可持续发展

1991 年,在由世界自然保护同盟、联合国环境规划署和世界野生动物基金会共同发表的《保护地球——可持续生存战略》中提出的可持续发展定义为:"在生存于不超出维持生态系统涵容能力的情况下,提高人类的生活质量。"该定义强调了人类生产与生活方式要与地球承载力保持平衡,保护地球的生命力和生物的多样性,并且着重论述了可持续发展的最终落脚点是人类社会,即改善人类的生活质量,创造美好的生活环境。

3. 着重于从经济属性定义可持续发展

可持续发展的核心是经济发展。1990 年,爱德华在《经济、自然资源、不足和发展》一书中,把可持续发展定义为:"在保持自然资源的质量和其所提供服务的前提下,使经济发展的净利益增加到最大限度。"1993 年,皮尔斯和沃福德在《世界无末日》一书中提出:"今天的资源使用不应减少未来的时机收入,当发展能够保持当代人的福利增加时,也不会使后代的福利减少。"还有的学者提出,可持续发展是"今天的资源使用不应减少未来的实际收入"。当然,定义中的经济发展已不是传统的以牺牲资源和环境为代价的经济发展,而是"不降低环境质量和不破坏世界自然资源基础的经济发展"。

4. 着重于从科技属性定义可持续发展

实施可持续发展,除了政策和管理国家之外,科技进步起着重大作用。没有科学技术的支持,人类的可持续发展便无从谈起。因此,有的学者从技术选择的角度扩展了可持续发展的定义,认为"可持续发展就是转向更清洁、更有效的技术,尽可能接近'零排放'或'密闭式'工艺方法,尽可能减少能源和其他自然资源的消耗"。还有的学者提出:"可持续发展就是建立极少产生废料和污染物的工艺或技术系统。"他们认为,污染并不是工业活动不可避免的结果,而是技术差、效益低的表现。

5. 被国际社会普遍接受的布氏定义的可持续发展

1988 年以前,可持续发展的定义或概念并未正式引入联合国的

"发展业务领域"。1987年,布伦特兰夫人主持的世界环境与发展委员会,对可持续发展给出了定义:"可持续发展是指既满足当代人的需要,又不损害后代人满足需要的能力的发展。"1988年春,在联合国开发计划署理事会全体委员会的磋商会议期间,围绕可持续发展的含义,发达国家和发展中国家展开了激烈争论,最后磋商达成一个协议,即请联合国环境理事会讨论并对"可持续发展"一词的含义,草拟出可以为大家所接受的说明。1981年5月举行的第15届联合国环境署理事会,经过反复磋商,通过了《关于可持续发展的声明》。

第四节　人居环境理论

人居环境是人类工作劳动、生活居住、休息游乐和社会交往的空间场所,它是人类在大自然中赖以生存的基地,是人类利用自然、改造自然的主要场所。按照对人类生存活动的功能作用和影响程度的高低,在空间上,人居环境可以分为生态绿地系统与人工建筑系统两大部分。

一、人居环境的发展历程

1. 人居环境的形成

人居环境的形成是社会生产力的发展引起人类的生存方式不断变化的结果。在这个过程中,人类从被动地依赖自然到逐步地利用自然,再到主动地改造自然。

在原始社会,人类的谋生手段是采集和渔猎等简单劳动。为了不断获得天然食物,人类只能"逐水草而居",居住地点既不固定,也不集中。为了利于迁徙,人类选择可随时抛弃的天然洞穴、地上陋室、树上的窠巢等作为栖身之地,这些极简单的居处散布在一起,就组成了最原始的居民点。

随着生产力的不断发展,农耕与饲养也随之出现,人们开始在相对固定的土地上获取生活资料,而且形成了农民、牧人、猎人和渔夫等从事不同专门劳动的人群。农业的出现和人类历史上第一次劳动分工向人类提出了定居的要求。

新石器中期,各种各样的、真正的人居环境——乡村出现了,如我国仰韶文化的村庄遗址。随着生产工具、劳动技能的不断改进,劳动产品有了剩余,产生了私有制,这推动了手工业、商业与农牧业的分离。手工匠人和商人寻求适当的地点集中居住,以专门从事手工业生产和商品交换,于是,以担负非农业经济活动为主的城镇应运而生。世界上最早形成的城镇包括尼罗河下游的底比斯、孟菲斯,两河流域的伊立、巴比伦,印度河流域的哈拉帕、莫恒卓达罗,黄河流域的亳、殷、镐京等。

2. 人居环境的发展

作为人类栖息地,人居环境经历了从自然环境向人工环境、从次一级人工环境向高一级人工环境的发展演化过程,并仍将持续进行下去。

人口规模的变化显示了人居环境规模演化的基本特征。这个演化过程大致经历了以下三个阶段。

(1)工业革命以前,农业和手工业生产缓慢发展,不要求人口的大规模聚集,各种人居环境的规模基本上处于缓慢增长状态。

(2)工业革命以后一直到 20 世纪 60 年代,世界各国先后进入城镇化时期,城镇规模急剧扩大,而乡村规模相对稳定,形成人口从乡村→小城镇→中等城市→大城市的向心移动模式。另外,随之兴起的第三产业以生产服务、科技服务、文化服务和生活服务功能等从多方面支持了城镇化,并进一步扩大了就业门路,赋予城镇新的吸引力。

(3)20 世纪 60 年代以后,在许多发展中国家,工业化主导城镇化的进程处于上升时期,城镇人口,尤其是大城市人口一直处于持续增长状态。在发达国家,由于城市人口的高度密集,城市环境质量下降、用地紧张的矛盾不断加剧,城镇化的速度已大大减缓,甚至出现了大城市人口减少、小城镇人口增加,市中心区人口减少、郊区人口增加的逆城市化现象。

伴随着人居环境的演化,地域形态不断地发生变化。乡村地域形态从零散分布的农舍演变成以中心建筑物或主要街道为线索布置的各类用地,这种演变过程较为简单。但城镇地域形态的演化比较复杂。随着生产力的发展,城市不断成长扩大。资本主义早期,产业的迅猛发展使城市恶性膨胀,但城市仍固守原来的中心,地域的扩展从摊大饼式的漫溢发展转为沿交通线的蔓延,城市地域形态逐渐演化为单核多心放射环状。在近现代,为了克服城市病,人们设想以大城市郊区的"飞地"为新的成长核来分散中心城市的压力,从而出现了多核城市和星座式城镇群。人们在城市规划与建设的实践中逐渐认识到,城市沿既定方向作极轴形扩展有很大优越性,于是产生了定向卫星城、带状城市和锁链状城镇群等。

3. 人居环境城镇化

城镇化(或称城市化)是世界发展的一种重要的社会现象。简单说来,当代世界城镇化有以下特点。

(1)城镇化进程加速。1950年世界城市化水平为29.2%,1980年上升到39.6%,增加10.4%。截止到2011年,世界城市化率达到52.1%,即在世界范围内,居住在城市中的人口超过居住在乡村中的人口。同时,从20世纪70年代起,发展中国家的城市人口数开始超过发达国家,预计到2020年两者之比将为3.5∶1。这表明发展中国家的城市化已构成当今世界城市化的主体。

(2)大城市化趋势明显。大城市化不仅使人口和财富进一步向大城市集中,大城市数量急剧增加,而且出现了超级城市、巨城市、城市集聚区和大都市带等新的城市空间组织形式。

(3)郊区城市化。二战后,若干发达国家从乡村到城市的人口迁移逐渐退居次要地位,一个全新的规模庞大的城乡人口流动的逆过程开始出现,这就是所谓的郊区城市化。20世纪50年代后,由于特大城市人口激增,市区地价不断上涨,加上生活水平改善,人们追求低密度的独立住宅,以及汽车的广泛使用,交通网络设施的现代化等原因,郊区城市化进程加速。同时以住宅郊区化为先导,引发了市区各类职能部门纷纷郊区化的连锁反应。

(4)逆城市化。20世纪70年代以来,一些大都市区人口外迁出现了新的动向,不仅中心市区人口继续外迁,郊区人口也向外迁移,人们迁向离城市更远的农村和小城镇,整个大都市区出现了人口负增长,这一过程称为逆城市化。

(5)再城市化。20世纪80年代以来,面对经济结构老化,人口减少,美国东北部一些城市积极调整产业结构,发展高科技产业和第三产业,积极开发市中心衰落区,以吸引年轻的专业人员回城居住,加上国内外移民的影响,在1980—1984年间,纽约、波士顿、费城、芝加哥等7个城市在市域内实现人口增长,出现了再城市化的现象。

二、人居环境研究的内容

人居环境研究的内容,如图2-2所示。

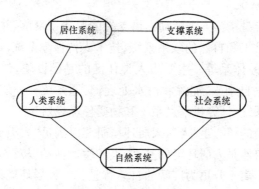

图2-2　人居环境研究的内容

1. 自然系统

自然系统是指区域环境与城市生态系统、土地资源保护与利用、土地利用变迁与人居环境、生物多样性保护与开发、自然环境保护与环境建设、水资源利用与城镇可持续发展的关系等等,侧重于与人居环境有关的自然系统的机制、运行原理及理论和实践分析。

2. 人类系统

人是自然界的改造者,也是人类社会的创造者。人类系统主要指作为个体的聚居者,其侧重于对物质的需求与人的生理、心理、行为等有关的机制及原理、理论的分析。

3. 社会系统

社会系统是指公共管理和法律、社会关系、人口趋势、文化特征、社会分化、经济发展、健康和福利等。涉及由人组成的社会团体相互交往的体系,包括由不同的地方、阶层、社会关系等的人群组成的系统及有关的机制、原理、理论和分析。

4. 居住系统

居住系统是指住宅、社区设施、城镇中心等,人类系统、社会系统需要利用的居住物质环境及艺术特征。住房不能仅当作一种实用商品来看待,必须要把它看成促进社会发展的一种强力的工具。

5. 支撑系统

支撑系统是指为人类活动提供支持的服务于聚落,并将聚落联为整体的所有人工和自然的联系系统、技术支持保障系统,以及经济、法律、教育和行政体系等。主要指人类住区的基础设施,包括公共服务设施系统——自来水、能源和污水处理;交通系统——公路、航空、铁路以及通信系统、计算机信息系统和物质环境规划等。

人居环境的核心是"人",人居环境研究以满足"人类居住"的需要为目的。大自然是人居环境的基础,人的生产活动以及具体的人居环境建设活动都离不开更为广阔的自然背景。在人居环境科学研究中,建筑师、规划师和一切参与人居环境建设的科学工作者都要自觉地选择若干系统进行交叉组合。当然,这种组合不是概念游戏,而是对历史的总结,对现实问题的敏锐观察、深入的调查研究、深邃的理解以及对未来大趋势的掌握与超前的想象。

三、人居环境研究层次

人居环境的研究层次包括全球层次、全国层次、区域层次、城市层次和居住区层次。

1. 全球层次

全球层次是对全球人居环境进行研究与评价,着眼于全球的环境与发展,特别是直接影响全球的共同的重大问题。例如全球气候变暖,臭氧层的耗损与破坏,经济全球化,国际大都市化等问题。

2. 全国层次

全国层次是对全国各级城市人居环境进行研究与评价,研究重点是国家对环境的考虑、强调生态、保护绿地和控制都市发展用地等制定规划政策,集中在土地再造系统、城市发展控制以及人口分布这三个主要问题上。

3. 区域层次

区域层次是对区域内各城市人居环境进行研究与评价,建立区域内各城市的人居环境等级。中国各个区域具体的自然条件、文化背景、经济发展水平参差不齐,人居环境发展速度、广度、程度的不同对于人居环境建设的着眼点与关键点均有影响,人居环境建设需要因地制宜,从实际情况出发。

4. 城市层次

城市层次是对城市市区人居环境进行研究与评价,通过建立指标体系,进行指标单项评价和指标综合评价。城市层次的研究重点是如何保护城市自然生态环境系统的可持续发展,城市土地的合理规划利用,城市基础设施建设的加强,强化交通、能源、通信等支撑系统的稳定度与发展度,改善密集城市的环境质量,保护传统城市文化等。

5. 居住区层次

居住区层次是对居民居住区的人居环境进行研究和评价,是整个人居环境的基础,居住区层次的范围包括居住区、片区、街道。居住区人居环境建设,与人们的日常生活息息相关,具体表现为小区整体规划设计、建筑节能、小区环境、材料与资源、废弃物管理与收集等方面。

四、人居环境理论的五大原则

生态观、经济观、科技观、社会观、文化观是人居环境理论的五项原则。这五项原则之间相互关联、牵制。人居环境建设必须根据特定的时间、地点条件,统筹兼顾五项原则,求得暂时的统一,不断加以调整。

1. 生态观

生态观是人类对生态问题的总的认识或观点。这些观点建立在生态科学所提供的基本概念、基本原理和基本规律的基础上，并在"人类—自然"全球生态系统层次上进行哲学世界观的概括，用以指导人类认识和改造自然的基本思想。各种生态观的形成，进一步增强了当今时代"生态学化"的趋势和特点。

保护生物的多样性，保护生态环境不被破坏。严峻的人口压力和发展需求，使得资源短缺、环境恶化等全球性的问题在中国变得更为严峻；城乡工业的发展，污染物的排放正在侵蚀着中国大地的空气、水体和土壤，改变了人们和整个生物圈赖以生存的自然条件，局部地区已超出了大自然恢复净化能力，自然生态系统的运行机制和生态平衡遭到破坏；城镇的蔓延、边际土地的开垦、过度放牧等加剧了自然环境的破碎化和荒漠化进程。

因此，必须提高对生态问题的危机意识，推动更为广泛的生态教育，在规划中增加生态问题研究的分量，贯彻可持续发展战略，提高规划的质量。

(1)以生态发展为基础，加强社会、经济、环境与文化的整体协调。

(2)加强区域、城乡发展的整体协调，维持区域范围内的生态完整性。

(3)促进土地利用综合规划，制定分区系统以协调和限制开发活动，提供必需的缓冲区和保护区，防止自然敏感区和物种富集区等的生态退化。

(4)建立区域空间协调发展的规划机制和管理机制。

(5)提倡生态建筑，推广生态技术，尽量减少开发活动对自然界的不良影响。

2. 经济观

经济观是指充分考虑经济因素。住宅建设已成为我国国民经济的支柱产业，区域的基础设施建设对促进经济发展影响深远，在此过程中，与世界其他地区和国家之间的联系日趋紧密，不断提出新的建设要求，对建设也产生相当大的影响，见表2-6。

表 2-6　经济建设要做到的内容

序号	项目	内　　容
1	决策科学化	做好任务研究和策划，更好地按科学规律、经济规律办事，以节约大量的人力、财力和物力。基本建设决策的失误是最大的浪费
2	确定建设的经济时空观	在浩大的建设活动中，要综合分析成本与效益，必须立足于现实的可能条件，在各个环节上最大限度地提高系统生产力
3	节约各种资源，减少浪费	资源短缺是制约我们开展人居环境建设的客观条件，如今，我们要全面建立社会主义市场经济体制，实现经济增长方式由粗放型向集约型的根本转变，这一切将使中国人居环境建设的资源矛盾比以往任何时刻都更加尖锐地暴露出来，因此，必须努力节约各种资源，减少浪费，以实现人居环境建设的可持续发展

3. 科技观

科技观是指以发展科学技术推动经济发展和社会繁荣。科学技术对人类社会的发展有很大推动作用，它对社会生活，以至对建筑城镇和区域发展都有积极的能动作用。但是，科学技术给人类社会带来的变化，是一个新的文化转折点。人们需要从社会、文化和哲学等方面综合考虑技术的作用，妥善运用科技成果，人居环境建设也不例外。

科学技术的发展可以解决建设中的难题。由于地区的差异、经济社会发展的不平衡、技术发展层次不同，人们须保持生活方式的多样化，因为这是人类的财富。就世界与地区范围而言，人居环境建设不可能因新技术的兴起而立即另起炉灶，全然改观。但实际上总是要根据现实的需要与可能，积极地在运用新兴技术的同时，融汇多层次技术，推进设计理念、方法和形象的创造。

4. 社会观

社会观是指关怀广大人民群众，重视社会发展整体利益。社会观都是以社会性质为主导的，不同的社会观，是在不同的社会性质下形成的，在大环境相同的前提下，各种软件硬件也都有它们之间的联系点、共同点，它们是相辅相成的，但是也有着各自的明显区别，所以在同一社会下的人形成的社会观，大方向是相同的，但又有各自微妙的不同之处。

　　人类将更多地关注经济增长过程中的自身发展和自我选择,更加关怀个人的生活质量。当今,人们不断地认识到"以追求利润为动机建造城镇,以满足少数人的利益需求或者顺应那些变化无常、相互交织的'政治决策'是完全错误的,城镇建设不仅仅是建造孤立的建筑,更是重要的创造文明"。

　　人类面临从以经济增长为核心向社会全面发展的转变,走向"以人为本"。人类社会全面发展是把生产和分配、人类能力的扩展和使用结合起来展现。从人们的现实出发,分析社会的所有方面,无论是经济增长、就业、政治行为,还是文化价值。使人人享受为维持本人和家属的健康和福利所需的生活水准,包括食物、衣着、住房、医疗和必要的社会服务等。

　　要形成良好的社会观应做到表 2-7 的内容。

表 2-7　形成良好的社会观应做到的内容

序号	项目	内　　容
1	解决住宅问题	住宅问题是社会问题的表现形式之一,也是建筑师应履行其重大社会职责之所在,理应推动"人人拥有适宜的住房"的贯彻与实施,以提高住宅建设质量。面对如此巨大建设量,住宅建筑学迫切需要进一步地、全面地发展
2	建设良好的居住环境	建设良好的居住环境,应为幼儿、青少年、成年人、老年人、残疾者备有多种多样的不同需要的室内外生活和游憩空间;加强防灾规划与管理,减少人民生命财产的损失,发扬以社会和谐为目的的人本主义精神
3	重视社会发展	开展"社区"研究,进行社区建设,发扬自下而上的创造力
4	组建合理的人居环境	合理组建人居社会,促进包括家庭内部、不同家庭之间、不同年龄之间、不同阶层之间、居民和外来者之间以至整个社会的和谐幸福

5. 文化观

　　文化观是指科学的追求与艺术的创造相结合。在经济、技术发展的同时强调文化的发展,具有以下两层含义。

(1)文化内容广泛。这里特别强调知识与知识活动,学问技能的创造、运作与享用。就居住环境来说,应为科学、技术、文化、艺术、教育、体育、医药、卫生、游戏、娱乐、旅游等活动组织各种不同的空间。

(2)文化环境建设是人居环境建设的最基本的内容之一。对一个城镇和地区的经济、技术发展来说,文化环境不是可有可无的东西。因为"如果脱离了它的文化基础,任何一种经济概念都不可能得到彻底的思考"。

五、城市人居环境

1. 城市人居环境的概念

城市人居环境是自然要素、人文要素和空间要素的统一体,由实体和空间构成,是人居环境研究五大层次中非常重要的一个层次。城市作为人类生产和生活的主要物质空间,是人居环境建设的重点空间。

广义上的城市人居环境是指以人为中心形成的、由各类物质实体和非物质实体组成的城市生存环境,是人们在城市居住生活的自然的、经济的、社会的和文化的环境的总称。狭义上的城市人居环境仅指城市居民的居住和社区环境。

(1)传统型城市人居环境。城市人居环境以城市这一类从事有组织活动的重要聚落形式为研究对象,历来是各种学科尤其是建筑学和地理学的主要研究方向之一。从建筑学角度把握的城市人居环境概念偏重于小尺度操作,具体表现为对居住区规划理论的探讨;从地理学角度把握的城市人居环境概念则偏重于大尺度的地理系统观,具体表现为对城市空间结构的研究。

(2)综合型城市人居环境。城市人居环境是人类与其生存环境进行最激烈的相互作用的时空存在形式,既是一种状态,也是一个过程。城市人居环境发展的非线性和多因素性决定了它既非居住区的放大,也非区域地理系统的缩影,而应是一个综合型概念,一个兼容建筑学中人的尺度和地理学中社会经济空间的尺度的新概念。

2. 城市人居环境的地域层次划分

城市人居环境在地域层次上可划分为近接居住环境、社区环境和城市环境。

(1)近接居住环境。以住宅为核心的近接居住环境深刻地影响着人类的情感和活动,近接居住环境可分为两个部分:住宅和邻里环境。

(2)社区环境。社区环境为居民社会活动的主要环境,活动内容包括通学、通勤、日常生活用品的购买及常见病的治疗,其地域范围相当于一个居住区,居住区的建成和使用同时促使具有地域性和社会群体性的社区形成。

(3)城市环境。城市环境相当于整个城市系统环境,这一环境的功能是满足居民更高层次的社会需求和承担城市总体环境系统安全、高效运行的职能。

3. 城市人居环境评价指标体系

城市人居环境是自然环境与人类社会经济活动过程相互交织并与各种地域结合而成的地域综合体。为此,根据地域层次划分,以城市人居环境的住宅、邻里、社区绿化、社区空间、社区服务、风景名胜保护、生态环境、服务应急能力8个评价方面为基础,充分考虑到评价指标选择的代表性、不可替代性和多层次性,选择了29项指标构成一个相对完整的城市人居环境评价指标体系。

(1)评价近接居住环境的7项指标。其中,住宅标准包含4项指标,综合考虑到了一个舒适住宅所要求的四大要素:面积大小(宽适度)、给排水、日照通风条件和社会服务水平(生活垃圾收集情况);邻里标准包含3项指标,体现了人们对安静(住房周围的安静)、富有人情味(近邻的交流或接触程度)的生态空间(近邻的围墙、院子内的绿化)的追求。

(2)评价社区环境的15项指标。其中,社区绿化包含6项指标,反映了绿化的点(公园、学校的绿化)、线(街头绿化)、面(该地区的绿化状况)结合的情况与人们靠近绿色的方便性(去公园的便利程度)以及水面的分布状况(周围的水域环境)与人们靠近水域的便利性(与水域的接近度)。社区空间包含2项指标,反映了人们对增强交往(公共空间的大小)和美化城市(街景的美化程度)的要求。社区服务包含7项指标,比较全面地反映了人们进行消费(日常购物和娱乐的方便程度)、卫生(接受医疗服务的便利程度)、流通(去银行、邮局的方便程度)、文教(小孩的教育环境,文化环境)活动的质量及治安状况。

(3)评价城市环境的7项指标。其中,风景名胜保护包含3项指标,体现了对地区自然环境与文化遗产的保护(自然风景历史古迹的保护)和历史气氛的保护。生态环境共2项指标,为人们最关心的声(城市的噪声)、气(城市的空气质量)质量。服务应急能力包含2项指标,反映了城市的支持系统质量(公共交通的便利性,防灾抗灾能力)。

第五节　环境容量理论

环境容量是指某地区的环境所能承载人类活动作用的阈值。环境承载力的大小可以用人类活动的方向、强度及规模来反映。如何在小城镇建设中有效地宏观控制小城镇环境质量,已成为小城镇可持续发展战略中的重要课题,也是小城镇建设决策中的首要任务。

一、环境容量

1. 概念的由来

环境容量最初是一个生物学概念。1838年,德国生物学家P. E. Verhnist提出了在给定的生态系统中,描述种群增长上限的Logistic方程。20世纪70年代以来,人类对自身发展方向和生存基础日益关注,提出了在一个相对闭合的区域内,环境对被供养人口的承受能力的概念,并以此作为一个区域内环境容量标准。环境容量于20世纪70年代末引入我国后,在环境科学界迅速得到了广泛的应用。但当时将环境容量定义为某环境单元所允许承纳污染物质的最大数量,并将环境容量区分为水环境容量、大气环境容量和土壤环境容量。不过,这一时期的环境容量概念仅局限于环境污染的局部问题。

在我国已经或正在进入城镇化加速阶段的形势下,小城镇环境容量的研究势在必行。对环境容量的概念也有一些不同的界定。环境对外部影响有一定反馈调节能力,在一定限度内,环境不会因为受人为活动的干扰而被破坏,这一限度范围是随时间、地点和利用方式而有所差异的,环境的这种自净调节能力称之为环境容量。

2. 环境容量的分类

环境容量可以分为绝对容量和年容量两个方面。

(1)环境的绝对容量。环境的绝对容量(W_Q)是某一环境所能容纳某种污染物的最大负荷量,达到绝对容量没有时间限制,即与年限无关。环境绝对容量由环境标准的规定值(W_S)和环境背景值(B)来决定,用公式表示为:

$$W_Q = W_S - B$$

(2)环境的年容量。年容量(W_A)是某一环境在污染物的积累浓度不超过环境标准规定的最大容许值的情况下,每年所能容纳的某污染物的最大负荷量。年容量的大小除了同环境标准规定值和环境背景值有关外,还同环境对污染物的净化能力有关。

3. 环境容量的内涵

环境容量由静态容量和动态容量组成。静态容量指在一定环境质量的目标下,一个城镇内各环境要素所能容纳某种污染物的静态最大量(最大负荷量),由环境标准值和环境背景值决定;动态容量是在考虑输入量、输出量、自净量等条件下,城镇内各环境要素在一定时间段内对某种污染物所能容纳的最大负荷量。根据含义,环境容量可分为两类。

(1)环境容量Ⅰ,指环境的自净能力。在该容量限度之内,排放到环境中的污染物,通过物质的自然循环,一般不会引起对人群健康或自然生态的危害。

(2)环境容量Ⅱ,指不损害居民健康的环境容量。它既包括环境的自然净化能力,又包括环境保护设施对污染物的处理能力。因此,自然净化能力和人工设施处理能力越大,环境容量也就越大。

4. 环境容量的层次

环境容量一般可分为以下三个层次。

(1)生态的环境容量：生态环境在保持自身平衡下允许调节的范围。

(2)心理的环境容量：合理的、游人感觉舒适的环境容量。

(3)安全的环境容量：极限的环境容量。

二、小城镇环境容量及指标体系的确定

随着城镇化的不断发展，环境问题也日益增加，针对各环境问题的不同表现，将环境容量引入社会各不相同领域。为解决城镇环境问题实现可持续发展，在小城镇规划中引入环境容量这一概念及方法。

城镇环境容量可定义为在不损害生态系统的条件下，城镇地区单位面积上所能承受的资源最大消耗率和废物最大排放量。小城镇环境容量包括土地、大气空间、水域和各种资源、能源等诸多因子，在人为活动作用下，相互影响、相互制约。科学定性与定量地确定环境容量是环境规划的重要依据。

环境问题的实质在于人类经济活动索取资源的速度超过了资源本身及其替代品的再生速度和向环境排放废弃物的数量超过了环境的自净能力。从中认识到：环境容量是有限的；自然资源的补偿、再生、增殖需要时间，一旦超过极限，要想恢复很困难，有时甚至不可逆转。因此，评判实现环境可持续发展的标准，就是看人类向环境系统排放的污染物或废弃物是否超过了环境系统的承载能力。城镇环境容量的大小与环境空间的大小、各环境要素的特性和净化能力、污染物的理化性质等有关。

小城镇环境容量指标筛选要达到两个目的：一是使指标体系能完整准确反映环境容量状况；二是使指标体系最简化和最小化。"简"是要求指标概念明确，调查量度方便易行，"小"是要求指标总数尽可能小，使调查度量经济可行。为此，筛选应遵循以下原则。

(1)完整性原则：指标体系应能全面反映小城镇环境容量各方面的状况。

(2)简明性原则：指标概念明确，易测易得。

(3)重要性原则：指标应是诸要素诸方面的主要指标。

(4)独立性原则:某些指标之间存在显著的相关性,反映的信息重复,应择优保留。

(5)可评价性原则:指标均应为量化指标,并可进行小城镇之间的比较评价。

三、环境容量理论的应用

环境容量主要应用于环境质量控制,并作为工农业规划的一种依据。任何环境的环境容量越大,可接纳的污染物就越多,反之则越少。

污染物的排放,必须与其环境容量相适应。如果污染的排放超出了环境容量,应采取如降低排放浓度,减少排放量,或者增加环境保护设施等相应的措施。

在工农业规划时,必须考虑环境容量,如工业废弃物的排放,农药的施用等都应以不产生环境危害为原则。在应用环境容量参数来控制环境质量时,还应考虑污染物的特性。非积累性的污染物,如二氧化硫气体等,风吹即散,它们在环境中停留的时间很短,依据环境的绝对容量参数来控制这类的污染有重要意义,而年容量的意义却不大。如在某一工业区,许多烟囱排放二氧化硫,各自排放的浓度都没有超过排放标准的规定值,但合起来却大大超过该环境的绝对容量。在这种情况下,只有制定以环境绝对容量为依据的区域环境排放标准,降低排放浓度,减少排放量,才能保证该工业区的大气环境质量。积累性的污染物在环境中能产生长期的毒性效应。对这类污染物,主要根据年容量这个参数来控制,使污染物的排放与环境的净化速率保持平衡。总之,污染物的排放,必须控制在环境的绝对容量和年容量之内,才能有效地消除或减少污染危害。

以往在城镇规划中,往往忽略环境容量的概念。之所以在小城镇发展过程中出现诸多的环境问题,就是因为人们对自己的生存环境所能承受的外部影响能力的大小不甚了解,即不了解该地区的环境容量。因此,只有了解一个小城镇的地域范围内的环境容量,选择对自然资源适度的开发方式,才能保持小城镇生态平衡,从而保持环境自身的净化能力和再生能力得到适度的使用。因此,在小城镇规划中必须引入环境容量的内容和方法。

城镇规划初期,应根据相关的环境因子确定总体小城镇环境容量。考虑环境因子本身的稀释、扩散、降解、生物转化等动态因素的作用以及可能减少污染危害限度,来确定污染物最大允许排放量级和最佳排放位置。将环境容量应用到小城镇规划中,能合理实现社会效益、经济效益和环境效益的统一。

环境容量随时间、地点和利用方式的不同而呈现差异。因此,如何有效、合理地利用环境容量标准是环境规划中的一个重要内容。在一定限度内,环境不会受到外部影响的破坏,对外部影响有一定的缓冲能力,这种能力称为环境承载力。

环境规划是协调区域经济发展与环境保护之间关系的一种活动。它是以"人类—环境"系统为研究对象,应用自然科学和社会科学的研究成果,对环境系统进行优化设计的一种科学理论。环境规划是实现环境系统最佳管理、控制环境污染、改善和提高人类生活质量、促进经济发展的一个重要手段。在进行环境规划时,必须引入环境容量的概念。

第三章　小城镇生态环境系统

　　小城镇生态系统是以人为核心，其他动物、植物、微生物和周围自然环境以及人工环境相互作用的系统。

　　小城镇生态环境系统是小城镇建设之本。在小城镇建设中，必须充分了解小城镇的生态环境系统及其变化，只有充分掌握小城镇的生态环境系统及其变化趋势，才有可能科学地建设和发展可持续小城镇。

第一节　小城镇地形与地貌改造

一、小城镇地貌构成

　　小城镇地貌是小城镇生态环境的重要组成部分，是指小城镇所在地区的各种地貌实体，是叠加在其他大地貌单元上的一种局地性的特殊地貌环境。在这个人工叠加的地貌体内，既有大地貌单元的一般特点，也有人类施加影响后的人工地貌环境特点。因此，小城镇地貌是自然地貌与人工地貌的复合体。

　　自然地貌是小城镇地貌的基础，人工地貌是修建在自然地貌的基础之上的，通过人类对自然地貌进行开发、利用、改造、建造、雕塑、构景、造型，竖立起各种建筑群、文化景观等的人工地貌体。因此，为了便于小城镇开发、土地利用、建筑设计、工矿企业设置、交通道路、供排水、休息、娱乐、旅游等小城镇生态地貌的布局和建设，一定先要了解小城镇的自然地貌，对其形态结构、组成物质、形成演变过程进行研究。

　　现代地貌过程和地表形态，深受地质构造和引力的影响。这些都是小城镇生态环境存在与稳定的基本因素，也是小城镇建设的基础。选择最佳的建筑地质基础，是小城镇开发的先决条件。建造小城镇一定要考虑地质条件是否合格，这关系到小城镇建筑及其日益增强的承载力问题,松散的沙层与固结的沙层、黏土、粉砂岩、页岩、灰岩以及各类岩浆岩,都具有各自的物理力学特性和抗震抗压强度,它们除了影响地基施工条件外,还关系到建筑物的安全。因此,小城镇的建造地点一定要选择在那些地壳相对稳定,地质基础坚实的地带。

二、小城镇地貌类型及特点

人类活动对自然地貌作用的结果有两种情况:一种是在自然地貌的背景上,创造新的地貌类型,称为人造地貌;另一种是改造自然地貌,称为叠加地貌。一般来说,加工成型后的地貌,与小城镇自然地貌镶嵌组合在一起,使小城镇地貌具有独特的特性。

小城镇地貌可根据人类活动作用程度的差异,划分自然成因地貌、人工成因地貌和混合成因地貌三种类型。

1. 自然成因地貌

自然成因地貌是指几乎不受人类活动影响的地貌体,属于覆盖全球的构造地貌,为宏观的大中型地貌体。自然成因地貌是构成小城镇小型微型地貌体的背景,是塑造小城镇地貌的基础。

(1)按形态划分,自然成因地貌包括低山、丘陵、台地、阶地、盆地、冲积平原、冲积扇、河漫滩、沙洲、礁石、坳沟等。

(2)按起伏高度、地面倾斜度或切割度大小划分,自然成因地貌又可分为次一级的类型,包括丘陵可再分低丘、中丘、高丘。

(3)按地面倾斜度划分,自然成因地貌包括平坡地、缓坡地、中坡地、陡坡地、峻坡地、峭坡地、陡崖等。

(4)按构造划分,自然成因地貌包括水平或近水平构造、褶皱构造、背斜构造、单斜构造等。

(5)按组成物质划分,自然成因地貌可分为砂岩、页岩、碎屑岩、碳酸盐岩、砾岩、泥岩、花岗岩等。

2. 人工成因地貌

小城镇人类活动强度也较大,自然地貌已被夷平、消失,形成了新的相对独立的地貌体,即人工堆积和剥蚀的地貌实体,称为人工地貌。它是由人类的作用力和人类掌握的物质能量所构成的。人工地貌是按人的需要和意志塑造的,其性质形态各异,不同地区有不同的风格和造型。

(1)根据形态的明显差异,可将小城镇人工地貌划分为房屋、道路、桥梁、人工堆积、人工平整场地、人工负地貌、地下工程等七个类型。

(2)根据建造的差异,人工地貌可划分为以人力作用为主,很少或不使用机械建造的地貌体;既使用人力,又使用一些中小型机械建造的地貌体;使用中型、重型机械建造的地貌体。

(3)按建造的物质类型划分,人工地貌体可分为以砖木为主,以砖、混凝土为主,以混凝土为主,以钢铁为主,以碎石、沥青为主,以条石为主,以土、石为主等七种类型。若将成因与形态结合,则有如下成因形态类型。

1)以人力为主建造的房屋,主要为平房和低层(四层以下)楼房,高度低于 12 m,组成物质主要是砖木或砖混凝土。

2)以人力为主建造的公路、桥、涵,土填石砌,组成物质主要是泥土,砂石、混凝土。

3)人工挖掘的负地貌,四壁用土石条石垒砌(水库、蓄水池、泳池等)。

4)半机械建造的中层房屋,主要是 4~8 层楼房,高 12~25 m,组成物质以石、混凝土为主。

5)半机械建造的公路等。

6)半机械建造的桥梁,组成物质以条石为主大型机械建造的高层房屋,主要是 8 层以上的楼房,高 25 m 以上,或中层的重型厂房,组成物质以钢铁、混凝土为主。

7)大型机械建造的大型桥梁。

8)铁路。

9)火车站。

10)隧道等。组成物质均以混凝土、钢铁为主。

3. 混合成因地貌

在小城镇城区,几乎不存在不受人类活动影响的纯自然成因的地貌体,人类活动对小城镇区域的地表形态、结构、物质进行了改造,但作用量值仍小,未能形成独立的地貌体,在地貌体中叠加了人类活动,故又称"人为叠加地貌"。在山地、丘陵地区的小城镇,最常见的人为叠加地貌包括人工夷平地、人工陡坡、陡崖人工剥离地貌等。在平原地区的小城镇,最常见的人为叠加地貌包括沿江筑堤建坝,建排水沟渠,建造水库和引水工程等。自然地貌与人工地貌的综合,形成小城镇混合成因地貌。

小城镇地貌的三大类型体系中,自然成因地貌,是混合成因地貌和人工地貌的基础,混合成因地貌是小城镇地貌的主要特征。随着小城镇的不断发展和小城镇建筑规模不断扩大,自然成因地貌也不断被人类加以改造,人工地貌体迅速增加,小城镇地貌结构发生了变化,向混合成因地貌和人工成因地貌转化。为了更好地实现这一转化,使人工地貌与自然地貌更好地协调,就需要弄清楚小城镇所在地的自然地貌特征。

三、小城镇自然地貌要素

自然地貌是指地球表面的形态。由于所处的自然环境不同,地球表面地貌形态组成物质也不同,地貌营力差别很大,因而发育形成千差万别的自然地貌形态。小城镇形成和发展,虽然得益于自然地貌,但也受到自然地貌条件的限制。自然地貌既影响小城镇的选址和布局,又影响建设和施工。影响人类活动的小城镇自然地貌要素主要是地表形态、组成物质和现代地貌过程(造貌营力)。

1. 地表形态

地表形态对小城镇建设和发展的影响是多方面的,小城镇选址、内部结构布局、交通线网、给排水系统、建设投资概算等都要考虑地表形态。

此外,地表形态还通过影响气候、大气污染和地质灾害,而间接影响小城镇居民的生产和生活。例如,地形影响日照时数,阴坡、阳坡的利用价值不同而容易形成逆温和雾,进而加重大气污染。小城镇建设开挖土石方,改造地表形态,又容易引起滑坡、崩塌、山泥倾泻等地质灾害。

地表形态是小城镇生态环境的基本特征之一，一般用地面起伏度、地面切割密度、地面坡度等要素来描述和度量。

(1)地面起伏度。地面起伏度是影响山区、丘陵地区小城镇规划和建设的重要指标之一，以海拔或相对高差(m)来度量。由于小城镇不同部门对地面起伏度的要求不同，因此，可将地面起伏度划分为若干等级，分析其在小城镇中的分布及可利用的特点、占全市面积比例，以便为小城镇布局提供依据。

(2)地面切割密度。由于地壳构造运动，地面上升，江河沟谷下切侵蚀，形成密集的江河沟谷网，称切割密度，是以每平方公里面积内沟谷长度来度量的。地面切割密度反映了小城镇建设所利用地块的面积大小与形状，以及地形对小城镇道路建设和布局的影响。切割破碎的地形沟谷多，地面崎岖，靠桥梁、涵洞等交通设施连接，建设耗资大，限制了其被开发利用。因此可以依据小城镇规划、建筑和交通设计对切割度的要求，并结合小城镇地貌特点，将切割度分若干等级，然后量测不同切割密度的面积比例和分布，分析其对小城镇建设的影响。

(3)地面坡度。地面坡度以倾斜角(°)或斜率(％)来度量，是表征地表形态的另一重要因素。地面坡度对小城镇布局，道路管网的布设，房屋建筑及小城镇防灾都有较大的影响，不同坡度对小城镇建设的适宜度不同。崎岖的山地不宜小城镇建筑，暴雨时还容易产生地面侵蚀，甚至崩塌、滑坡等灾害。现代工程技术的发展虽然降低了小城镇规划建设对地面坡度的限制，但地面坡度愈陡，施工开挖量愈大，基本建设投资就愈高，因此，小城镇的发展建设一般由平地和缓坡地向陡坡地逐级开发建设。

2. 地面组成物质

地面组成物质是指组成小城镇基面的各种岩石及其风化壳，以表土、基岩(露头)或埋藏地貌等的形式存在。由于地面组成物质的岩性差异甚大，从而对小城镇建设和交通都有影响，其中与小城镇地貌灾害，尤其是与滑坡、崩塌直接有关。一些地面组成物质是小城镇建材的原料，对小城镇建设和防灾均有重要影响。基岩的露头分布、岩性、埋藏深度、走向、倾角、剪切方位、节理、风化层厚度和岩层组合等，都与小城镇建设密切相关。

地面组成物质的性质不仅影响小城镇高层建筑和工矿建筑,而且对小城镇用水、污水排放、道路位置、场地选择、土壤的理化坡面的稳定性、原土的压缩性、扰动性、土质结构、固结程度、渗透情况等都有较大影响。

因此,小城镇的规划建设一定要充分考虑地面组成物质的性质。

3. 小城镇地貌营力过程和效应

自然地貌是在内营力和外营力共同作用下形成的,不同性质和强度的地貌过程,是影响小城镇建设和发展的另一城镇自然地貌因素。小城镇的地貌营力,是自然营力与人类作用的产物,即小城镇人类活动对地貌的影响过程。

(1)人类作用。人类作用是直接的城市地貌过程,包括修造、扩建、拆迁、填埋、夷平和切破等。人类活动直接作用于地貌,改造自然地貌,并创造新的地貌体。

(2)自然营力。自然营力是间接的小城镇地貌过程,有风化过程、重力地貌过程、流水地貌过程、风沙地貌过程、海岸地貌过程、岩溶地貌过程、冰缘地貌过程等。

四、人类活动与自然地貌的关系

小城镇是人类活动作用较为强烈的地区,小城镇地貌对小城镇人类活动又产生深刻的影响,同时,人与地貌各要素的关系也十分密切。人类活动利用地貌环境,同时又改变了小城镇地面的物质组成、结构、演化过程以及气候、水文状况,形成小城镇地貌的许多特点。

1. 人类对地貌的选择利用

人类对于地貌的认识有着悠久的历史,至于对地貌的选择,其历史更为长远。较人类低等的各种动物都有选择宜于自身生存环境的本能,人类当然也具有这种趋利避害的环境选择习惯。

从旧石器时代的洞穴遗址,到新石器时代的农业聚落,都体现着古代人类对环境的选择和利用。

先秦时代,我国古人对地形地貌已有相当的认识水平和进行目的不同的利用了。我国古代的堪舆风水学便是以此为基础发展起来的。

不仅中国,世界各地形形色色的古文化中,都有大批的人类选择和利用地貌的例子,埃及、巴比伦、印度和中国被誉为四大文明古国,其古文明的发源地都分布在几条河流的中下游。在埃及,文明发生于尼罗河的中下游谷地,巴比伦位于两河流域南部苏美尔地区,此外,印度河流域的哈拉帕文明也同样是在河岸宜于农业的区域内诞生的。大河谷地的特殊地貌环境,是人类这一时期文明发展的最优地带。

农业聚落以农业耕作为主要的经济活动方式,要求具备一定较平坦的可耕地貌条件,同时也受到水源和其他一些机制的影响。所以这类聚落分布最多的地区是河流阶地、湖畔、山脚、谷口两侧及盆地的边缘部分。

草原地区的游牧部落,其最大的特点是"逐水草而居"。因而那些绿草茂盛,地形平坦区域的河湖旁,便是他们最理想的安栖之地。

除此之外,都市、堡垒、关隘、道路等,都有其不同的地貌要求。人类的各种活动都对地貌有所选择。

2. 人类对自然地貌的改造

人类不仅仅只是选择适合于自身的地貌环境,还对自然地貌有着改造作用。对于自然地貌的改造既有微观的又有宏观者,小到挖掘一个土坑,堆起一座土台,大到移山填海,开挖运河,所以人为地貌的形态复杂多样,千姿百态。人类对自然地貌的改造,见表3-1。

表3-1　人类对自然地貌的改造

序号	项目	内　　容
1	水利工程	堤防、水坝、沟渠以及码头、海塘、防波堤、水塘和其他水利建筑工程
2	交通工程	有路堑、路基、桥梁、隧道及其他交通设施形成的地貌
3	工业工程	有采矿形成的坑洞、断面、沉陷和料堆、垃圾堆
4	耕作工程	各种梯田、分阶的人工耕作平地,石砌地阶和从田里清理出的堆石丘、堆石带
5	军事工程	城堡山寨、防御沟墙、地道掩体等
6	其他工程	城市和聚落废墟形成的台地、古墓堆土、大型建筑形成的丘墟、台地

　　随着人类社会的不断发展,生产力和科学技术的日益提高,人类对于地貌的改变能力也不断强大。但是人类对地貌的改造也会带来不利的影响,滥伐、乱垦使植被消失,山坡失去保护,土体疏松,冲沟发育,大大加重水土流失,进而山坡的稳定性被破坏,崩塌、滑坡等不良地质现象发生,很容易产生泥石流。

3. 人类活动对地貌发育的影响

　　研究人类活动和地貌之间的相互关系要把地貌研究与环境保护、生态平衡和工程建设后出现的环境问题紧密联系起来。人类在开发利用地貌环境和地貌资源时,必须遵循自然规律,否则就会破坏环境系统的平衡,受到大自然的惩罚。人类活动对地貌环境的近期的、直接的影响比较容易看到;而远期的、间接的影响则很难预见,时间一长,有可能出现意想不到的影响或出现自然灾害。因此,在处理人类和地貌关系时,必须细心考虑今天的行动,更要考虑长远的未来。

　　人类在使用土地的过程中,对地貌发育的影响可分为两种情况:一是直接对地貌发育的影响;二是通过环境或其他自然要素,间接对地貌发育的影响。

　　(1)直接影响。人类在使用土地的过程中,经常对地貌的发育有直接的影响。为了使用土地,往往要改变地貌的动态,最常见的改变地表面的坡度,是把斜坡地改造为平整的土地或梯田,以适合农业或建筑的需要。城市内外的人类活动,经常破坏地形,甚至使某些天然地形消失。为了建筑大型楼房或其他设施,夷平小的土石岗丘或小的山头,其夷平速度远比自然界的夷平作用大得多。

　　(2)间接影响。人类活动还能通过改变环境或其他自然要素,间接对地貌发生影响。例如,大规模的森林采伐和农业开垦,使地表植被减少,加速了水土流失、崩崖和滑坡的发生,一些地区严重到基岩裸露的程度。被冲刷的泥沙在有些谷口形成巨大的冲积扇,同时,也改变了河流的稳定性和含沙量,使河流下游发生洪水和泛滥。相反,如果我们重新在流域内植草植树,则又延缓了上述地貌的发展进程。

　　地貌的发育是诸多因素综合的结果。人类直接或间接影响了其中任何因素,都会使地貌发育产生加速、滞缓或出现新的形态。

4. 小城镇建设与地貌要素的关系

(1)地貌环境与小城镇扩展。自然地貌是小城镇建设和扩展的背景。小城镇地域形状完全是适应地形而发展起来的,是在原地貌特征的基础上施加人工影响的结果。小城镇的地貌扩展、布局和形态结构,在很大程度上受到小城镇地貌环境特别是地貌类型的控制和影响,反映出地貌形态的不同利用方式。所以,小城镇发展应适合当地的地貌环境,一般先利用平地、缓坡地,因为平地建设投资省,所以平原地区小城镇密集。因此在制定和完善小城镇规划与发展战略时,需深入分析地貌环境的特点及其影响,使小城镇发展有可靠的科学依据,合理利用土地。

(2)小城镇发展不同阶段的地貌环境特点。小城镇地貌是叠加在其大地貌单元之上的一种局地性特殊地貌,既有大地貌单元的特点,也有人为施加影响后的人工地貌特点。地面上的建筑物是经过精心加工之后建起来的。人为加以影响的小城镇地貌环境,加工成形后便与自然地貌相接,在大范围上重新接受自然的雕刻求得平衡稳定,既不可能移动也不可能复原,具有不可逆转性。

(3)小城镇发展不同阶段的地貌环境管理。小城镇发展不同阶段人与地貌要素的相互作用不同,小城镇地貌形态表现也不同。因此,小城镇开发建设不同时期,应根据当地的地形要素和气候、水文,土壤、植被等状况,采取不同的管理保护措施。

1)小城镇发展初期的地貌管理。小城镇发展的初期,土地主要是郊区性质的农业景观和自然状态。此时,建筑活动一般来说与地貌营力相平衡。随着小城镇建设活动增多,房屋街道增加,不透水面积增大,蒸发减少,地面的渗透速率下降,暴流和地面侵蚀加强,河流沉积物输送率加大,沉积负荷增加。

2)小城镇发展后期的地貌管理。小城镇发展的后期阶段,土壤为不透水的封闭地面,渗透速率很低,洪水威胁加剧。地面侵蚀减弱,在已建成的地区,其侵蚀速率通常比具有相同地形、气候特征的农业区还低。河流携带的负荷减少与增加的径流不相适应,河流系统处于不平衡状态,最终在人工河道与自然河道的交接部位引起强烈的侵蚀作用。人工坡面多呈不稳定状态,块体运动加剧。单靠植被来保护坡度大的人工坡面是不行的,因为风化作用可达很大深度,而植被仅限于表层。还要采取更加行之有效的措施,如尽可能少干扰地面的稳定状态,减少裸露面积,尽量缩短地面裸露时间,积极采取有效措施护岸、保坎、修筑台阶来防止和减少侵蚀;修建大口径排水管渠,分散或增大径流,减少洪涝等。

五、小城镇地貌灾害与抗震建设

1. 小城镇地貌灾害

地貌环境能够影响小城镇的分布格局、区位条件和地域结构等。小城镇地貌体受各种地貌营力,包括人类活动的作用,当地貌营力作用强烈,破坏地貌体的平衡时,即会诱发地貌灾害,影响小城镇生态环境的稳定平衡。

(1)洪水灾害。洪水是我国城镇最主要的灾害之一,其出现频率高,受灾面积大。洪水灾害主要是地势条件造成的,由于人类活动修筑及其他阻塞河道的设施,降低了河道的泄洪能力,使小城镇洪灾更加频繁。

(2)崩塌、滑坡、泥石流灾害。崩塌、滑坡、泥石流灾害是由于重力作用形成的。丘陵山区的小城镇地面坡度较大,当岩层节理、裂隙发育较好时,由于长期风化和流水作用,加上小城镇强烈的人为活动,开挖山坡、建筑施工、工业与生活用水的大量下渗等原因,造成地质条件的改变,破坏了原来坡体的稳定性或古滑坡的平衡,从而产生新的滑坡或古滑坡复活,造成滑坡、崩塌、泥石流等地质灾害。

(3)地面沉降。地面沉降作为工程地质灾害与人类活动关系最密切。人类建造的小城镇地貌体对地面的压力与人类抽取地下水改变地下应力的不平衡,是导致地面沉降、产生地表变形的主要原因。严重的是地面沉降能引起次生灾害。高纬度小城镇由于寒冻风化和融冻作用,形成季节性冻土,反复融冻作用使地基土冻胀和融沉,引起建筑物产生裂缝,埋入地下的各种管道有冻裂的危险。

2. 小城镇抗震建设

数千年来,人类一直坚持不懈地研究减轻地震灾害的对策,积累了丰富的经验。小城镇的建设工作围绕控制地震、地震预报、抗震防灾三大方面开展。

(1)避免在强震区建设小城镇。在有活动断裂带的地区,断裂带的弯曲突出处和两端,或断裂带的交叉处,岩石多破碎,最易发生震害。一般规定,在地震烈度7度以下,工程建设不需要特殊设防,烈度在9度以上地区则不宜选作小城镇用地。

(2)按照用地的设计烈度及地质、地形情况,安排相宜的小城镇设施。尽量避开断裂破碎地带,以减少震时的破坏。重要工业不宜放在软地基、古河道或易于滑塌的地区。

(3)对于油库、有害化工厂及贮存库等易于产生次生灾害的小城镇设施,要先期安置合适地点,不宜放在居民密集地区、上风及上游地带;对于大型水库不宜建在强震区的上游,以免震时洪水下泄,危及小城镇,如果必须建造,则应考虑提高坝体的设防标准,或采取可靠的泄洪导流措施,重点设防。

(4)按地震时的安全需要安排各种疏散避难的通道和场所。从避难方面考虑,建筑物不宜连绵成片,要留有适当的防火间隔,有足够的室外空间。不同地震烈度地区的建筑物应按不同的抗震设防标准和抗震建筑规范设计。

(5)保护好小城镇重点工程设施,如供水、供电、供气、通信、机场、车站、桥梁等小城镇生命线工程及医院、消防等重要设施部门,以免发生地震时受到损坏,使小城镇机能瘫痪。

第二节　小城镇自然生态系统

一、小城镇大气系统

1. 小城镇气候

气候是长时间内气象要素和天气现象的平均或统计状态,时间尺度为月、季、年、数年到数百年以上。气候以冷、暖、干、湿这些特征来衡量,通常由某一时期的平均值和离差值表征。气候的形成主要是由于热量的变化而引起的。

小城镇气候是在区域气候的背景上，经城镇化之后，在人类活动的影响下形成的一种局部气候。小城镇气候的形成和特征与城镇化、人类活动的强度密切相关。

小城镇建设中，由于密集的建筑物以及水泥、沥青铺设的地面改变了下垫面的性质和小城镇的空气垂直分层状况，化石燃料使用的不断增加，造成大气污染，改变了大气组成，同时加强了人为热和人为水汽的影响，导致小城镇内部气候与周围郊区的气候差异日益增大。城镇化对大气环境的胁迫效应主要取决于城镇人口密度、燃料结构与消耗、废气排放与源控制等，并受城镇功能区布局、绿地面积与布置、市政基础设施的配套等因素的制约。

小城镇的气候变化不及大城市的气候变化那样剧烈，但是随着小城镇的城镇化进程的加快，小城镇的气候变化也是需要人们密切关注的问题之一。

2. 小城镇大气成分改变及其影响

大气成分是指组成大气的各种气体和微粒。地球上的大气，有氮、氧、氩等常定的气体成分，有二氧化碳、一氧化二氮等含量大体上比较固定的气体成分，也有水汽、一氧化碳、二氧化硫和臭氧等变化很大的气体成分。其中，还常悬浮有尘埃、烟粒、盐粒、水滴、冰晶、花粉、孢子、细菌等固体和液体的气溶胶粒子。

小城镇社会经济运转与发展需要消耗大量的以矿质燃料为主的能源，在这些矿质燃料的燃烧过程中，会排放大量的二氧化硫、氮氧化物、一氧化碳等有毒有害气体和颗粒物。当这些排入大气的污染物或由其转化的二次污染物的量超过大气的自净能力时就会造成大气污染，使小城镇大气的组成成分改变，影响小城镇空气的透明度，减弱能见度，改变太阳入射辐射、散射辐射和地面长波辐射，为云、雾、降水的形成提供凝结核。特别是燃料燃烧和一些物质生产工艺过程所排放的二氧化碳、臭氧、甲烷等，吸收地面长波辐射能力很强，造成大气逆辐射也很强，地面更不易冷却，产生温室效应，使小城镇的气温比郊区高。

城镇化影响的范围,在水平方向上是指城区及城镇影响所达郊区,在垂直方向可划分三层,见表 3-2。

表 3-2　城镇化影响的垂直方向划分

序号	影响范围划分	主要影响
1	城镇覆盖层	城镇覆盖层是指地面以上至建筑物屋顶的范围,这一层气候变化受人类活动的影响最大。它与建筑物密度、高度、几何形状、门窗朝向、外表涂料颜色、街道宽窄和走向、路面铺砌材料不透水面积、绿地面积、建筑材料、空气污染以及人为热、人为水汽的排放量有关
2	城镇边界层	城镇边界层是指建筑物屋顶向上到积云中部的范围,这一层的气候变化因受城镇大气质量和参差不齐屋顶的热力和动力影响,湍流混合作用显著,与城镇覆盖层之间进行物质、能量交换,且受周围环境和区域气候的影响
3	城市羽尾层	城市羽尾层(也称市尾烟气层),在城市影响的下风方向,这一层的气流、污染物、云、雾、降水和气温均受到小城镇的影响,在城镇羽尾层之下还有乡村界层

3. 城市人为热释放及其影响

人为热是指由于人类生产、生活活动以及生物新陈代谢所产生的热量。

(1)小城镇人为热的产生原因。

1)城镇下垫面特性的影响。城镇内有大量的人工构筑物,如混凝土、柏油路面,各种建筑墙面等,改变了自然下垫面的热力属性,这些人工构筑物吸热快而热容量小,在相同的太阳辐射条件下,它们比自然下垫面(绿地、水面等)升温快,因而其表面温度明显高于自然下垫面。

2)人工热源的影响。工厂生产、交通运输以及居民生活都需要燃烧各种燃料,每天都在向外排放大量的热量。此外,城镇中绿地、林木和水体的减少也是一个主要原因。随着城市化的发展,城市人口的增加,城市中的建筑、广场和道路等大量增加,绿地、水体等却相应减少,缓解热岛效应的能力被削弱。

3)大气污染。大气污染是一个重要原因。城市中的机动车、工业生产以及居民生活,产生了大量的氮氧化物、二氧化碳和粉尘等排放物。这些物质会吸收下垫面热辐射,产生温室效应,从而引起大气进一步升温。

(2)城市热岛效应。城市热岛效应是指城市中的气温明显高于外围郊区的现象。在近地面温度图上,郊区气温变化很小,而城区则是一个高温区,就像突出海面的岛屿,由于这种岛屿代表高温的城市区域,所以被形象地称为城市热岛。

城市热岛是城市化气候效应的主要特征之一,是城市化对气候影响最典型的表现,大量的观测对比和分析研究确认,这是城市气候中最普遍存在的气温分布特征。在小城镇建设中,热岛效应是值得关注的一个生态环境问题。

4. 小城镇的大气污染

大气污染是指大气中的污染物或由它转化成的二次污染物的浓度达到有害程度的现象。

城市中大气污染主要来自煤烟型大气污染,随着乡镇企业和一些小型工业的急剧发展,特别是楼房取暖锅炉的增多,使原来大气质量较好的县城和广大农村地区的大气污染在同步增长和蔓延,使大气环境质量不断地恶化。此外,城镇地表有大量的楼房等凸出工程而不同于平原地区,这使城镇区域吸收更多的太阳光能并且升高温度,犹如一架特殊的热风机在加热城镇的大气。城镇光照不仅取决于其地理位置,而且也取决于其大气状况,受污染的大气截留了很大一部分阳光。由于大气透明度下降,光质也就是光谱成分也发生改变,光含有少量紫外线,也缺乏有效光合辐射,大大影响了城镇植物的生长发育。紫外线辐射的减少和大气透明度的下降致使许多有害物质(如铅)的毒性效应加剧。辐射平衡不仅依赖于城镇街道覆盖物的性质和建筑物的分布,也在相当大的程度上取决于大气状态。大气污染形成了"城市雾"等许多城镇景观的独特特征,使城镇损失部分太阳辐射。

大气的主要成分是 N_2、O_2、CO_2 等,城镇空气含有大量的污染物质。污染特性和程度取决于企业专业化水平和数量、环境保护设施、城镇汽车数量、运输强度以及污染源的分布位置。进入大气的主要化学污染物有硫化物、二氧化碳、氮化物、碳氢化合物、烟黑、苯酚、重金属等。

5. 小城镇大气环境保护

小城镇的规划建设要充分考虑到以下大气环境保护因素。

第一,要保护并增加城区的绿地、水体面积。因为城区的水体、绿地对减弱夏季城市热岛效应起着十分重要的作用。

第二,城市热岛强度随着城市发展而加强,因此在控制城市发展的同时,要控制城市人口密度、建筑物密度。因为人口高密度区也是建筑物高密度区和能量高消耗区,易形成气温的高值区。

第三,加强城市通风,减小城市热岛强度。

第四,减少人为热的释放,尽量将民用煤改为液化气、天然气并扩大供热面积也是根本对策。

具体应采取以下措施。

(1)绿化城市及周边环境。

1)选择高效美观的绿化形式,包括街心公园、屋顶绿化和墙壁垂直绿化及水景设置,可有效地降低热岛效应,获得清新宜人的室内外环境。

2)居住区的绿化管理要建立绿化与环境相结合的管理机制并且建立相关的地方性行政法规,以保证绿化用地。

3)要统筹规划公路、高空走廊和街道这些温室气体排放较为密集地区的绿化,营造绿色通风系统,将市外新鲜空气引进市内,以改善小气候。

4)应把消除裸地、消灭扬尘作为城市管理的重要内容。除建筑物、硬路面和林木之外,全部地表应为草坪所覆盖,甚至在树冠投影处草坪难以生长的地方,也应用碎玉米秸和锯木小块加以遮蔽,以提高地表的比热容。

5)建设若干条林荫大道,使其构成城区的带状绿色通道,逐步形成以绿色为隔离带的城区组团布局,减弱热岛效应。

(2)在现有条件的基础上,做到以下几项。

1)控制使用空调器,提高建筑物隔热材料的质量,以减少人工热量的排放;改善市区道路的保水性性能。

2)建筑物淡色化以增加热量的反射。

3)提高能源的利用率,改燃煤为燃气。

4)实行"透水性公路铺设计划",即用透水性强的新型柏油铺设公路,以储存雨水,降低路面温度。

5)形成环市水系,调节市区气候。

6)提高人工水蒸发补给,例如喷泉、喷雾、细水雾浇灌。

二、小城镇水系统

1. 小城镇水文效应

水文效应是指环境变化引起的水文变化或水文响应。环境条件变化可分自然和人为两个方面。当代人类活动范围和规模空前增长,对水文过程的影响或干扰越来越大。

目前,对水文效应的研究大多着重于各种人类活动对水循环、水量平衡要素及水文情势的影响或改变,又称为人类活动对水文情势的影响。

城镇化最主要的特征是人口、产业、物业向城镇集中,土地利用性质改变,建筑物增加,道路铺装,不透水面积增大,整治河道,兴建排水管网等。

小城镇建设中的人口集中和建筑物密度的增加,直接改变了小城镇的水文条件。由于小城镇中兴建了大量的房屋和道路,扩大了不透水的地面,改变了降水、蒸发、渗透和地表径流;水渠和下水管道的修建,缩短了汇流时间,增大了径流曲线的峰值;大量的人口,在生产和生活过程中需水量增加,减少了地下水的补给,同时因污水排放量的增加而污染了水体,这一切使得小城镇的水文特征发生了巨大的改变。

(1)地面水系。天然的河、湖、塘、池、淀、洼,是自然变迁、新构造运动、气候变化的产物。随着社会的进步和发展,人类的开发活动,特别是城镇的开发建设,对河道截弯取直、修建水库和其他水利设施,以及开辟人工河道等,使天然河流大部分被闸、坝、堤防所控制,从而改变了地表水的自然分布状态。这些人工河道具有泄洪、排污、输水等功能,形成天然河湖与人工沟渠并存、彼此连通、相互影响,受人工整治和高度控制利用的地表水系统。

(2)地下建成排水系统。随着城镇化的发展,为了更好地保护城镇设施,使其免遭洪水灾害,要尽快排走城镇雨洪,所以,各种人工形成的引导水流的各种不透水通道和地下下水道排水系统代替了天然的地面排水系统。地下水的存在形式、含水层厚度、埋深、矿化度、硬度、水温以及动力等条件会影响城镇建设的施工和建筑物的安全。地下水太浅,地面可能成为沼泽或湿地,将不利于工程的地基。在沼泽地区,由于经常处于水饱和状态,地基承载力较低,当选作小城镇用地时,要采取降低地下水位、排除积水的措施,以提高地基承载能力和改善环境卫生状况。

按地下水的成因与埋藏条件,可将其分为上层滞水、潜水和承压水三类。具有城镇用水意义的地下水,主要是潜水和承压水。潜水埋深与当地的地面蒸发、地质构造和地形等因素有关,各地区的差异悬殊。承压水有隔水顶板,受大气影响较小,不易受地面污染,因此,承压水是城镇的供水水源特别是远离江河或是地面水量、水质不能满足需要的地区的主要水源。探明地下水资源对小城镇选址、确定工业建设项目以及小城镇规模等均有重要意义。

由于地质情况和矿化程度不同,地下水的水质、水温也不同,这对小城镇用水的适宜性有很大影响。以地下水作为主要水源的小城镇,为满足工业发展和人口增长对用水量的需要,不得不过量开采地下水资源。与此同时,由于大量地下工程和高层建筑的兴建切断了地下水正常径流,使地下水补给失调,流向紊乱,水质恶化,水资源枯竭,结果造成地下水位急剧下降,从根本上改变了小城镇地下水文地质条件,并造成城镇地面下沉。除了影响地基施工条件之外,还关系到建筑物的安全。

(3)小城镇水循环过程变化。水循环是小城镇的主要物质循环之一,水的不断循环和更新为淡水资源的不断再生提供条件,为人类和生物的生存提供基本的物质基础。天然流域地表具有良好的透水性,雨水降落地面之后,一部分下渗到地下,补给地下水,一部分涵养在地下水位以上的土壤孔隙内,一部分填洼和蒸发,其余部分产生地表径流。

(4)河流水文性质的变化。小城镇由于下渗量、蒸发量减少,增加了有效雨量,使地表径流增加,径流系数增大。地表流动部分水量增加,对城区河道或排水沟渠的压力加大。

城镇化后,人类活动频繁,自然景观被改造,天然流域被开发,植被受破坏,土地利用状况改变,不透水地面大量增加,使小城镇的水文循环状况发生了变化,降水渗入地下的部分减少,填洼量减少、蒸发量也减少,产生地面径流的部分增大。随着城镇化的发展、不透水面积率的增大,这种变化也不断增大。

(5)径流污染物荷载量增加。随着城镇化的发展进步,大量富含金属、重金属、有机污染物、放射性污染物、细菌病毒等的工业废水、生活污水进入地表径流,使城镇水体污染严重。另外,城镇地面、屋顶、大气中积聚的污染物质,也会被雨水冲洗带入河流,而小城镇河道流速的增大又大大加剧了悬浮固体和污染物的输送量,也加强了地面、河床冲刷,使径流中悬浮固体和污染物含量增加,水质恶化。无雨时(枯水期),径流量减少,污染物浓度增大。

(6)地下水位下降,水量平衡失调,生态环境恶化。小城镇不透水区域下的渗水量几乎为零,土壤水分补给减少,补给含水层的水量减少,致使基流减少,地下水补给来源也随之减少,促使地下水位急剧下降。但随着城镇化的不断发展,工业化加速进展,人口快速增加,人民生活水平不断提高,对水的需求量大大增加,加上城镇化又给城镇的地表水带来了不同程度的污染,致使小城镇供水不足,水资源紧缺,于是大量抽取地下水,超越了自然补给能力,使水量平衡失调。如果这种失调的水量平衡状态持续时间较长,则容易引起地下水含水层水量的衰竭,造成城区地下水水位下降,从而导致地面下沉,引起地基基础破坏,建筑物倾斜、倒塌、沉陷,桥梁水闸等建筑设施大幅度位移,海水倒灌,小城镇排水功能下降,易发生洪涝和干旱灾害。

2. 小城镇降水变化的生态环境效应

地面从大气中获得的水汽凝结物,总称为降水。降水包括两部分：一是大气中水汽直接在地面或地物表面及低空的凝结物，如霜、露、雾和雾凇，称为水平降水；另一部分是由空中降落到地面上的水汽凝结物，如雨、雪、霰雹和雨凇等，称为垂直降水。降水不仅是小城镇生物的重要生态因子，还是地表水对地下水的补给来源，参与小城镇天然生态系统的水分循环和小城镇大气系统的水分平衡。对小城镇大气污染和水体污染有净化作用，直接或间接影响小城镇的人类活动。

降水量是衡量一个地区降水多少的数据。降水量用英文字母 P 表示，以 mm 为单位。小城镇降水量增加的直接后果是使小城镇雨洪径流增大，增加了小城镇的防洪压力，同时对地面侵蚀加强，非点源污染加大，使受纳水体的污染情况恶化及河道、蓄水池淤积加速等。冰雹、雷暴等对流性天气灾害，会使小城镇居民生命财产遭受损失，加上下雨时能见度下降，雨天路滑泥泞，可能使交通事故率增加。因此，进行小城镇规划时，需要考虑增加一系列管理养护整修方面的费用，以确保小城镇的健康发展。另外，还要考虑降雨量的增加导致枯季径流增大，妥善安排不同土地利用区位以缓解枯季供水紧张状况，尽可能减少损失。

3. 小城镇的水污染

水污染是指水体因某种物质的介入，而导致其化学、物理、生物或者放射性等方面特性的改变，从而影响水的有效利用，危害人体健康或者破坏生态环境，造成水质恶化的现象。

随着小城镇社会经济的发展，对水的需求量增大，大量的工业、农业和生活废弃物排入水中，使水受到污染，从而对水的流动、循环、分布，水的物理化学性质以及水与环境的相互关系，产生了各种各样的影响。水污染的主要污染源包括工业污染源、农业污染源和生活污染源三大部分。

(1)工业废水是水域的重要污染源，具有量大、面积广、成分复杂、毒性大、不易净化、难处理等特点。

(2)农业污染源包括牲畜粪便、农药、化肥等。农药污水中，一是有机质、植物营养物及病原微生物含量高，二是农药、化肥含量高。中国目前还未开展农业方面的监测,据有关资料显示,在1亿公顷耕地和220万公顷草原上,每年使用农药110.49万吨。中国是世界上水土流失最严重的国家之一,每年表土流失量约50亿吨,致使大量农药、化肥随表土流入江、河、湖、库,随之流入的氮、磷、钾营养元素,使2/3的湖泊受到不同程度富营养化污染的危害,造成藻类以及其他生物异常繁殖,引起水体透明度和溶解氧的变化,从而致使水质恶化。

(3)生活污染源主要是城市生活中使用的各种洗涤剂和污水、垃圾、粪便等,多为无毒的无机盐类,生活污水中含氮、磷、硫多,致病细菌多。

人类在生活和生产活动中,需要从天然水体中抽取大量的淡水,并把使用过的生活污水和生产污水排回到天然水体中。由于这些污(废)水中含有大量的污染物质,污染了天然水体的水质,降低了水体的使用价值,也影响着人类对水体的再利用。

4. 小城镇水资源保护措施

水资源保护是通过行政、法律、经济的手段,合理开发、管理和利用水资源,防止水污染、水源枯竭,以满足社会实现经济可持续发展对淡水资源的需求。水资源保护具体包括两个方面的内容:第一,在水量方面,对水资源全面规划、统筹兼顾、科学与节约用水、综合利用、讲求效益、发挥水资源的多种功能。同时,也要顾及环境保护要求和改善生态环境的需要。第二,在水质方面,制定相关的法律法规和技术标准规范,全面系统地对水环境质量实施有效监控,减少和消除有害物质进入水环境,防止污染和其他公害,加强对水污染防治的监督和管理,维持水质良好状态,实现水资源的合理利用与科学管理。

水资源保护的首要任务是实现水资源的有序开发利用、保持水环境的良好状态。水资源保护的具体措施如下。

(1)加强水资源保护立法、实现水资源的统一管理。包括《水资源保护法》《水质保护法》《工厂废水控制法》《水污染控制法》等。

(2)水资源优化配置。应将流域天然水循环与供、用、耗、排过程相适应并互为联系为一个整体,实现水量和水质的平衡。在保障经济社会可持续发展、维护生态系统并逐步改善的前提下,运用市场机制实现区域之间、用水目标之间、用水部门之间对水量和水质的优化分配,维护水资源良性循环及其可再生能力。

(3)节约用水,提高水的重复利用率。节约用水,提高水的重复利用率是克服水资源短缺的重要措施,也是我国为解决水资源问题的基本国策。通过建立节水型的社会经济、产业与技术工程体系,工业、农业和城镇生活用水具有巨大的节水潜力。在节水方面,一些发达国家取得了重大的进展。

(4)综合开发地下水和地表水资源。

(5)强化地下水资源的人工补给。即借助某些工程设施将地表水自流或用压力注入地下含水层,以便增加地下水的补给量,达到调节控制和改造地下水体的目的。

(6)建立有效的水资源保护带。建立有效的,不同规模、不同类型的水资源保护区(或带),采取切实可行的法律与技术措施,防止水资源的恶化和污染,实现水资源合理开发和利用。

(7)强化水体污染的控制与治理。

(8)实施流域水资源的统一管理。这是一项庞大的系统工程,必须从流域、区域和局部水质、水量总和控制、综合协调和整治才能取得较为满意的效果。

三、小城镇土壤系统

土壤是由一层层厚度各异的矿物质成分所组成的大自然主体,是指覆盖于地球陆地表面,具有肥力特征的,能够生长绿色植物的疏松物质层。

土壤由岩石风化而成的矿物质、动植物和微生物残体腐解产生的有机质、土壤生物(固相物质)以及水分(液相物质)、空气(气相物质)、腐殖质等组成,它们互相联系、互相制约,为作物提供必需的生活条件,是土壤肥力的物质基础。

1. 小城镇土壤

小城镇土壤是经过人类活动的长期干扰或直接"组装",并在小城镇特殊的环境背景下发育起来的土壤,零散地分布在小城镇之中。与自然土壤和农业土壤相比,小城镇土壤既继承了原有自然土壤的某些特征,又有其独特的成土环境与成土过程,表现出特殊的理化性质、养分循环过程以及土壤生物学特征。

作为地球土壤圈的一个组成部分,小城镇土壤承载着一定的生态、环境和经济功能。小城镇土壤是城镇环境的一个重要组成要素,其主要功能包括:一方面,小城镇土壤可以作为城镇植被的立地基础和生长介质、建筑物的地基、水的源泉和污染物的净化场所,而且它作为下垫面对城镇气候可产生一定的影响;另一方面,小城镇土壤是生态系统和能量循环与转化的必要环节。

在当今小城镇土壤资源日趋紧缺和自然空间十分狭小、环境日益恶化的形式下,有必要加强对小城镇土壤的形成特征、开发利用与保护研究,对恢复城镇绿地空间、改善城镇生态环境均有极为重要的意义。

2. 小城镇土壤生态系统

小城镇土壤生态系统是土壤中生物与非生物环境的相互作用通过能量转换和物质循环构成的整体,由土壤、土壤生物和地上植被三大部分组成。土壤生物在土壤有机质合成、分解、矿化、养分循环以及土壤结构的形成和保持方面均起着至关重要的作用。土壤生物包括土壤微生物、土壤动物和少量的低等植物。由于小城镇土壤的"固化"、栖息地的孤立、人为干扰与娱乐压力以及污染的加重,使得土壤生物的种类和数量、生物量远比农业土壤、自然土壤要少。小城镇的植被是城镇土壤生态系统的一个重要组分,它与土壤的关系十分密切。

综合不同领域科学家的关注层面,土壤生态系统的功能包括如下几个方面。

(1)土壤是城镇绿地生态系统的基础。城镇绿地生态系统中,土壤作为最活跃的生命层,事实上是一个相对独立的子系统。土壤在城镇生态系统中的作用包括:①保持生物多活性、多样性和生产性;②对水体和溶质流动起调节作用;③对有机、无机污染物具有过滤、缓冲、降解、固定和解毒作用;④具有储存并循环城镇生态系统的养分和其他元素的功能。

　　(2)土壤是城镇生态系统自然地理环境的重要组成部分。土壤圈覆盖于地球陆地的表面,处于其他圈层的交接面上,成为它们连接的纽带,构成了组合无机界和有机界即生命和非生命联系的中心环境。

　　(3)土壤是人类农业的生产基地。自然界中,植物的生长繁育必须以土壤为基础,土壤在植物生长繁育中的作用包括:①营养库的作用;②养分转化和循环作用;③雨水涵养作用;④生物的支撑作用;⑤稳定和缓冲环境变化的作用。

3. 小城镇土壤污染

　　土壤污染是指进入土壤的污染物超过土壤的自净能力,而且对土壤、植物和动物造成损害时的状况。土壤污染物是指土壤中出现的新的合成化合物和增加的有毒化合物,土壤原来含有的化合物不应包括在内。土壤污染大致可分为无机污染物和有机污染物两大类。无机污染物主要包括酸、碱、重金属,盐类,放射性元素铯、锶的化合物、含砷、硒、氟的化合物等。有机污染物主要包括有机农药、酚类、氰化物、石油、合成洗涤剂、3,4-苯并芘以及由城市污水、污泥及厩肥带来的有害微生物等。

　　随着城镇化进程的推进,频繁的人为活动所产生的大量的物质进入土壤中,超过土壤的自净能力,从而造成土壤污染。

　　(1)小城镇土壤污染物。小城镇土壤污染物有下列4类。

　　1)化学污染物。包括无机污染物和有机污染物。前者如汞、镉、铅、砷等重金属,过量的氮、磷植物营养元素以及氧化物和硫化物等;后者如各种化学农药、石油及其裂解产物以及其他各类有机合成产物等。

　　2)物理污染物。指来自工厂、矿山的固体废弃物,如尾矿、废石、粉煤灰和工业垃圾等。

　　3)生物污染物。指带有各种病菌的城市垃圾和由卫生设施(包括医院)排出的废水、废物以及厩肥等。

　　4)放射性污染物。主要存在于核原料开采和大气层核爆炸地区,以锶和铯等在土壤中生存期长的放射性元素为主。

　　(2)小城镇土壤污染来源。小城镇土壤污染来源见表3-3。

表3-3 小城镇土壤污染来源

序号	项目	内 容
1	污水灌溉	用未经处理或未达到排放标准的工业污水灌溉农田是污染物进入土壤的主要途径,其后果是在灌溉渠系两侧形成污染带。属封闭式局限性污染
2	酸雨和降尘	工业排放的 SO_2、NO 等有害气体在大气中发生反应而形成酸雨,以自然降水形式进入土壤,引起土壤酸化。冶金工业烟囱排放的金属氧化物粉尘,则在重力作用下以降尘形式进入土壤,形成以排污工厂为中心、半径为 $2\sim3$ 平米范围的点状污染
3	汽车排气	汽油中添加的防爆剂四乙基铅随废气排出污染土壤,行车频率高的公路两侧常形成明显的铅污染带
4	固体废弃物	堆积场所土壤直接受到污染,自然条件下的二次扩散会形成更大范围的污染
5	过量施用农药、化肥	属农业区开放性的污染

(3)小城镇土壤污染的特点。大气污染、水污染和废弃物污染等问题一般都比较直观,通过感官就能发现。而土壤污染则不同,往往要通过对土壤样品进行分析化验和农作物的残留检测,甚至通过研究对人畜健康状况的影响才能确定。因此,土壤污染从产生污染到出现问题通常会滞后较长的时间。其特点主要表现在以下几个方面。

1)累积性。污染物质在大气和水体中,一般都比在土壤中更容易迁移。这使得污染物质在土壤中并不像在大气和水体中那样容易扩散和稀释,因此,容易在土壤中不断积累而超标,同时也使土壤污染具有很强的地域性。

2)不可逆转性。重金属对土壤的污染基本上是一个不可逆转的过程,许多有机化学物质的污染也需要较长的时间才能降解。例如,被某些重金属污染的土壤可能要 $100\sim200$ 年时间才能够恢复。

3)难治理。积累在污染土壤中的难降解污染物是很难靠稀释和自净化作用来消除的。土壤污染一旦发生,仅仅依靠切断污染源的方法则往往很难恢复,有时要靠换土、淋洗土壤等方法才能解决问题。

4)辐射污染。大量的辐射污染了土地,使被污染的土地含有了一种毒质。这种毒质会使植物停止生长。

4. 小城镇土壤污染防治

土壤污染的治理成本较高、见效慢、周期长,土壤污染问题的产生又具有明显的隐蔽性和滞后性,因此,应采取"预防为主"的方针和一系列措施进行土壤污染的防治。

(1)制定法律、法规。通过制定一些法律、法规和规章等治理土壤污染,我国制定了包括《环境保护法》《农业法》《土地管理法》等现行法律、法规,这在农业环境保护、防治土地污染等方面发挥了一定的作用。但这些只是有关土壤污染防治的零散规定,还需要进一步制定专门性的单行法律。

(2)科学地进行污水灌溉。工业废水种类繁多,成分复杂,有些工厂排出的废水可能是无害的,但与其他工厂排出的废水混合后,就变成有毒的废水。因此,在利用废水灌溉农田之前,应按照《农田灌溉水质标准》规定的标准进行净化处理。这样既利用了污水,又避免了对土壤的污染。

(3)合理使用农药。合理使用农药,这不仅可以减少对土壤的污染,还能经济有效地消灭病、虫、草害,发挥农药的积极效能。在生产中,不仅要控制化学农药的用量、使用范围、喷施次数和喷施时间,提高喷洒技术,还要改进农药剂型,严格限制剧毒、高残留农药的使用,重视低毒、低残留农药的开发与生产。

(4)合理施用化肥。根据土壤的特性、气候状况和农作物生长发育特点,按配方施肥,严格控制有毒化肥的使用范围和用量。增施有机肥,提高土壤有机质含量,可增强土壤胶体对重金属和农药的吸附能力。

(5)施用化学改良剂。在受重金属轻度污染的土壤中施用抑制剂,可将重金属转化成为难溶的化合物,减少农作物的吸收。常用的抑制剂有石灰、碱性磷酸盐、碳酸盐和硫化物等。

总之,按照"预防为主"的环保方针,防治土壤污染的首要任务是控制和消除土壤污染源，对已污染的土壤，要采取一切有效措施，清除土壤中的污染物，控制土壤污染物的迁移转化，改善农村生态环境，提高农作物的产量和品质，为广大人民群众提供优质、安全的农产品。

第三节　小城镇人口

人是自然环境的一部分，人体通过新陈代谢和周围环境中的物质进行交换。人与自然环境是个有机的统一体，犹如鱼和水的关系。人的生理活动与自然界的变化有着密不可分的深刻联系。人既改造自然又顺应自然和依赖自然，人控制自然条件又受自然条件的制约，因此，人与自然的关系既适应，又冲突，是有冲突的和谐。

小城镇也是一个生态系统，小城镇人口与小城镇生态系统之间的关系密不可分。小城镇人口的发展变化既受小城镇自然环境的制约，又改变着小城镇的自然环境条件。二者相辅相成，密不可分。

一、小城镇人口发展现状

所谓人口，就是指生活在特定社会制度和地域，具有一定数量和质量的人的总称。人口，既是组成社会的基本条件，又是社会生产力的构成要素和体现生产关系的生命实体。人口文化建设着眼于使人们树立正确的人口观念，继而影响人们的行为方式，使人口的数量、质量和结构同经济发展相协调、相适应，对我国的经济发展具有重要意义。

小城镇是介于城市和农村之间的中间性社区，具有许多亦城亦乡、非城非乡的特点。小城镇人口密度大于农村且小于城市，人口素质较高，社会结构比较复杂。居民间的血缘关系较少，业缘关系较多。居民多数来自辐射圈内的农村社区。小城镇是农村人口向城市转移的阶梯，许多小城镇流动人口的比重甚至超过城市。可以说，小城镇建设对人口文化建设具有重要的意义。

城镇化过程是一个受经济增长刺激和工业发展催化的人口集聚过程，在这个工程中，存在一定的人类生态风险，包括因局部气候变化、生物多样性指数下降和城镇生态系统中有害物种类与浓度的增加,以及由此导致的癌症、高血压和肥胖症等"文明病"发病率的上升以及癌症和高血压等疾病发病率的年轻化和女性化。

中国社会科学院社会学研究所、社会科学文献出版社发布的《2012 年社会蓝皮书》指出,2011 年中国城镇人口占总人口的比重,数千年来首次超过农业人口,达到 50％以上。这是中国城市化发展史上具有里程碑意义的一年,标志着我国开始进入以城市社会为主的新成长阶段。继工业化、市场化之后,城市化成为推动中国经济社会发展的巨大引擎。中国城市化水平超过 50％,标志着中国数千年来以农村人口为主的城乡人口结构,在 2011 年发生了根本的逆转。根据国家统计局第六次全国人口普查结果,2010 年底之前,全国城镇人口就已经达到 49.68％。据统计,2013 年末,全国城镇人口占总人口比重升至 53.73％。这标志着中国从一个具有几千年农业文明历史的农业大国,进入了以城市社会为主的新成长阶段。"蓝皮书"的研究报告认为,这种变化不是一个简单的城镇人口百分比的变化,意味着人们的生产方式、职业结构、消费行为、生活方式、价值观念都将发生极其深刻的变化。"蓝皮书"同时透露,在城市化进程中,29.7％的农业户籍人口已经居住在城镇,他们不再务农。调查显示,46.6％的农业人口已经完全从事非农工作,只有 40％的农业人口完全从事农业劳动,兼务农业和非农职业的农业人口占 13.4％。对农民来说,非农就业已经成为主流方向,超过了在农业领域的就业数量。农民的经营收入和打工收入,成为推动农民现金收入快速增长的两大动力。

研究报告同时提醒,在城镇化进程中,中国应该注意避免的诸多问题。例如,城市待遇不能均等普及的"半城市化",政府过度干预的"行政城市化",城市高速扩张的"房地产城市化",农民工进城流动务工的"隐性城市化"等,都不利于城市化的健康推进。

"蓝皮书"调查还显示,居民对生活水平改善的主观感受明显上升。共有 75.3％的居民表示,自己过去 5 年的生活水平"上升很多"或者"略有上升"。这一比例较 2006 年、2008 年分别提高了 12 个、6 个百分点。此外,有 67.6％的人表示,感觉未来 5 年的生活水平将会进一步提高,这一比例分别比 2006 年、2008 年增加了 13.7 个、9.3 个百分点。

我国根据常住人口的多少,可分为城市和集镇两类。20 万人以上的为城市,其常住人口为城市人口。我国城市规模现行划分标准是:城市人口在 20 万人以下的为小城市;20 万人~50 万人为中等城市;50 万人~100 万人为大城市;100 万人以上为特大城市。2 000 人以上,2 万人以下,其中非农业人口超过 50% 的为集镇,其常住人口为集镇人口。有些港口、工矿区、铁路枢纽、商业中心、风景旅游区等,虽不足 2 000 人,但其中非农业人口在 75% 以上,也可划为城镇型居民区,其常住人口可划为集镇人口。按照第六次人口普查资料,大陆 31 个省、自治区、直辖市和现役军人中,居住在城镇的人口为 665 575 306 人,占 49.68%。

二、小城镇发展对人口的影响

1. 小城镇发展对人们生育观的影响

生育观是指人们对生育现象和生育行为的基本观点和看法,是人口发展过程中的社会存在在人们思想上的客观反映。

(1)城镇化使社会生产方式发生了改变。社会生产方式是影响人们生育观的决定因素。目前,农村的机械化程度不高,农业仍然是劳动密集型的生产方式,大量的农活依赖人们的体力劳动完成,老人们缺乏完善的社会养老保障制度,必须同子女生活在一起。因此,一个家庭劳动力的多少直接关系到家庭的经济收入和生活状况,再加上农村传统的宗法思想影响,使"多子多福""重男轻女""养儿防老"以及"传宗接代"等旧生育观在农村根深蒂固。但是,在城镇则完全不同。劳动者不用从事繁重的农业生产劳动,企业对劳动力的需求和性别选择不如农业生产那样迫切,人们收入及生活水平的提高主要依赖于劳动的质量,而不在于劳动力的多寡。再加上城镇人口来自四面八方,没有宗法血缘关系,也就不存在宗法势力及传宗接代的问题。人们不再将人生的价值都寄予后代,而更多地寄予自身。所以,小城镇逐步陶冶和改变了人们的生育观,为进一步改变人们的生育行为奠定了基础。

(2)城镇化使养育成本提高。城镇和农村不同的生活方式使城镇养育孩子的成本远远高于农村,城镇家庭更重视孩子的质量而不求数量,生育率远低于农村,所以,城镇化的生活方式,促使着人们自觉节制生育。

2. 小城镇发展对宏观管理和控制人口增长的政府行为的积极作用

计划生育政策是我国的一项基本国策,实行计划生育政策的目的就是控制人口数量,提高人口素质。对家庭而言,在经济水平一定的情况下,家里子女越多,个人的消费支出占家庭收入的比例就会减少,整个家庭的生活消费支出将上涨;对国家而言,人口越多,整个国家的消费支出将增多,但是人的平均消费水平将降低。

我国农村普遍实行家庭联产承包责任制已经有 20 多年的历史了,农民的生产经营更多地由家庭自主决策,农村的各级行政组织的结构和功能都发生了很大的变化。计划生育机构也受到了不同程度的冲击,如缺乏专职干部、经费不足等。由于缺乏强有力的组织保障,其控制人口的职能弱化。再加上农村人口分散,不利于计划生育工作的落实,甚至出现放任自流的现象。

城镇化则为实施计划生育,控制人口增长的宏观调控提供了有利条件,具体体现在以下几个方面。

(1)小城镇人口相对集中,有利于计划生育管理部门统一管理育龄人口,下达生育指标,为计划生育工作进行宣传教育。

(2)小城镇有比较完善的卫生医疗设施,有利于提供优生优育服务,发放避孕药品,对育龄夫妇实施避孕节育措施。

(3)小城镇中外来流动人口的超生、偷生等行为也容易及早发现并制止。

小城镇建设有利于对人口增长的宏观管理和控制、计划生育工作的落实和人口的有效控制。

3. 小城镇发展对于提高我国人口质量的促进作用

人口质量是人口经济学的一个重要范畴,通常是指在一定的社会生产力、一定的社会制度下,人们所具备的思想道德、科学文化和劳动技能以及身体素质的水平。人口质量,也称人口素质,包括社会成员的体质、智能和文化程度、劳动技能等因素。随着社会的发展,社会人口质量的总体水平也将越高。

人口质量的高低是影响一个国家发展的重要因素。我国人口质量,尤其是农村人口质量较低,因而应大力提高农村人口的质量。实践证明,小城镇建设为人口质量的提高发挥着积极的作用。

(1)小城镇的市场环境,促使民众思想观念发生转变。随着现代社会经济的发展和社会的进步,人们的观念也要不断更新。我国是一个有着几千年历史的农业大国,小农意识、小富即安的观念一直是阻碍我国社会文明进步的重要因素。而小城镇作为联系城乡的纽带,打破了原有的城乡分割的二元结构,将农村市场同城镇市场紧密相连。小城镇在引进市场机制的同时也潜移默化地将一些市场经济的新观念引入国民思想中,使人们传统的就业观念、人才观念、时间观念及价值观念都发生了改变,逐步树立起与市场经济大环境相适应的道德观念。

(2)小城镇的发展为我国人口质量的提高提供了激励机制。小城镇自身的就业需求及劳动力就业竞争的压力,决定了小城镇对人口质量的要求。除了对人口素质的要求外,更着重体现在对人口文化素质的要求上,具体表现如下。

一方面,小城镇对就业的劳动力素质要求较高。小城镇的发展多以工程技术、机械加工、商业营销和劳务服务等第二、三产业为主,机械化、信息化程度较高,这就要求就业的劳动力必须具有高于基础教育的文化素质。

另一方面,小城镇中劳动力就业竞争的压力大。无论在工作条件还是生活环境方面,小城镇都要比农村优越,这必然会将大量的农村剩余劳动力吸引到城镇中来。在劳动力供大于求的形势下,竞争使其优胜劣汰,文化素质高的人往往能在竞争中取胜,更容易找到工作。

正是上述两方面因素激励着小城镇人口自觉地注重提高自身的素质,不断地学习和完善自己。

(3)小城镇相对完善的教育和培训设施,有利于人口文化素质的提高。小城镇完善的教育设施和专业的教育工作者为人口文化素质的提高提供了强有力的保障。在农村,缺乏完善的基础设施,一般相邻的村子只有一所简陋的小学,孩子上学前多由老人带大,无法接受幼儿园等学前教育,分散的村庄也无力发展图书事业和成人教育事业,教师的素质也较低,教学质量较差。这都阻碍了农村人口文化技术水平的提高。小城镇有集中办学的优势,教育设施完善,教师水平高,这为提高城镇人口文化素质提供了有利条件。首先,小城镇建立了从幼儿园到小学、中学以及职高、成人培训等一系列的教育场所,使每个人都可以接受教育。其次,小城镇还设有文化馆、图书馆等文化教育辅助设施。再次,小城镇中的教师多数是受过中等教育、高等教育的专门技术人才,又能在城镇环境中不断吸收外来的新信息、新知识,教师的素质较高。可见,小城镇有利于集中有限的教育经费,合理利用教育资源,发挥教育的规范效益,促进人口文化素质的提高。

(4)小城镇发展使人口收入增加,为提高人口质量提供了物质条件。在农村人均收入较低的情况下,农民没有更多的收入支付享受资料和发展资料,其收入只能支付生存资料,这无疑影响了人口质量的提高。而小城镇居民的人均收入普遍比农民高,并且随着城镇人均收入的增加,人们的消费结构也不断变化。例如,在食物支出上,人们不仅要吃饱还要吃好,饮食结构多样化,更加注重营养的均衡搭配和医疗保健。这都为人口身体素质的提高创造了条件。同时,小城镇居民的收入增加后,更加重视对子女教育以及自身继续教育、文化娱乐和书报方面的投资,从而促进了人口文化技术素质的提高。

(5)小城镇建设有利于改变人口的就业结构。在人口既定的条件下,以社会化大生产为特征的三大产业结构决定着就业结构。我国正处在工业化社会初期阶段,第二、第三产业,尤其是第三产业发展相对滞后,使大量的劳动力滞留在第一产业内,无法实现劳动力的转移。小城镇的发展建设为乡镇企业的发展提供了便利的基础设施条件,同时有利于发挥乡镇企业的聚集效应和规模效益,从而创造更多的就业岗位,吸纳农村剩余劳动力。随着乡镇企业的发展和劳动者生活水平的提高,人们对生产、生活和服务行业的要求提高,这就带动了第三产业的发展,进一步拓宽了就业渠道。反之,第三产业结构合理时,就能发挥大市场、大服务的作用,为各行业、各企业的发展提供优越的外部环境,创造更多的就业岗位,提高企业的经济效益。小城镇建设正是通过发展第二、第三产业实现了第一产业内部的剩余劳动力向第二、第三产业的转移,从而在整体上改变了劳动力的就业结构。

(6)小城镇良好的生活环境及医疗卫生服务有利于人们身体素质的提高。由于农村卫生医疗条件差,医生少,医疗设施简陋,农民生病后往往得不到及时良好的治疗。而小城镇是以面向农业生产、农民生活为特点的第二、三产业的聚集地和人口聚居区,为提高人们的自身素质提供了有利条件。首先,小城镇具有较完善的基础设施,交通、邮电、运输、通信以及水、电、暖等基础设施比较齐全,交通便利,环境优美,注重公共场所及小区卫生工作和园林美化工作,注重垃圾处理、污水处理等建设,为居民提供了良好的居住环境。其次,小城镇能提供良好的医疗卫生服务,并加强对小商贩管理和食品卫生的检查,同时设有专门的医疗机构和完善的医疗设施,配备了专业的医护人员,能够对疾病及早预防和治疗。

(7)小城镇建设有利于优化我国人口结构。小城镇建设对人口的城乡分布结构和就业结构有着重要的影响。长期以来,我国人口的城乡分布结构不合理,突出表现在农村人口过多,大量的农村剩余劳动力滞留在农村。在市场经济条件下,农村人口开始自发地向城镇流动,虽然这只是一种短期的流动行为,但同过去相比已经有了一定的进步。这种农村剩余劳动力涌向城镇的现象消耗了大量的财力、物力,也引发了许多社会问题。目前,随着我国城镇化步伐的加快,大城镇人口的过度膨胀又引发一系列负面效果。这就意味着大城镇无法继续吸纳更多的人口。在这种情况下,小城镇以其特有的城镇化的工作条件和生活环境吸纳了大量的农村剩余人口,使农村剩余人口能够就地转移,小城镇可在城乡之间担当起"缓冲地带"的作用,避免大量农村剩余人口涌入城镇。改革开放以来,小城镇对人口和劳动力的吸纳规模不断增加,在吸纳农村人口和劳动力方面,发挥了举足轻重的作用。小城镇的这种吸纳作用,对促进农村经济的增长、农民收入水平的提高和我国二元社会结构的转化,产生了积极的影响。

　　小城镇建设加快了我国的城镇化进程,缩小了城乡之间的差别,是我国改变人口城乡分布结构,使城镇化同工业化协调发展的正确选择。

三、人口对小城镇自然生态系统的影响

　　自然生态系统中的所有生命物种都参与了生态进化的过程,并且具有它们适合环境的优越性和追求自己生存的目的性,所有生命物种在生态价值方面是平等的。人类作为自然进化中最为晚出的成员,其优越性是建立在其具有道德与文化之上的。人类特有的这种道德与文化能力,不仅意味着人类是自然生态系统中迄今为止能力最强的生命形式,同时也是评价性能力发展得最好的生命形式。因此,人类应该平等地对待所有生命物种,尊重它们的自然生存权利。

　　显然,在相同的社会经济条件和某种生活水平下,人口的增加会带动食物、水、能源及其他生活资料相应地增加。如果同时生活水平也提高,个人的消费量上升,无疑排出的污染物也增加,最终会导致环境的恶化。在小城镇中,由于人口增加和经济活动的加剧,如果不注意消除污染,排入环境中的废物和能量,将成数倍以至上百倍地增加,再加上交通拥挤、城镇内噪声等污染问题的出现,会极大地损害人们的身心健康。人口对小城镇自然生态系统的影响主要体现如下。

1. 人与周围环境相互作用、相互影响

　　小城镇生态系统是小城镇人群与其周围环境相互作用、相互影响而形成的网络系统。与自然生态系统相比,小城镇生态系统最主要的特点是人口的增加与密集,人是小城镇生态系统的主体,在小城镇生态系统的经济再生产过程和社会活动中起着决定性的作用。人与周围环境的相互作用主要包括如下内容。

　　(1)从时空观来看,小城镇是小城镇人口生产、生活、文化、社交等活动的载体。

　　(2)从功能和本质观来看,小城镇是一个经济实体、社会实体、科学文化实体和自然实体的有机统一体。

　　(3)从小城镇的生物观来看,小城镇又是一个具有出生、生长、发

育、成熟、衰老的生命有机体。

2. 人是小城镇的建设者

小城镇生态系统是一个受人类生产和生活活动影响的,因人为因素改变了该生态系统的结构、物质循环和部分能量转化的,因子众多,层次复杂的生态系统。它既具备一定的自然生态系统的特征,即在生物群落和周围环境的相互关系,以及物质循环、能量流动和自我调节的能力,又有与一般自然生态系统有所不同的特征,即要受社会生产力、生产关系以及与之相联系的上层建筑所制约,使得自我调节的能力变得很弱。因此,一个复合生态规律的小城镇首先应具有合理的结构,即具有适度的人口密度、合理的土地利用、良好的环境质量、足够的绿地系统、完善的基础设施和有效的自然保护。

3. 人改变了小城镇自然生态系统的基本属性

在生态关系上,人与自然、经济和环境相互依赖、相互制约,形成"人口—资源—经济—环境"有机组合的复杂系统。小城镇生态系统的调节机能是否能维持生态系统的良性循环,主要取决于这个系统中的人口、资源、经济、环境等因素的内部以及相互之间能否协调。

小城镇的人口密集、高强度的经济生产活动集中的特点大大地改变了小城镇原来自然生态系统的组成、结构和特征。

(1)小城镇生态系统污染物大量累积。剧烈的人为活动不仅改变了自然环境,而且也在不断地破坏自然生态系统。小城镇的发展和工农业生产的发展使大量的物质、能量在小城镇生态系统中流动,输入、输出、排放都超过了原来的自然生态系统。大量的生产资料和生活资料输入小城镇,再加上大量的生产与生活的废弃物的排放,造成大量物质积累于小城镇,大大超出了小城镇生态系统的自然净化能力,使小城镇成为环境污染最为严重的地区。

(2)小城镇生态系统的形态结构改变。在形态结构上,小城镇生态系统主要受人工建筑物及其布局、道路和物质输送系统、土地利用状况等人为因素的影响;小城镇的物理环境结构发生了迅速的变化,如城镇热岛效应的产生,地形的变迁,人工地面改变了自然土壤的团粒结构与性能,增加了不透水的地面等,从而破坏了自然调节净化能力。

（3）小城镇生态系统的营养结构改变。在营养结构上，小城镇生态系统改变了原自然生态系统各营养级的比例关系，在食物（营养）的输入、加工、传送过程中，人为因素起着主导作用。

（4）小城镇生态系统生态流的改变。在生态流方面，物质、能量、信息流动的总量大大超过了原自然生态系统，而且比原自然生态系统增加了人口流和价值流，人类的社会经济活动起决定性作用；而自然生态系统的基本功能是维持能量流动，维持物质循环和自我调节机能。正是由于自然界的这种自我调节机能，维持了生态系统中的物质和能量的动态平衡；而小城镇的发展改变了地区的物质、能量流动方向和数量，失去了原来的平衡，造成小城镇的环境污染。

4. 人类活动导致小城镇生态系统的不稳定性

小城镇生态系统是一个开放的、不稳定的和依赖性很强的非自律系统，要由其他系统输入资源、能源（包括食物），排出废物（利用外系统的自净能力异地分解处理）。

一个处于良性循环的自然生态系统，其形态结构和营养结构比较协调，称为自律系统，只要输入太阳能，依靠系统内部的物质循环、能量交换和信息传递，就可以维持各种生物的生存，并能保持生物生存环境的良好质量，使生态系统能够持续发展。

小城镇生态系统与自然生态系统不同，它的内部生产者有机体与消费者有机体相比数量显著不足，大量的能量与物质需要从农业生态系统、森林生态系统、湖泊生态系统、海洋生态系统等其他生态系统中人为地输送。由于系统的不完整性，小城镇生态系统内部经过生产和生活消费所排出的废弃物质，必须依靠人为技术手段处理或向其他生态系统输出（排放），利用其他自然生态系统的自净能力进行"异地分解"，才能消除其不良影响。因此，小城镇生态系统具有开放性、依赖性和不稳定性，它与周围其他的生态系统存在着大量的物质和能量的输入与输出。

5. 小城镇生态系统的人为活动对人口自身的影响

小城镇生态系统中的人为活动影响着小城镇中的人口自身。城镇化的发展过程不断影响着人类自身，它改变了人类的生活形态，创造了高度的物质文明和精神文明。这种自身的驯化过程使人类产生了生态变异。另一方面,小城镇发展中环境的不良变化影响了人类的健康,引起了公害和所谓的"文明病"。

第四节　小城镇噪声污染与固体废弃物

一、小城镇噪声污染

噪声是发生体做无规则振动时发出的声音。通常所说的噪声污染是指人为造成的。产业革命以来,各种机械设备的创造和使用,给人类带来了繁荣和进步,但同时也产生了越来越多而且越来越强的噪声污染。

1. 小城镇噪声污染的来源与特点

从生理学观点来看,凡是干扰人们休息、学习和工作的声音,即不需要的声音,统称为噪声。当噪声对人及周围环境造成不良影响时,就形成噪声污染。随着近代工业的发展,环境污染也随着产生,噪声污染就是环境污染的一种,已经成为对人类的一大危害。

(1)小城镇噪声污染的来源。

1)交通噪声。包括机动车辆、船舶、地铁、火车、飞机等发出的噪声。由于机动车辆数目的迅速增加,使得交通噪声成为城市的主要噪声来源。

2)工业噪声。工厂的各种设备产生的噪声。工业噪声的声级一般较高,对工人及周围居民带来较大的影响。

3)建筑噪声。主要来源于建筑机械发出的噪声。建筑噪声的特点是强度较大,且多发生在人口密集地区,严重影响居民的休息与生活。

4)社会噪声。包括人们的社会活动和家用电器、音响设备发出的噪声。这些设备的噪声级虽然不高,但由于和人们的日常生活联系密切,使人们在休息时得不到安静,尤为让人烦恼,极易引起邻里纠纷。

5)家庭生活噪声污染。

（2）小城镇噪声污染的特点。噪声既然是一种公害，就具有公害的特性，同时它作为声音的一种，也具有声学特性。

1)噪声的公害特性。噪声属于感觉公害。首先，噪声没有污染物，即噪声在空中传播时并未给周围环境留下什么毒害性的物质；其次，噪声对环境的影响不积累、不持久，传播的距离也有限；噪声声源分散，而且一旦声源停止发声，噪声也就消失。因此，噪声不能集中处理，需用特殊的方法进行控制。

2)噪声的声学特性。简单地说，噪声就是声音，具有一切声学的特性和规律。但是噪声对环境的影响与其强弱有关，噪声愈强，影响愈大。衡量噪声强弱的物理量是噪声级。

2. 小城镇噪声污染的危害

噪声污染对人、动物、仪器仪表以及建筑物均构成危害，其危害程度主要取决于噪声的频率、强度及暴露时间。

（1）噪声对听力的损伤。噪声对人体最直接的危害是听力损伤。如果长年无防护地在较强的噪声环境中工作，在离开噪声环境后听觉敏感性的恢复就会延长，经数小时或十几小时，听力可以恢复。这种可以恢复听力的损失称为听觉疲劳。随着听觉疲劳的加重会造成听觉机能恢复不全。因此，预防噪声性耳聋首先要防止听觉疲劳的发生。一般情况下，85 dB 以下的噪声不至于危害听觉，而 85 dB 以上则可能发生危险。统计表明，长期工作在 90 dB 以上的噪声环境中，耳聋发病率明显增加。

（2）噪声能诱发多种疾病。因为噪声通过听觉器官作用于大脑中枢神经系统，以致影响到全身各个器官，故噪声除对人的听力造成损伤外，还会给人体其他系统带来危害。由于噪声的作用，会产生头痛、脑涨、耳鸣、失眠、全身疲乏无力以及记忆力减退等神经衰弱症状。长期在高噪声环境下工作的人与低噪声环境下的情况相比，高血压、动脉硬化和冠心病的发病率要高 2～3 倍。噪声也可导致消化系统功能紊乱，引起消化不良、食欲不振、恶心呕吐，使肠胃病和溃疡病发病率升高。此外，噪声对视觉器官、内分泌机能及胎儿的正常发育等方面也会产生一定影响。在高噪声中工作和生活的人们,一般健康水平逐年下降,对疾病的抵抗力减弱,会诱发一些疾病。

(3)对工作生活的干扰。噪声对人的睡眠影响极大,人即使在睡眠中,听觉也要承受噪声的刺激。噪声会导致多梦、易惊醒、睡眠质量下降等,会干扰人的谈话、工作和学习。噪声会分散人的注意力,导致反应迟钝,容易疲劳,工作效率下降,差错率上升。噪声还会掩蔽安全信号,如报警信号和车辆行驶信号等,以致造成事故。

(4)对动物的影响。噪声能对动物的听觉器官、视觉器官、内脏器官及中枢神经系统造成病理性变化。噪声对动物的行为有一定的影响,可使动物失去行为控制能力,出现烦躁不安、失去常态等现象,强噪声会引起动物死亡。鸟类在噪声中会出现羽毛脱落,影响产卵率等。

3. 小城镇噪声污染防治规划

小城镇的主要噪声规划控制指标为区域环境噪声和交通干线噪声。为避免噪声对小城镇居民的日常生活造成不利影响,在进行小城镇建设时应采取下列防治措施。

(1)加强交通噪声污染防治。全面落实《地面交通噪声污染防治技术政策》,噪声敏感建筑物集中区域的高架路、快速路、高速公路、城市轨道等道路两边应配套建设隔声屏障,严格实施禁鸣、限行、限速等措施。加快城市市区铁路道口平交改立交建设,逐步取消市区平面交叉道口。控制高铁在城市市区内运行的噪声污染。加强机场周边噪声污染防治工作,减少航空噪声扰民纠纷。

(2)强化施工噪声污染防治。严格执行《建筑施工场界环境噪声排放标准》(GB 12532—2011)查处施工噪声超过排放标准的行为。加强施工噪声排放申报管理,实施城市建筑施工环保公告制度。城市人民政府依法限定施工作业时间,严格限制在敏感区内夜间进行产生噪声污染的施工作业。实施城市夜间施工审批管理,推进噪声自动监测系统对建筑施工进行实时监督,鼓励使用低噪声施工设备和工艺。

(3)推进社会生活噪声污染防治。严格实施《社会生活环境噪声排放标准》(GB 22337—2008),禁止商业经营活动在室外使用音响器材招揽顾客。严格控制加工、维修、餐饮、娱乐、健身、超市及其他商业服务业噪声污染,有效治理冷却塔、电梯间、水泵房和空调器等配套服务设施造成的噪声污染,严格管理敏感区内的文体活动和室内娱乐活动。积极推行城市室内综合市场,取缔扰民的露天或马路市场。对室内装修进行严格管理,明确限制作业时间,严格控制在已竣工交付使用的居民住宅楼内进行产生噪声的装修作业。加强中高考等国家考试期间绿色护考工作,为考生创造良好的考试环境。

(4)深化工业企业噪声污染防治。贯彻执行《工业企业厂界环境噪声排放标准》(GB 12348—2008),查处工业企业噪声排放超标扰民的行为。加大敏感区内噪声排放超标污染源关停力度,各城市应每年关停、搬迁和治理一批噪声污染严重的企业。加强工业园区噪声污染防治,禁止高噪声污染项目入园区。开展乡村地区工业企业噪声污染防治。

二、小城镇固体废弃物污染

固体废弃物是指人类在生产建设、日常生活和其他活动中产生的,在一定时间和地点无法利用而被丢弃的污染环境的固体、半固体废弃物质。其中,包括从废气中分离出来的固体颗粒、垃圾、炉渣、废制品、破损器皿、残次品、动物尸体、变质食品、污泥、人畜粪便等。另外,废酸、废碱、废油、废有机溶剂等液态物质也被很多国家列入固体废物之列。

1. 小城镇固体废弃物的产生原因

小城镇中的人类活动、生物体新陈代谢和自然环境的演变,只要消耗物质资源,就会产生固体废弃物。就人类活动而言,社会化生产的生产、分配、交换、消费环节都会产生废弃物,产品生产的生产、流通、消费环节也都会产生固体废弃物,产品生命周期的产品的规划、设计、原材料采购、制造、包装、流通和消费等过程一样也会产生固体废弃物,土地使用的各功能区、住宅区、商业区、工业区、农业区、市政设施、文化娱乐区、户外空地等都会产生固体废弃物。人类活动产生固体废弃物的主要原因如下。

（1）人类认识能力限制，导致自然环境破坏，如水土流失、森林枯死等。

（2）规划水平、设计水平、制造水平、管理水平等限制，导致资源浪费，如机加工边角边料、不合格产品等。

（3）物质变化规律限制，导致物品、物质功能的演变，如甘蔗渣、炉渣、尾矿等生产过程的副产品、报废产品、腐变食物等。

（4）追求自利无限化、虚荣心等心理限制，导致资源浪费，如过度包装等。

2. 小城镇固体废弃物的分类与来源

小城镇固体废弃物的分类与来源，见表 3-4。

表 3-4　小城镇固体废弃物的分类与来源

土地使用功能区	废弃物来源	废弃物分类		废弃物组成
住宅区	各型住宅、公寓	生活垃圾	日常生活垃圾	厨余垃圾、包装废物、粪渣、灰烬、绿化垃圾、特殊废弃物
户外空地、水域	公路、街道、人行道、巷弄、公园、游戏游乐场、海滨		保洁垃圾	扫集物（枝叶、泥土、泥沙、动物尸骸、水浮莲）、绿化垃圾、特殊废弃物
商业区	商店、餐厅、市场、办公室、旅馆、印刷厂、修车厂、医院、机关		商业垃圾	餐厨垃圾、包装废物、动物尸骸、灰烬、建筑废弃物、绿化垃圾、特殊废弃物
水或污水处理厂	净水厂、污水厂		市政废物	污泥
工业区	建筑营造或拆毁、各类工业、矿厂、火力电厂		工业废弃物	建筑废弃物、废渣、废屑、废塑胶、废弃化学品、污泥、尾矿、包装废物、绿化垃圾、特殊废弃物
农业区	田野、农场、林场、禽畜牧殖场、牛奶场、牧场		农业废弃物	农资废弃物、农作物废弃物、粪渣、动物尸骸、绿化垃圾、特殊废弃物

续表

土地使用功能区	废弃物来源	废弃物分类	废弃物组成
农村地区	住宅区、农业区、户外空地、废污处理场、少数工业或商业	农村废弃物	以上全部
城市地区	住宅区、商业区、工业区、户外空地、废污处理厂、少数农业	城市废弃物	以上全部

3. 小城镇固体废弃物的危害

未经处理的小城镇固体废弃物简单露天堆放，不但占用土地，破坏景观，而且废物中的有害成分通过刮风进行空气传播，经过下雨侵入土壤和地下水源，污染河流，这个过程就是固体废弃物污染。

(1)污染水体。固体废物未经无害化处理随意堆放，将随天然降水或地表径流流入河流、湖泊，长期淤积，使水面缩小，其有害成分的危害更大。固体废物的有害成分能随溶沥水进入土壤，从而污染地下水，同时也可能随雨水渗入水网，流入水井、河流以至附近海域，被植物摄入，再通过食物链进入人体，影响人体健康。

(2)污染大气。固体废弃物中的干物质或轻物质随风飘扬，会对大气造成污染，一些有机固体废弃物长期堆放，在适宜的温度和湿度下会被微生物分解，同时释放出有害气体。

(3)污染土壤。土壤是许多细菌、真菌等微生物聚居的场所，这些微生物在土壤功能的体现中起着重要的作用。微生物与土壤本身构成了一个平衡的生态系统，而未经处理的有害固体废物，经过风化、雨淋、地表径流等作用，其有毒液体将渗入土壤，进而杀死土壤中的微生物，破坏了土壤中的生态平衡，污染严重的地方甚至寸草不生。

(4)侵占土地。不断增加的废物相当迅速，许多城市利用大片的城郊边缘的农田来堆放固体废弃物。从卫星拍回的地球照片上看，围绕着城市的大片白色垃圾十分明显。

4. 小城镇固体废弃物的整治规划

(1)一般工业固体废弃物的综合整治。一般工业废物包括金属、非金属,又有无机物和有机物等。对一般工业固体废物而言,整治规划措施主要包括减量化和综合利用。

1)减量化是防治固体废弃物污染的首要办法。主要有三种方式:一是选择清洁生产工艺以最大限度减少各类工业固体废物排放量;二是在企业内部,对各类工艺中产生的固体废物最大限度地回收和利用;三是通过合理的工业产业链,使一个企业的废渣成为另一个企业的原料,形成闭合循环,减少固体废物的排放。

2)综合利用是小城镇固体废物综合整治的重点。由于工业固体废物的成分复杂、生产量大、处理难,一般投资很大,而小城镇的经济实力一般不足以建设处理厂。对有条件综合利用的,要尽量综合利用;对目前没有条件综合利用的,要送到最近的无害化固体废物填埋中心存放,待条件成熟时再作为原料重新利用。

(2)危险废物的处理措施。危险废物的数量巨大、种类繁多、范围广泛、性质复杂,产生源遍及各领域和各方面。对危险废物的防治要遵循减量化、资源化、无害化原则,全过程监督管理的原则,集中处置原则,产生者处置原则,强制处置原则,禁止排放原则,达标处置原则,代为处置原则,综合污染控制原则。危险废物中有一大部分是可以综合利用的,对于不能进行综合利用的危险废物需要进行处置,即将危险废物用焚烧或其他改变危险废物的物理、化学、生物特性的方法,达到减少已产生危险废物的数量,缩小危险废物的体积,减少或者消除其危险成分的活动,或者将危险废物最终置于符合环境保护规定要求的场所、设施并不再回用的活动。小城镇常见的危险废物主要有废旧电池、废旧电器、化学废渣和废药品等,应当由市政部门专门设立的回收系统来集中收集。一些环境管理完善的国家或地区有特殊的汽车流动收集方式,也有一些与工业企业直接相连接的收集方式。

(3)医疗废物的处理措施。医疗废物是指医疗卫生机构在医疗、预防、保健以及其他相关活动中产生的具有直接或者间接感染性、毒性以及其他危害性的废物。由于小城镇具有人口少、医疗机构少、医疗废物产生量少等特点,自行建设医疗废物焚烧炉处置站从经济上不尽合理,因此,小城镇医疗废物无害化处理技术路线必须采取焚烧与其他无害化处置方法相结合的形式,即将必须进行焚烧处理的医疗废物,如病理性废物等,送往就近的医疗废物焚烧炉处理站进行焚烧处置,其余医疗废物采取其他的无害化处理方式,如采用"高温高压蒸汽消毒—粉碎—填埋"的处理方式。

(4)生活垃圾处理措施。

1)源头减量。通过管理部门实施严格的管理措施,如在区内禁止一次性物品及包装物的使用,或者对为区内供应一次性物品和包装物产品的生产厂家征收额外的费用,用于该部分垃圾的回收和处理,运用经济杠杆实现垃圾的源头减量。

2)回收利用。推行垃圾的分类收集和回收利用,是垃圾资源化的重要步骤和基础,也是垃圾管理的重要一环,分类收集的效果直接影响了后续管理手段的实施。

3)废物转换。废物转换主要是能量的回收和物质的转换,具体表现在垃圾处理方式上就是焚烧和堆肥。

4)卫生填埋。卫生填埋作为城镇生活垃圾的最终去向,仍然是近期内垃圾处理行业管理的重点,应予以积极巩固和完善。本着就近原则,小城镇的生活垃圾最终要送到附近的垃圾综合处理厂进行统一的处理。

(5)农业废弃物的利用。农业废弃物主要包括作物秸秆、畜禽粪尿、动物尸体及庭院废物。这些废物会污染地下水、空气、土壤,传播疾病,但同时还有很高的经济价值,进行合理的处理利用能变废为宝。农业废弃物的处理方法是分散收集,集中处理,经发酵后作有机肥料使用。另外,小城镇的有机垃圾还可获得生物气(如沼气),作为能源得到利用。

第四章　生态功能区划

　　区划即是将整体按照某种认识或管理上的需要分为若干部分。迄今为止人类对区划的认识经历了行政区划、自然区划、生态功能区划等阶段。

　　生态功能区划指的是根据区域生态环境要素、生态环境敏感性与生态服务功能空间分异规律，将区域划分成不同生态功能区的过程。生态功能区划是实施区域生态环境分区管理的基础和前提，是以正确认识区域生态环境特征、生态问题性质及产生的根源为基础，以保护和改善区域生态环境为目的。依据区域生态系统服务功能的不同，对生态敏感性的差异和人类活动影响程度，分别采取不同的对策。生态功能区划是研究和编制区域环境保护规划的重要内容。

第一节　国外与国内生态功能区划研究

　　随着全球和区域社会经济的发展和人类活动的加强，自然生态系统越来越多地受到人类的干扰，生态环境的恶化制约了社会的进一步发展。因此，当前需要解决的问题是：改善生态环境质量，使之与经济发展相适应，同时最大限度满足人类日益增长的对环境适宜度的需要，从而达到可持续发展。为了更好地解决这一问题，需要分析人和生态环境间的主次关系，区分不同区域的主要环境问题，生态区划和生态功能区划正是因此目的而产生的。

一、国外生态功能区划研究进展

　　19 世纪以前，区划指的是方便于人类管理的行政区划，19 世纪初期开始德国地理学家 A. von. Humboldt 首创了世界等温线图，并把气候与植被的分布有机地结合起来。与此同时，H. G. Hammerer 也提出了地表自然区划的观念以及在主要单元内部逐级划分的概念,并设想出四级地理单元,开创了现代自然区划的研究,区划进入自然区划的阶段。然而由于认识的局限性及对自然调查的不充分性,早期的区划主要停留在对自然界表面的认识上,还缺乏对其内在规律的认识和了解,区域划分的指标也只采用气候、地貌等单一的因素。

1898年,G. H. Merrian对美国的生命带和农作物带进行了详细的划分,这是首次以作物作为自然分区的依据,是生态区划的雏形。1899年,俄国地理学家V. V. Dokuchaev由自然地带(或称景观地带)的概念发展了生态区的概念。1905年,英国生态学家Herberteon对全球各主要区域单元进行了区划和介绍,并指出进行全球生态区划的必要性,随后许多生态学家和地学家也开始投入到生态区划的研究工作之中,生态区划的重要性越来越受到关注。1935年,英国生态学家A. G. Tansley提出了生态系统的概念,指出生态系统是多种环境因子综合作用的结果,在此基础上,人们对生态系统的形成、演化、结构和功能及各影响因子进行了大量的研究,全面展开以植被为主体的自然生态区划方面的研究工作,并以气候(主要是水热因子)作为影响生态系统(植被)分布的主导因子,确立了一系列划分自然生态系统(植被)的气候指标体系。

1976年,R. Bailey首次提出了生态区化方案,为了在不同尺度上管理森林、牧场和土地,从生态系统的观点提出了美国生态区域的等级系统。认为区划是按照其空间关系来组合自然单元的过程,并编制了美国生态区域图,按地域、区、省和地段4个等级进行划分,这才是真正意义上的生态区划方案。R. Bailey的观点引起了各国生态学家对生态区划的原则、依据、区划指标、等级和方法等的研究和讨论。但是这些区划工作主要是从自然生态因素出发,忽略了人类活动对自然生态系统的影响。

近年来,由于人口的急剧膨胀和人类经济活动的加剧,生态环境恶化问题凸显,各国生态学家认识到以前各种自然区划的局限性,开始关注人类活动在资源开发和环境保护中的作用和地位,并把这一问题与生态区划紧密地联系在一起。同时,随着人们对全球及区域性生态系统类型及其生态过程认识的深入，生态学家开始了广泛应用生态区划与生态制图的方法和成果，阐明生态系统对全球变化的响应，分析区域生态环境问题形成的原因和机制，并进一步对生态环境进行综合评价，为区域资源的开发利用、生物多样性的保护以及可持续发展战略的制定等提供科学的理论依据，生态区划和生态制图从而成为宏观生态学研究的热点。

二、国内研究现状与进展

我国的自然区划工作虽然起步较晚，但也进行了大量的研究工作，并取得了丰硕的成果。

1. 起步阶段

1931 年，我国著名的气象学家竺可桢发表的《中国气候区域论》标志着我国现代自然区划的开始。

20 世纪 40 年代初，我国地理学家黄秉维首次对我国的植被进行区划。20 世纪五六十年代，我国自然科学工作者在对自然资源进行全面调查的基础上提出了一系列符合中国自然地域特点的区划原则和区划指标，各省区也分别完成了各自的自然区划。随后，在全国范围内，针对我国的经济特点，区划的目的越来越趋于实用，并主要针对农、林、牧、副、渔业的发展，提出了一系列的全国农业区划方案。

1954 年，为了综合性大学地理教学的需要，地理学家林超带领众多相关研究人员拟定了全国的综合自然地理区划，并于 1956 年拟定《中国自然地理区划（草案）》。随着国家建设事业的迅速发展，部署农林牧生产和建设必须因地制宜而不违反自然规律，要求自然区划有资料参考。

1956 年，中国科学院成立自然区划工作委员会，开展了较大规模的自然区划工作。在地貌、气候、水文、潜水、土壤、植被、动物和昆虫 8 个部门自然区划的基础上，由黄秉维主编完成了《中国综合自然区划（初稿）》。这是我国最详尽、最系统的全国自然区划专著，一直是农、林、牧、水、交通运输及国防等有关部门查询、应用和研究的重要依据，在全国影响巨大，有力地促进了全国及地方自然区划工作的深入开展。

1961年,中国科学院院士任美锷针对区划指标是否统一,对指标数量分析如何评价、区划等级单位的拟定和各级自然区域命名等问题提出了与黄秉维方案不同的见解。

1963年,侯学煜等自然生态学家提出了以发展农、林、牧、副、渔为目的的自然区划,该方案目的明确,偏重实用,但在热量带线划分等方面引起许多争议。

2. 发展阶段

20世纪80年代初期,我国自然工作者开始在区划中引进生态系统的观点,应用生态学的原理和方法,对生态区划进行一般性的讨论,并把它们应用到区域农业的经营管理中,进行区域性的农业生态区划工作。

1983年,地理学家赵松桥为《中国自然地理总论》一书区域部分的框架设计了一个新方案,并指出最低级区划单位应与土地类型组合,并互相衔接。

1984年,为满足当时规划和指导农业生产的需要,地理学家席承藩等完成的《中国自然区划概要》,重点对自然区的自然特点、农业现状、生产潜力和发展方向等做了讨论。

1988年,生态学家侯学煜出版了《中国自然生态区划与大农业发展战略》一书,该书对自然生态区划的原则和依据进行了详细的论述,他先依据温度的差异将我国划分为6个温度带,而后根据生态系统的差异将我国划分为22个生态区,并依据各生态区自然资源的特点及对生态系统的理解,提出了区域内大农业的发展方向。

1992年,由任美锷等主编的《中国自然区域及开发整治》专著也专门论述了自然区的划分原则、方法与区划方案,并按自然区划阐明资源利用与环境整治问题。

3. 完善阶段

20世纪90年代以后,各单项区划和综合自然区划方案日益趋于完善,但这些区划主要是依据客观自然地理分异规律,按区内相似性和区际的差异性所进行的自然区划。所采用的分区方法大多是经验方法,如聚类分析、判别分析等。

生物多样性保护学科首席专家徐海根等首次提出了适合农村环境质量区划的分区方法,即首先以主成分分析法分析农村环境问题,找出反映农村环境质量问题的主导方面及主要指标;然后以多种聚类分析法求得聚类谱系图,取得一个初始分区系统;最后用判别分析法判别该初始分区系统中各区域单元的类型归属是否正确,对一些不恰当的类型归属做适当调整,最终得到农村环境质量分区系统。

虽然我国在生态区划方面的研究取得了相当大的进展,但目前的区划方案还存在不足之处,即忽略了对生态功能、生态重要性、脆弱性和敏感性指标的研究,从而使得区域生态环境整治缺乏针对性,因此,在全国范围内运用现代生态学理论与环境科学原理,充分考虑生态系统的生态服务功能、生态系统类型的结构与过程、生态系统的退化程度、生态功能的重要性、生态敏感性、生态脆弱性等的生态功能区划显得日益重要和急迫。而迄今为止大量的区划工作也为此提供了丰富而翔实的资料和基础。

第二节 生态功能区划理论基础

对小城镇进行生态功能区划是一项专业性很强的工作,也是一项综合性很强的科学活动。区划的工作对象是复杂的小城镇环境客体,而成果的表达却要求简单明了,界线分明。为了确切地表达环境结构与功能的区域层次、地域分异,而且能够客观地反映出环境本质特征,一定要有坚实的科学理论作为区划分析的理论基础。

一、生态系统服务功能

1. 概念

(1)生态系统服务功能。生态系统服务功能是指生态系统与生态过程所形成和维持的人类赖以生存的自然环境条件与效用。它不仅为人类提供食品、医药及其他生产生活原料,而且创造并维持地球生命保障系统,形成人类生存所必需的环境条件。

(2)生态功能区。生态功能区是生态系统服务功能的载体,也是由自然生态系统、社会经济系统构成,分层次、分功能,具有复杂结构、复杂生态过程的生态综合体。

2. 生态系统服务功能的内容

生态系统的服务功能受本国社会、经济发展水平的影响很大,但总体上体现了以生态系统的可持续性为原则,反映了生态环境系统的容纳力。

根据人类对生态系统服务功能的需求,可将生态系统的服务功能分为 4 个层次,按照重要性程度依次递减顺序如下排列。

(1)生态系统的生产性功能。包括生态系统的产品及生物多样性的维持。

(2)生态系统的基本功能。包括传粉、传播种子、生物防治、土壤形成等。

(3)生态系统的环境服务功能。包括减缓干旱和洪涝灾害、调节气候、净化空气、处理废物等。

(4)生态系统的文化支持功能。包括休闲、娱乐,文化、艺术素养、生态美学等。

3. 生态系统服务功能价值评估

随着生态经济学、环境和自然资源经济学的发展,生态学家和经济学家在评价生态系统服务的变动方面做了大量研究工作,生态环境评价已经成为当今生态经济学和环境经济学教科书中的一个标准组成部分。

目前,生态系统服务功能价值评价的主要方法见表 4-1。

表 4-1　生态系统服务功能主要价值评价方法

类型	具体评价方法	方法特点
市场价值法	生产要素价格不变	将生态系统作为生产中的一个要素,其变化影响产量和预期收益的变化
	生产要素价格变化	
替代市场价值法	机会成本法	以其他利用方案中的最大经济效益作为该选择的机会成本
	影子价格法	以市场上相同产品的价格进行估算

续表

类型	具体评价方法	方法特点
替代市场 价值法	影子工程法	以替代工程建造费用进行估算
	防护费用法	以消除或减少该问题而承担的费用进行估算
	恢复费用法	以恢复原有状况需承担的治理费用进行估算
	资产价值法	以生态环境变化对产品或生产要素价格的影响来进行估算
	旅行费用法（TCM）	以游客旅行费用、时间成本及消费者剩余进行估算
假想市场 价值法	条件价值法（CVM）	以直接调查得到的消费者支付意愿（WTP）或 WTA 来进行价值计量

4. 开展生态系统服务功能价值评估的意义

（1）有助于提高人们的环境意识。对生态系统服务功能进行价值评估能够有效地帮助人们定量地了解生态系统服务的价值，从而提高人们对生态系统服务的认识程度，提高人们的环境意识。

（2）促使商品观念的转变。商品的价值，除了原有的传统的商品价值意义之外，还应包括生态系统服务中没有进入市场的价值。这样，生态系统服务价值研究就打破了传统的商品价值观念，为自然资源和生态环境的保护找到了合理的资金来源，具有重要的现实意义。

（3）促进环境纳入国民经济核算体系。现行的国民经济核算体系以国民生产总值（GNP）或国内生产总值（GDP）作为主要指标，它只重视经济产值及其增长速度的核算，而忽视了国民经济赖以发展的生态资源基础和环境条件的核算。现行的国民经济核算体系只体现生态系统为人类提供的直接产品的价值，而未能体现其作为生命保障系统的间接价值。研究表明，生态系统的直接价值远远低于其间接价值。因此，生态系统服务功能的评价为完善国民经济核算体系提供了一条有效途径。

（4）促进环保措施的科学评价。以往对环保措施的费用效益分析，大多不考虑生态系统为人类提供的生命保障系统功能价值的损失和增值，导致其结果不完全。生态系统服务功能价值评价研究可以让人们了解生态系统给人类提供的全部价值,促进环保措施的合理评价。

(5)为生态功能区划和生态建设规划奠定基础。通过区域生态系统服务的定量研究,能够确切地找出区域内各生态系统的重要性,发现区域内生态系统敏感性空间分布特征,确定优先保护生态系统和优先保护区,为生态功能区的划分和生态建设规划提供科学的依据。

二、景观生态类型的划分

景观生态是以天空为顶,地表为底,在一定范围内的户外空间及其所包含的有机无机,有形无形因子及其之间的互动关系所产生的自然效应组合。

景观生态学是研究在一个相当大的区域内,由许多不同生态系统所组成的整体(即景观)的空间结构、相互作用、协调功能及动态变化的一门生态学新分支。景观生态学为生态学带来新的思想和新的研究方法。

1. 景观生态类型图

景观生态类型图是景观生态特征的一种直观表示法,就是将组成景观的诸要素(斑块)的空间分布规律、特征和成因形象地表示出来,用来反映景观生态系统的类型、结构、分布等生态学特征。

近年来,为评价土地利用、城镇规划、生态环境变化等多种目的服务的景观生态类型分类在世界许多国家应运而生,并且获得空前发展。但我国还处在景观生态类型分类方法的研究阶段,编制景观生态类型图的工作也是刚刚起步。由于研究的内容和服务目的的不同,景观生态分类系统针对具体对象也出现了不同程度的变化。但无论景观生态分类系统存在的差异如何,其共同点都是按自然要素进行分类,很少将人类干扰作为影响景观变异的一个重要因素来考虑。

2. 景观生态分类的目的

景观生态分类目的体现在以下两个方面。

(1)界定具有模糊和过渡性特点的单元空间范围及边界,确定单元的层次等级水平,通过类型归并最终达到分类的目的。

(2)通过景观生态分类系统的建立,全面反映一定区域景观的空间分异和组织关联,揭示其空间结构(景观内部格局)与生态功能特征。

3. 景观生态分类的依据与原则

景观生态分类的依据主要包括:遥感信息、地面调查及其他相关图件。

景观生态分类的原则包括以下几项。

(1)综合性原则:空间形态、异质组合、发生过程、生态功能的综合考虑。

(2)主导因子原则:如地貌形态、植被覆盖。

(3)实用性原则:根据研究目的进行分类。

(4)等级性原则:分类层次的体现。

(5)其他原则:如发生上有密切联系、功能上相互关联、空间上相互邻接等。

4. 景观生态类型分类

(1)一级分类:主要考虑大类自然生态系统以及人为活动对景观的影响而形成的大类生态系统。为便于研究以及结果的对比分析,将区域景观划分为森林景观、草原景观、荒漠景观、水体及湿地景观、农业景观、人工建筑景观6类一级景观。

(2)二级分类:主要是根据景观基质进行划分,基质是景观生态类型图的制图单元,是景观中具有连续性的部分,往往形成景观的背景,控制景观中的能流、物流,在很大程度上决定景观的性质。通过二级分类,在一级景观中划分出26类二级景观。

1)在森林景观中,二级景观有针叶林景观、阔叶林景观、针阔混交林景观、疏林景观、灌木林景观。

2)在草原景观中,有典型草原景观、荒漠草原景观、草甸景观。

3)在荒漠及裸露土地景观中,有沙地景观、裸土地景观、裸岩石砾地景观、戈壁、其他裸露土地景观。

4)在水体湿地景观中,有河流型湿地景观、湖泊型湿地景观、沼泽型湿地景观和冰川及永久积雪地景观。

5)在农业景观中,有旱作农田景观、水浇地景观、水田景观和撂荒地景观。

6)在人工建筑景观中,有城镇景观、农村居民点景观和工业交通用地景观。

(3)三级分类:根据景观服务功能的类型、服务功能的强弱及受人类干扰的程度或退化程度等要素,或者按这些要素的组合进行分类。这些要素相互影响和作用,构成了景观生态系统最基本的空间单元。三级景观划分强调了景观功能和退化这两个要素。如在林地景观中,除了根据林地树木的类型划分出针叶林、阔叶林和针阔混交林外,还划分出人工林和自然林景观等多种反映景观服务功能强弱和受人类干扰程度的三级景观类型。三级景观是景观生态类型图最基本的制图单元。

三、生态适宜度

生态适宜度是指在规划区确定的土地利用方式对生态因素的影响程度,是土地开发利用适宜程度的依据。

对小城镇用地进行生态适宜度评价的目的在于寻求小城镇最佳土地利用方式,使其各种用地符合生态要求,合理地利用环境容量,以最小的环境费用创造一个清洁、舒适、安静、优美的环境。

第三节　小城镇生态功能区划操作

生态功能区划是生态服务功能的合理区域划分。生态功能区划是生态规划的基础,是依据生态系统结构及其服务功能划分的不同类型单元。

生态功能区划通过运用生态学理论、方法,基于资源、环境特征的空间分异规律及区位优势,寻求资源现状与经济发展的匹配关系,确定与自然和谐、资源潜力相适应的资源开发方式与社会经济发展的途径,有利生态系统维护和可持续发展。

一、小城镇生态功能区划的指导思想和目标

1. 小城镇生态功能区划的指导思想

小城镇生态功能区划以《全国生态环境保护纲要》为指导思想和

基本原则,即通过生态环境的保护,遏制生态环境破坏,减轻自然灾害的危害,科学合理地利用自然资源,促进生态系统的良性循环,把生态环境保护和建设与小城镇经济发展相结合,统一规划,实施可持续发展战略,保障社会经济发展,为环境管理和重要生态功能区提供保护服务。

2. 小城镇生态功能区划的目标

小城镇生态功能区划的目标是明确小城镇主要生态系统类型的结构与过程及其空间分布特征,评价不同生态系统类型的生态服务功能及其对小城镇社会经济发展的作用,明确小城镇生态环境敏感性及其分布特点,结合区域的社会、经济现状及发展趋势,提出生态功能区划及其综合发展潜力、资源利用的优劣势和科学合理的开发利用方向以及生态建设方向和途径,为小城镇的经济发展、环境保护政策和环境规划目标的制定以及强化环境管理提供科学依据。

二、生态功能区划的依据

为保障区划的成果与工作区现状及未来自然环境状况和社会经济条件相吻合,并充分利用已有的工作成果,区划应依据以下三方面进行。

1. 工作区自然环境的客观属性

占据地表一定空间范围的自然综合体的各项自然属性即是进行生态功能区划的首要依据。自然环境的客观属性是由地貌、气候、水文、土壤以及动植物群落等构成的,其属性特征主要通过表 4-2 的环境要素特征得到反映。

表 4-2　自然环境客观属性的要素特征

序号	项目	内　　容
1	地貌类型	工作区的地貌特征及空间分异
2	土壤类型	工作区的土壤属性特征及空间分布
3	气候条件	工作区的气候特点及区内分异
4	水文特征	工作区的流域分布和水文特征
5	动植物资源	工作区的动植物资源特征及空间分布规律

2. 社会经济特征及发展要求

生态功能区划的制定应充分重视当地社会经济状况及其发展需求，这是区划科学性、合理性的体现。社会经济特征及需求的要素特征，见表 4-3。

表 4-3　社会经济特征及需求的要素特征

序号	项目	内　　容
1	交通区位	工作区所处的地理区位及其在背景区域中的战略地位
2	土地利用	工作区现状土地资源利用的结构及空间分异
3	经济发展水平	工作区现状经济发展水平及地区差异
4	人口结构	工作区人口、劳动力组成与地区差异
5	产业特征	工作区产业结构、空间分布及调整走向等特征

3. 相关规划或区域

各地方已有的相关规划都是在多年调查和统计的第一手资料基础上获得的，比较符合当地社会经济发展需求和自然环境的客观要求，应作为新的生态功能区划的基本依据。

（1）已有的相关区划主要包括《行政区划》《综合自然资源区划》《综合农业区划》《植被区划》《土壤区划》《地貌区划》《气候区划》《水资源和水环境区划》等。

（2）已有的相关规划主要包括《城镇总体发展规划》《城镇土地利用规划》《自然保护区建设规划》《交通道路规划》《绿地系统规划》等。

（3）还应参考其他已有的国家及地方有关调查资料、规划、标准和技术规范等，如《环境空气质量标准》《地表水环境质量标准》《城市区域环境噪声标准》《城市区域环境噪声适用区划分技术范围》及区域地质调查资料等。

注：上述规划或区划成果有些相互包含，如《城镇总体发展规划》包含《交通道路规划》《绿地系统规划》，《综合自然资源区划》包含《地貌区划》《气候区划》等。另外，有些地区并不一定具有上述所有成果资料，可依具体情况选择确定。

三、生态功能区划的基本原则

生态功能区划着重于区分生态系统或区域为人类社会的服务功能，以满足人类需求的有效性为区划标志。生态功能区划遵循以下原则。

1. 可持续发展原则

生态功能区划应考虑城镇远期发展与生态潜在功能的开发，统筹兼顾、综合部署，增强社会经济发展的生态环境支撑力，促进地区可持续发展。地方经济的发展是实现生态保护目标的根本保证，为此，功能分区应充分体现地方社会经济发展的需求，考虑到小城镇的长远规划及潜在功能的开发，同时注意它的环境承载力，尽量提高生态环境功能级别，使其环境质量不断得到改善。在区划中，要给城镇发展、经济建设留有足够的土地和空间，并保证充分利用交通条件、物质条件等。另外，在区划中应合理利用资源和环境容量，避免由于工业布局不合理使污染源分布不均，致使有限的环境容量一方面在某地区处于超负荷状态；另一方面在其他地区又得不到合理利用而造成环境危害。

2. 以人为本、与自然和谐的原则

生态功能区划应把人居环境和自然生态保护放在首要位置，坚持以人为本、与自然和谐的原则。在生态功能区划中既要避免各类经济活动对居民造成的不良影响，以及工业、生活污染对居民身体健康的威胁，同时也要保证工业区、商业区与居住区的适当联系以及居民娱乐、休闲等生活需求。

3. 突出主导功能与兼顾其他功能结合的原则

自然资源的多样性和自然环境的复杂性，使不同区域具有不同功能，甚至同一区域具有几种不同的生态服务功能，为此，生态功能的区划应遵循突出主导功能与兼顾其他功能相结合的原则。根据景观生态学异质共生原理，异质是共生的必要条件，异质性是生态系统进化的基础和发展的动力，反映在生态功能上，就是要多种功能并存。在

大的生态功能区内,其主体功能应该是明确的,各个生态小区的生态功能,应该服从于主体功能,但不是盲目求同。

4. 功能合理组合与功能类型划分相结合的原则

在将功能合理地段组合成为完整区域的同时,结合考虑生态服务功能类型,既照顾不同地段的差异性,又兼顾各地段间的连接性和相对一致性。

5. 生态功能相似性和环境容量的原则

生态功能区划应考虑生态功能相似性原则,同时也应考虑环境容量的原则,避免因盲目的资源开发而造成生态环境的破坏。

6. 坚持科学性与灵活性相结合的原则

在生态功能区划中,必须以科学的态度严格按照区划方法来进行,并且对不同性质的区划问题采用相应的解决方法和手段。这样才能为生态功能分区及其环境目标的确定等后序工作提供可靠的依据,从而更好地开展经济和环境保护工作。

7. 保持各分区的基本连片和与行政单元的一致性的原则

各分区在基本满足生态环境特点、功能及开发利用方式上具有相对一致性的条件下,保持相对的集中和空间连片,既有利于分区整体功能的挥发,也便于城镇体系进一步宏观建设和产业布局的规划、调整与管理。另外,还要考虑到行政区域对环境区划的影响,尽量减少与行政区域的冲突或出入,这样有利于区内经济发展方向、产业合理布局、环境管理和环境保护对策实施等方面的统筹规划和统一领导。

8. 区划指标选择应强调可操作性的原则

区划的指标应具有简明、准确、通俗的特性,应在同类型地区中寻求具有可比意义并具有普遍代表性的指标。同时应尽量采用国家统计部门规定的数据,以利于今后加强信息交流和扩大应用领域。

9. 生态功能的相似性和生态环境的差异性原则

景观区域的划分必须反映出不同区域生态功能的差异性,并保证各分区单元的生态环境条件的一致性,从而有助于针对具体情况因地制宜地开展环境管理工作；同时，生态功能区划应该考虑土地利用的现状。

10. 应用于管理、便于管理的原则

生态区域的划分和生态环境保护的规划，归根结底是为生态保护与环境管理服务的，所以在确定生态功能区划时，除了要考虑生态系统的特点外，同时要考虑与现行的行政区划、社会经济属性相关联，确定功能区划边界时要尽量与行政区划界线接轨，以便于环境保护和管理。

11. 遵循区划的一般原则

区划单位是一个有机整体，有明显特点和明确边界，具有不重复性。不同层次的区划单元相互构成统一的环境系统。

四、生态功能区评价因子

1. 生态系统服务功能因子

（1）生物多样性维持功能评价因子。小城镇典型生态系统的生物多样性维持功能评价主要从景观生态分析入手，对区域生态系统多样性和物种多样性保护的重要性做出评价。植被指数是表示植物生长状况及植被空间分布密度的最佳指示因子，与植物分布密度呈正相关，植被指数越高，区域的生物多样性越好。

（2）水源涵养功能重要性评价因子。区域生态系统水源涵养的生态重要性，在于整个区域对评价地区水资源的依赖程度及洪水调节作用。

（3）社会服务功能重要性评价因子。好的生态系统可提供好的生态服务功能，如调节气候、净化空气等。

2. 生态环境敏感性因子

（1）土壤侵蚀敏感性因子。土壤侵蚀敏感性评价是为了识别容易形成土壤侵蚀的区域，评价土壤侵蚀对人类活动的敏感程度。可以运用通用土壤侵蚀方程进行评价，包括降水侵蚀力（R）、土壤质地因子（K）和坡度坡向因子（Ls）与地表覆盖因子（C）四个方面的因素。

（2）土壤盐渍化敏感因子。土地盐渍化敏感性是指旱地灌溉土壤发生盐渍化的可能性。可根据地下水位来划分敏感区域，再采用蒸发量、降雨量、地下水矿化度与地形等因素划分敏感性等级。

（3）生境敏感性因子。根据生境物种丰富度，即根据地区与省级保护对象的数量来评价生境敏感性。

3. 地形地貌因子

地形地貌因子是各种自然景观存在的自然基础，决定了人类对土地利用的方式和生态系统的地理过程，同时决定了不同生态系统的分布，对小城镇区域生态功能区划产生巨大的影响。

4. 社会经济因子

生态功能区划要求在满足生态系统稳定发展的基本条件下，最大限度地促进社会经济发展。

5. 土地利用现状因子

土地利用现状是自然生态系统和人类活动相互作用的最直接的体现，因而也是生态功能区划评价的重要因子。

五、小城镇生态功能区划方法

区划是一项综合性的研究工作。通常采用"过程分析法"，将调查、收集与实测的各种文字资料和统计资料进行整理，按区划不同等级采用的分区指标找出生态功能区的主要差异，运用定性和定量的方法进行区划。

小城镇生态功能区划分区系统分两个等级。首先，从宏观自然地理特点，并以典型生态系统服务功能及服务功能重要性划分小城镇生态功能区；然后根据生态环境敏感性、生态适宜度、土地利用现状等划分小城镇生态功能亚区，亚区中主要分禁止开发区、限制开发区、远景开发区和建设开发区。

1. 定性区划方法

（1）地图重叠法。在地理信息系统（GIS）支撑下，将各种不同专题地图的内容叠加生成新的数据平面，完成生态功能的定性区划。

（2）专家咨询方法。专家咨询法的步骤如下。

1）准备人口密度图、土地利用现状图、资源消耗分配图、环境质量评价图等各类工作底图。

2）以管理、科研和规划部门为主进行初步划分。

3）将初步结果进行图形叠加，确认基本相同部分，对差异部分进行讨论。

4）进行再一轮划分，直至结果基本一致。

（3）生态因子组合法。生态因子组合法分为层次和非层次组合法。

1）层次组合法。先用一组组合因子判断土地适宜度等级，然后，将这组因子作为一个单独的新因子与其他因子组合判断土地适宜度。

2）非层次组合法。将所有因子组合判断土地的适宜度等级。

无论是层次组合法还是非层次组合法，其关键在于建立一套较完整的组合因子判断准则。

2. 定量区划方法

（1）多目标数模系统分析法。小城镇生态功能区划涉及指标体系繁多，一般采取一组环境质量约束条件下，求多目标函数优化得一组区划变量的满意解，同时通过计算机数字模型，对相对独立、不同主导层次、众多指标构成的复杂系统进行分析，最后做出评价和区划。

（2）多元统计分析法。在定性分区的基础上，采用多元统计分析中的主成分分析、聚类分析和多元逐步进行分析求解。

（3）灰色系统分析法。采用灰色控制系统分析法对某一区域进行分析，将随机数据处理为有序的生成数据，然后通过建立灰色模型，并将运算结果还原得到预测值。

六、小城镇生态功能区划程序和内容

1. 小城镇生态功能区划程序

小城镇生态功能区划的工作程序如图 4-1 所示。

（1）要进行区域的自然环境和社会环境现状调查，应选取并确定能反映区域自然环境及社会经济特征的指标体系。

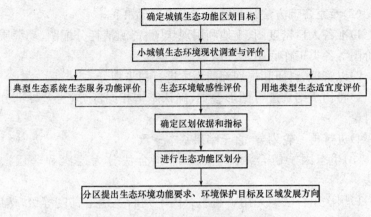

图 4-1　小城镇生态功能区划的一般程序

(2)利用能反映区域自然环境及社会经济特征的指标,分析、评价区域自然环境和社会经济的主要特点及存在问题。

(3)在上述(1)、(2)的基础上进行生态功能区的划分,并指出各分区的生态环境功能的要求和发展方向。

2. 小城镇生态功能区划内容

(1)小城镇生态环境状况调查与评价内容,见表 4-4。

表 4-4　小城镇生态环境状况调查与评价内容

序号	项　目		内　容
1	生态环境现状调查	自然环境要素	地质、地形、地貌、气候资源、水资源、土壤、动植物资源、土壤等
		社会经济条件	人口、经济发展、主导产业、产业布局等
		人类活动及其影响	土地利用现状、城镇分布、污染物排放、环境质量现状等
		生态功能状况调查	如区域自然植被的净生产力,生物量和单位面积物种数量,生物组分的空间分布及其在区域空间的移动状况,土壤的理化组成和生产能力(包括土壤内有效水分的数量和运行规律),尤其是绿色植被的异质性状况及其对项目拟建区的支撑力等

续表

序号	项　目		内　容
1	生态环境现状调查	社会结构情况	如人口密度、人均资源拥有量、人口年龄构成、人口发展状况、生活水平的历史和现状、科技和文化水平的历史和现状、生产方式等
		经济结构与经济增长方式	产业结构的历史、现状及发展,自然资源的利用方式和强度等
2	生态环境现状评价要求		生态环境现状评价是在小城镇生态环境调查的基础上,针对小城镇区域范围内的生态环境特点,分析区域生态环境特征与空间分异规律,评价主要生态环境问题的现状与趋势。小城镇生态环境现状评价必须明确区域主要生态环境问题及其成因,分析该地区生态环境的历史变迁、突出地区的重点环境问题
3	生态环境现状评价涉及的内容		生态环境现状评价要针对目前主要生态环境问题的形成和演变过程,评价内容主要有土壤侵蚀、沙漠化、盐渍化、石漠化、水资源和水环境、植被与森林资源、生物多样性、大气环境状况和酸雨问题、与生态环境保护有关的自然灾害,如泥石流、沙尘暴、洪水等以及其他环境问题,如土壤污染、农业面源污染和非工业点源污染等
4	生态环境现状评价方法		生态环境现状分析可以应用定性与定量相结合的方法进行。在评价中大量利用遥感数据、地理信息系统技术等先进的方法与技术手段

(2)典型生态系统生态服务功能评价。生态服务功能评价应根据评价区生态系统服务功能的重要性,分析生态服务功能的区域分异规律,明确生态系统服务功能的重要区域,生态服务功能重要性共分为极重要、中等重要、较重要、不重要 4 个等级。评价的内容主要包括生态系统生物多样性保护服务功能、生态系统水源涵养和水文调蓄功能、生态系统土壤保持功能、生态系统土壤沙化控制服务功能、生态系统营养物质保持服务功能等。

(3)生态环境敏感性评价。生态环境敏感性评价包括主要生态环境问题的形成机制,分析生态环境敏感性的区域分异规律,其目的是明确小城镇区域内可能发生的主要生态环境问题类型与可能性大小及特定生态环境问题可能发生的地区范围与可能程度。敏感性评价首先针对特定生态环境问题进行评价,然后对多种生态环境问题的敏感性进行综合分析,明确区域生态环境敏感性的分布特征。

小城镇生态环境敏感性评价主要针对土壤侵蚀敏感性、土壤沙化敏感性、土壤盐渍化敏感性、生物生境敏感性等内容进行评价。生态环境的敏感性等级一般分为 5 级,即极敏感、高度敏感、中度敏感、轻度敏感和不敏感,可按实际需要和敏感程度适当增减。评价方法可借鉴由中国科学院生态环境研究中心制定的《生态功能区划暂行规程》上的方法。

(4)生态适宜度评价。生态适宜度评价是在敏感性评价的基础上,结合人为活动的强度和对生态环境造成的压力,以及城镇发展需求进行的综合性分析过程,主要是评价生态环境因素制约下的产业类型、土地利用的适宜程度,重点考虑城镇建设用地的适宜性。可采用生态因子组合法、地图重叠法进行分析。

(5)确定生态环境指标体系。根据区划的目的和要求来分析系统的层次结构、组成部分及其因子的内在联系,按照区划原则采取定性判别和定量分析相结合的方法进行因子筛选,得出因子即为区划指标。

(6)生态功能分区。根据不同地区的自然条件按相应的指标体系进行城镇生态系统的不同服务功能分区及敏感性分区,如生物多样性保护区、水源涵养区、农业生产区、城市建设等功能区。然后针对不同功能下的生态环境敏感性以及不同的工农业生产需求、土地利用规划,结合不同区域环境污染、行政管辖范围等社会经济及环境条件,将各功能大区再根据需要细分为不同的生态适宜区。

(7)分区生态环境要求及发展方向。科学指出各功能区内各类资源开发"禁区",加大对水、农业、矿产资源、林草资源、旅游资源、湿地等重点资源及城镇道路设施建设的生态环境监管工作力度,以避免因开发建设不当造成重大生态破坏问题。明确不同生态功能区资源开发利用方式和生产力布局,制定各分区的生态保护目标和环境保护措施。

第五章　小城镇生态环境系统分析与评价

第一节　小城镇生态环境系统分析

一、小城镇生态环境系统分析流程

小城镇生态环境规划,需要与之相应的调查、分析评价和优化的程序,以便在实践中应用。结合景观生态学的理论和方法,建立的小城镇生态环境系统分析程序是:调查—分析—规划。系统分析流程可以分为识别、诊断、优化和管理四大阶段,如图 5-1 所示。

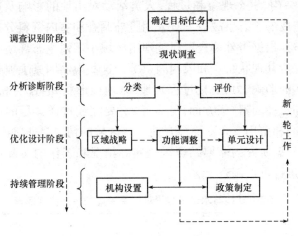

图 5-1　系统分析流程

1. 调查识别阶段

调查识别阶段的主要工作是确定目标任务及其空间范围(研究区范围)和调查收集研究区内自然社会要素等基础资料和相关资料,旨在获取区域的背景知识,为进一步进行小城镇生态环境分析和优化做好基础信息的准备。小城镇生态环境规划需调查的资料内容见表 5-1。

表 5-1　小城镇生态环境规划需调查的资料内容

序号	项目	内　　容
1	自然环境方面	自然环境方面的资料包括地质、地形、土壤、气候(包括小气候在内)、灾害、水文情况等,观察自然灾害及其对人类的影响,尤其是对小城镇生态环境的影响情况
2	人文社会方面	人文社会方面的资料包括人口情况、村镇分布,文化遗迹、建筑物及民居情况、小城镇生态环境现状等状况,重在调查人类对已有土地开发的情况
3	特殊地块	特殊地块的资料包括可供观赏的景色(如水域)、怡人的视觉景象及其特色,或是一片生态意义突出的林地等

调查识别阶段的工作重点在于调查和评价非生物和生物组分、现代景观的结构、生态现象和过程、人类活动对土地的影响及造成的后果,人类造成的生态事故等。宜采用野外调查和室内资料分析相结合的方法进行,根据野外调查资料整理出区域小城镇生态环境相关情况的清单,评价其现状特点和限制因素等。这些限制因素主要包括自然地理(自然的形式、力、变化过程)、地形(地面形状和特征)和文化(社会、政治和经济因素)三方面,见表 5-2。要完成这样详尽的调查需要大量的时间和费用。全面而综合地了解区域的情况是非常困难的,因而常常是根据研究的需要结合区域实际情况和工作的实际情况对表中的内容进行重点调查。

表 5-2　陆地与水域规划设计时需考虑的生态决定因素

自然地理 (自然的形式、力、变化过程)	地形 (地面形状和特征)	文化 (社会、政治和经济因素)
1. 地质(土地的自然史和它的土、石构成) a. 基岩层;b. 面层地质;c. 承载能力;d. 土壤稳定性;e. 土壤生产力	1. 地面形状 a. 水-陆的轮廓; b. 地势的起伏; c. 坡度分析	1. 社会影响 a. 社区的资源; b. 社区的思想倾向和需要; c. 邻地的使用; d. 历史的价值

续表

自然地理 （自然的形式、力、变化过程）	地形 （地面形状和特征）	文化 （社会、政治和经济因素）
2. 水文（涉及地面水和大气水的发生、循环和分布） a. 河流与水体；b. 洪水、潮汐和洪泛；c. 地面水排泄；d. 侵蚀；e. 淤积	2. 自然特征 a. 陆地；b. 水面；c. 植被；d. 地形价值；e. 自然景色的价值	2. 政治和法律约束 a. 政治管辖范围；b. 功能分区；c. 筑路人和在他人土地上的通行权；d. 土地再划分规定；e. 环境质量标准；f. 政府的其他控制
3. 气候（一般占优势的天气条件） a. 温度；b. 湿度；c. 雨量；d. 日照和云盖；e. 盛行风和微风；f. 风景及其影响范围 4. 生态（对生命和活动物质的研究） a. 生态群落；b. 植物；c. 鸟类；d. 兽类；e. 鱼类和水生物；f. 昆虫；g. 生态系统：价值、变化和控制	3. 人工的特征 a. 分界标志和边界；b. 交通道路；c. 基址改良；d. 公用事业	3. 经济因素 a. 地价；b. 税款结构和估价；c. 区域发展的潜力；d. 基址外的改良需要；e. 基址内的开发投资；f. 投资-利润比率

2. 分析诊断阶段

分析诊断阶段的工作重点在于分类和评价，同时关注研究区的背景区位（生态区位），即在上一级尺度中所处的地位。分析诊断还需要分析土地开发条件，判别其发展的可能方向和生态建设保护的途径。

分类可以借鉴景观生态学的方法，针对区域内景观要素的组成结构以及功能特点，从生态学的角度建立景观生态类型的划分体系。分类单位既要体现景观的综合性，也要表明景观的生态学意义。工作中可以把地貌作为基本线索，以植被为标志进行分类。

分析诊断需要对区域从整体角度进行综合评价。这种评价的主要目标是对区域现状进行了解，可以是定性的，也可以是定量的。定性的评价可以通过对区域的调查,对小城镇生态环境的现状、特征和一些限制因素进行定性的讨论,为理想格局的构建提供依据。定量的评价方法多样,有许多数学模型提供了技术支持,如模糊聚类分析等。

3. 优化设计阶段

优化设计阶段的工作重点在于区域战略、功能调整和单元设计,即通过对小城镇生态环境的诊断分析,对其空间格局进行优化,进行格局构建、功能区的划分、典型地块规划和工程示范等。

优化是从整体协调和优化利用的角度出发,确定功能单元及其组合方式,选择合理的利用方式。优化主要体现在结构规划和功能规划两个方面:前者是将结构赋予社会属性的过程;后者则是功能的空间落实过程,主要是通过结构的不同类型,构建不同的功能单元。

基于持续利用的小城镇生态环境优化思想,目的是在空间上合理布局,实现生活、生产和生态需求三者的平衡,考虑地貌等自然条件的优势和限制,结合下一级行政单元之间的小城镇生态环境差异,进行相应的分区利用。

4. 持续管理阶段

持续管理调控阶段的工作重点在于结构设置和政策制定等,是规划实现的过程,是小城镇生态环境规划的关键,包括技术、政策和经营管理等内容,主要针对优化过程中的关键问题,或对持续发展有着深刻影响的因素。

持续管理应用小城镇生态环境规划的理念和原则,追求结构合理,功能协调,促进系统内的互利共生与良性循环,针对不同的类型,采取不同的对策和利用技术,确定合理的开发方向和程度。这样的考虑在小城镇生态环境的持续利用和管理中是非常重要的,影响着小城镇生态环境是否合理持续地发展。

持续的管理应该是土地利益各方的协调,因为土地作为综合体涉及众多的因素,各方相关的利益都存在于这个综合体之中,因而持续管理应该是多方参与管理,典型的管理模式如公众、政府和投资者形成的管理委员会。

持续管理包括硬件系统和软件系统。硬件系统,包括各类监测站点、试验场及有关职能管理部门的机构设置等，形成对景观变化的管理监督控制体系，执行管理的功能。软件系统，包括管理政策和法规的制定等。不同尺度等级的管理侧重点会有所不同，但是目标都是营建一个生活、生产和生态环境协调的系统，保持小城镇生态环境发展的持续性。

二、小城镇生态环境系统分析技术

20世纪50年代以来，随着以计算机为代表的新技术及卫星与航天技术的发展，人类已经进入信息社会和太空时代。地理信息系统（GIS）随之产生，其是采集、存贮、管理、分析和描述整个或部分地球表面（包括大气层在内）与空间和地理分布有关的数据的空间信息系统。

地理信息系统（GIS）属于信息系统的一类，不同在于它能运作和处理地理参照数据。它与全球定位系统（GPS）、遥感系统（RS）合称3S系统。

一个地理信息系统是一种具有信息系统空间专业形式的数据管理系统。在严格的意义上，这是一个具有集中、存储、操作和显示地理参考信息的计算机系统。

地理信息系统技术能够应用于科学调查、资源管理、财产管理、发展规划、绘图和路线规划。例如，一个地理信息系统（GIS）能使应急计划者在自然灾害的情况下较易地计算出应急反应时间，或利用GIS系统来发现那些需要保护不受污染的湿地。地理信息系统能迅速系统地收集、整理和分析研究区各种地理信息，通过数字化储存于数据库中，并采用系统分析、数理统计等方法建立模式，全面系统地提供所研究地区的历史、现状和发展趋势的信息，因此，地理信息系统是研究和决策的支持系统，是小城镇生态环境规划分析、规划和管理决策中必不可少的技术手段。

1. 地理信息系统的组成

地理信息系统又称为地理信息科学，这是一门综合性学科，主要包括以下五个部分。

（1）开发人员。开发人员是地理信息系统中最重要的组成部分。开发人员必须定义地理信息系统中被执行的各种任务，开发处理程序。熟练的操作人员通常可以克服地理信息系统软件功能的不足,但是相反的情况就不成立。最好的软件也无法弥补操作人员对地理信息系统的一无所知所带来的副作用。

(2)数据。精确的可用的数据可以影响到查询和分析的结果。

(3)硬件。硬件的性能影响到处理速度,使用是否方便及可能的输出方式。

(4)软件。软件不仅包含地理信息系统软件,还包括各种数据库、绘图、统计、影像处理及其他程序。

(5)过程。地理信息系统要求明确定义,用相同的方法来生成正确的可验证的结果。

2. 地理信息系统的分类

(1)按功能分类。按功能不同分为专题地理信息系统、区域地理信息系统和地理信息系统工具。

(2)按内容分类。按内容不同分为城市信息系统、自然资源查询信息系统、规划与评估信息系统和土地管理信息系统等。

3. 地理信息系统应用

(1)信息来源。如果能将某个地区的降雨和该地区上空的照片联系起来,就可以判断出哪块湿地在一年的哪些时候会干涸。地理信息系统就能够进行这样的分析,它能够将不同来源的信息以不同的形式应用。对于源数据的基本要求是确定变量的位置。位置可能由经度、纬度和海拔的 x、y、z 坐标来标注,或是由其他地理编码系统比如 ZIP 码,又或是高速公路英里标志来表示。任何可以定位存放的变量都能被反馈到地理信息系统。

(2)资料展现。地理信息系统数据以数字的形式表现了公路、土地、海拔等现实世界的客观对象。现实世界的客观对象可被划分为离散对象(如房屋)和连续的对象领域(如降雨量或海拔)两个抽象概念。它们在地理信息系统中存储数据主要的方法为栅格(网格)和矢量。

栅格(网格)数据由存放唯一值存储单元的行和列组成。它与栅格(网格)图像是类似的,除了使用合适的颜色之外,各个单元记录的数值也可能是一个分类组(例如土地使用状况)、一个连续的值(例如降雨量)或是当数据不是可用时记录的一个空值。栅格数据集的分辨率取决于地面单位的网格宽度。通常存储单元代表地面的方形区域，但也可以用来代表其他形状。栅格数据既可以用来代表一块区域，也可以用来表示一个实物。

矢量数据利用了几何图形例如点、线(一系列点坐标)或是面(形状决定于线)来表现客观对象。矢量同样可以用来表示具有连续变化性的领域。利用等高线和不规则三角形格网(TIN)来表示海拔或其他连续变化的值。TIN 的记录对于这些连接成一个由三角形构成的不规则网格的点进行评估。三角形所在的面代表地形表面。

利用栅格或矢量数据模型来表达现实既有优点也有缺点。栅格数据设置在面内所有的点上，记录同一个值，而矢量格式只在需要的地方存储数据，这就使得前者所需的存储的空间大于后者。栅格数据可以很轻易地实现覆盖的操作，而对于矢量数据来说要困难得多。矢量数据可以像在传统地图上的矢量图形一样被显示出来，而栅格数据在以图像显示时显示对象的边界将呈现模糊状。

除了以几何向量坐标或是栅格单元位置来表达的空间数据外，另外的非空间数据也可以被存储。在矢量数据中，这些附加数据为客观对象的属性。例如，一个森林资源的多边形可能包含一个标识符值及有关树木种类的信息。栅格数据中的单元值可存储属性信息，但同样可以作为与其他表格记录中相关的标识符。

(3)资料采集。数据采集和向系统内输入数据是地理信息系统从业者的重要工作，占据了它们的大部分时间。

印在纸上或聚酯薄膜地图上的现有数据可以被数字化或扫描来产生数字数据。数字化仪从地图中产生向量数据作为操作符轨迹点、线和多边形的边界。扫描地图可以产生能被进一步处理生成向量数据的光栅数据。

测量数据可以从测量器械上的数字数据收集系统中被直接输入到地理信息系统中。从全球定位系统(GPS)中得到的位置，也可以被直接输入到 GIS 中。输入数据到 GIS 中后，通常还要进行编辑来消除错误，或进一步处理。对于向量数据必须要"拓扑正确"才能进行一些高级分析。比如,在公路网中,线必须与交叉点处的结点相连。像反冲或过冲的错误也必须消除。对于扫描的地图,源地图上的污点可能需要从生成的光栅中消除。

(4)资料操作。地理信息系统可以执行数据重构来把数据转换成不同的格式。例如,地理信息系统可以通过在具有相同分类的所有单元周围生成线,同时决定单元的空间关系,如邻接和包含,来将卫星图像转换成向量结构。

由于数字数据以不同的方法收集和存储,两种数据源可能会不完全兼容。因此,地理信息系统必须能够将地理数据从一种结构转换到另一种结构。

(5)两种系统与转换。地理信息系统中的地图数据必须能被操作以使其与从其他地图获得的数据对齐或相配合。在数字数据被分析前,它们可能会经过其他一些将它们整合进地理信息系统的处理,比如投影与坐标变换。地球可以用多种模型来表示,对于地球表面上的任一给定点,各个模型都可能给出一套不同的坐标(如纬度,经度,海拔)。最简单的模型是假定地球是一个理想的球体。随着地球的更多测量逐渐累积,地球的模型也变得越来越复杂,越来越精确。事实上,有些模型应用于地球的不同区域以提供更高的精确度。

投影是制作地图的基础部分,是从地球的一种模型中转换信息的数学方法,它将三维的弯曲表面转换成纸或电脑屏幕二维的媒介。不同类型的地图要采用不同的投影系统,因为每种投影系统有其自身合适的用途。

(6)GIS 空间分析。空间分析能力是地理信息系统的主要功能,也是地理信息系统与计算机制图软件相区别的主要特征。空间分析是从空间物体的空间位置、联系等方面去研究空间事物,以及对空间事物做出定量的描述。空间分析需要复杂的数学工具,其中最主要的是空间统计学、图论、拓扑学、计算几何等,其主要任务是对空间构成进行描述和分析,以达到获取、描述和认知空间数据;理解和解释地理图案的背景过程;空间过程的模拟和预测;调控地理空间上发生的事件等目的。

　　空间分析技术与许多学科有联系,其中地理学、经济学、区域科学、大气、地球物理、水文等专门学科为其提供知识和机理。

三、小城镇生态过程分析

　　生态过程是生态系统中维持生命的物质循环和能量转换的过程。生态过程主要研究土壤—生物—大气中的水循环和水平衡、养分循环、能流、微量气体产生、输送和转化、有机物及金属元素的分解、积累、传输等微观过程。对这些过程的研究需要了解物理、化学规律,涉及环境生物物理、植物生理、微气象和小气候等多学科。生态过程分析是阐明生态系统的功能、结构、演化、生物多样性等的基础。

1. 小城镇生态过程特征分析

　　小城镇生态过程的特征是由小城镇生态系统以及小城镇景观的结构和功能所确定的。

　　(1)自然特征。小城镇生态过程的自然生态过程实质上是生态系统与景观生态功能的宏观表现,如自然资源及能流特征、景观生态格局及动态,都是以组成小城镇景观的生态系统功能为基础的。

　　(2)人工特征。由于小城镇中的工农业、交通、商务等经济活动的影响,小城镇的生态过程又被赋予了人工特征。

　　在小城镇规划中,受极其密集的人类活动影响的生态过程及其与自然生态系统过程的关系是关注的重点。在可持续小城镇的生态规划中,往往要对能流物流平衡、水平衡、土地承载力及景观空间格局与小城镇发展和环境保护密切相关的生态过程进行综合分析。

2. 小城镇物流与能流分析

　　小城镇复合生态系统的能量平衡与物质循环是小城镇生态系统及景观生态能量平衡的宏观表现。由于小城镇人口密集,经济活动频繁,因此,小城镇的能流过程带有强烈的人为特征。

　　(1)小城镇生态系统及景观生态格局改变。许多小城镇单元、社区"镶嵌体"及交通"廊道"的增加,成为小城镇物流的控制器,使物流过程人工化。

　　(2)小城镇地面的固化以及人为活动的不断加强,使自然物流过程失去平衡,导致地表径流进入污水系统以及土地退化加剧,况且人工物流过程也不完全,导致有害废弃物的大量产生和不断积累,大气污染、水体污染等小城镇生态环境问题日益加剧。

(3)小城镇生态系统的营养结构简化,自然能流的结构和通量被改变,而且生产者、消费者与分解还原者分离,难以完成物质的循环再生和能量的有效利用。

(4)辅助物质与能量投入的大量增加以及人与外部交换更加开放。以自然过程为基础的郊区农业更加依赖于化学肥料的投入,工业则完全依赖于小城镇外的原料的输入。

通过对小城镇物流与能流的分析,可以深入认识小城镇环境与可持续发展的关系。

四、小城镇生态潜力分析

小城镇生态潜力是指在小城镇内部单位面积土地上可能达到的第一生产水平。它是综合反映小城镇生态系统光、温、水、土资源配合效果的一个定量指标。在特定的小城镇区域,光照、温度、土壤在相当长的时间内是相对稳定的,这些资源组合所允许的最大生产力通常是这个小城镇绿色生态系统的生产力的上限。

根据小城镇生态系统光、温、水、土资源的稳定性和可调控性,资源生产可以分为 4 个层次,包括光合生产潜力、光温生产潜力、气候生产潜力及土地承载能力。

1. 光合生产潜力

光合生产潜力是指假定温度、水分、二氧化碳、土壤肥力、作物的群体结构、农业技术措施均处于最适宜条件下,由当地太阳辐射单独所决定的产量,是作物产量的理论上限。

通过光合生产潜力的计算,不仅可得出植物潜在光合生产力的地域分布规律,还可据以分析影响作物生长发育和干物质形成的限制因素,以便采取更合理的农业技术措施,最大限度地利用太阳能。

2. 光温生产潜力

光温生产潜力是在一定的光、温条件下,水分、二氧化碳、养分等环境因素和作物群体因素处于最适宜状态,作物利用当地的光、温资源的潜在生产力。通常采用光合生产潜力乘以温度订正函数进行估算。光温生产潜力可近似地看成当地作物产量的上限,是规划作物生产的科学依据。

3. 气候生产潜力

气候生产潜力是指充分和合理利用当地的光、热、水气候资源,而土壤、养分、二氧化碳等其他条件处于最适状况时单位面积土地上可能获得的最高生物学产量或农业产量。一般以干重表示,单位为吨/公顷·年或千克/亩·年。通过对气候生产能力的估算,人们可从现有生产力水平与气候生产潜力的对比中发现挖潜的可能与幅度,也可利用气候生产潜力的分析方法找出主要的限制因子,从而确定主攻目标和方案。

4. 土地承载能力

土地承载力是指在保护生态环境质量不退化的前提下,单位面积土地所容许的最大限度的生物生存量。小城镇的土地承载能力不仅是小城镇生态系统可持续性的反映,还是该小城镇所处区域农业土地资源及区域农业生产特征的综合体现。

通过分析和比较小城镇及所处区域的生态潜力与现状、土地承载能力,可以找出制约城镇可持续发展的主要生态环境因素。

五、小城镇生态格局分析

景观格局,一般是指其空间格局,即大小和形状各异的景观要素在空间上的排列和组合,包括景观组成单元的类型、数目及空间分布与配置,比如不同类型的斑块可在空间上呈随机型、均匀型或聚集型分布。它是景观异质性的具体体现,又是各种生态过程在不同尺度上作用的结果。

1. 景观格局类型

从景观要素的空间分布关系上讲,景观格局的类型可分为 5 种,分别为均匀型分布格局、团聚式分布格局、线状分布格局、平行分布格局和特定组合或空间连接。

(1)均匀型分布格局,是指某一特定类型的景观要素之间的距离相对一致。如中国北方农村,由于人均占有土地相对平均,形成的村落格局多是均匀地分布于农田间,各村距离基本相等,是人为干扰活动所形成的斑块之中最为典型的均匀型分布格局。

(2)团聚式分布格局,是指同一类型的斑块聚集在一起,形成大面积分布。如许多亚热带农业地区,农田多聚集在村庄附近或道路一侧;但在丘陵地区,农田往往成片分布,村庄聚集在较大的山谷内。

(3)线状分布格局,是指同一类型的斑块呈线形分布。如房屋沿公路零散分布或耕地沿河流分布的状况。

(4)平行分布格局,是指同类型的斑块平行分布。如侵蚀活跃地区的平行河流廊道,以及山地景观中沿山脊分布的森林带。

(5)特定组合或空间连接,是一种特殊的分布类型,大多数出现在不同的景观要素之间。比较常见的是城镇对交通的需求,如城镇总是与道路相连接,呈正相关空间连接。另一种是负相关连接,如平原的稻田地区很少有大面积的林地出现,林地分布的山坡上也不会出现水田。

2. 小城镇景观格局分析

长期而频繁的人类活动给城镇的景观结构与功能赋予了明显的人工特征。在小城镇内部,密集的居住区和繁华的商业区往往成为控制小城镇功能的镶嵌体。公路、铁路及街区人工绿化带(网)与区域交错的天然及人工河道、水体与残存的自然镶嵌体,共同构成小城镇的景观格局。这种以自然生态系统为基础,由人类活动产生的小城镇景观,称之为小城镇人类景观生态格局,是小城镇复合生态系统的空间结构。

从区域上来说,小城镇通常是农村区域的社会经济中心,并通过发达的交通和信息网络等与农村和其他小城镇进行物质、能量和信息的交换,残存的自然生态系统斑块对维护小城镇生态系统的活力、保存物种及生物多样性具有重要的价值。

小城镇生态规划就是运用小城镇生态学原理及人工与自然的关系,对小城镇土地利用的格局进行调控。小城镇自然和人工景观的空间分布方式及特征,与小城镇生产、生活活动密切相关,是人与小城镇自然环境长期作用的结果。因此,小城镇复合生态系统的景观分布与特征,如景观优势度、景观多样性、景观均匀度、景观破碎化程度、网络连接度等,在不同方面反映了小城镇人为活动强度与方式及其与小城镇自然环境的关系。

六、小城镇生态敏感性分析

生态敏感性分析是指在不损失或不降低环境质量的情况下,生态因子对外界压力或外界干扰适应的能力。为保证自然资源的永续利用与发展,协调开发与保护,实现区域可持续发展,在进行区域规划时,选择城镇建设用地发展方向和进行土地利用规划前,首先应将生态规划引入其中,对规划区域进行生态敏感性分析,以避免"建设性破坏",营造生态良好、环境优美、充满自然气息的区域生境。

1. 生态敏感性分析方法

城市生态系统的敏感性是由城市的自然条件、社会条件和经济条件共同决定的。进行敏感性分析主要采用以下方法。

(1)德尔菲法:通过专家选取因子,生态因子评分法和 GIS 技术对城市生态敏感性进行分析和评价,然后根据不同区域的生态敏感性等级采取相应的保护及开发措施。

(2)Arcinfo 平台法:通过制定各单因子生态敏感性标准及其权重,对各用地单项生态因素敏感性等级及其权重进行评估;然后进行单因素叠加,按各土地利用单因子敏感性分级形成各单因素图层,用加权多因素分析得到综合生态敏感性分层,并结合现状道路、水域、构筑物等得到生态敏感性模型。

2. 小城镇生态敏感性分析

小城镇生态敏感性分析的目的就是分析、评价小城镇内部各系统对小城镇密集的人类活动的反应。在小城镇生态系统中,不同生态系统或景观斑块对人类活动干扰的反应是不同的。有的生态系统或景观斑块对干扰具有较强的抵抗力;有的则恢复能力强,即尽管受到干扰,在结构或功能方面产生偏离,但很快就会恢复系统的结构和功能;

然而,有的系统却很脆弱,即容易受到损害或破坏,也很难恢复。

值得指出的是,在小城镇开发过程中,人类有可能损害及破坏小城镇内的生态系统。根据小城镇建设与发展可能对小城镇生态系统的影响,生态敏感性分析通常包括小城镇地下水资源评价、敏感集水区和下沉区的确定、具有特殊价值的生态系统和人文景观以及自然灾害的风险评价等。

第二节　小城镇生态环境系统评价

小城镇是农村区域性政治、经济、文化的中心,是城乡联系的纽带和桥梁,是乡镇企业集约化发展、物资集散、农村科技推广与文化教育的重要基地。然而,伴随着小城镇的快速发展,生态环境问题也日益凸显。小城镇生态环境质量评价成为当今时代的潮流,也是摆在人们面前的一个全新的课题。

生态评价,也称为生态环境评价,是根据合理的指标体系和评价标准,运用恰当的生态学方法,评价某区域生态系统环境质量的优劣及其影响作用的关系。包括生态环境质量评价和生态环境影响评价两个方面。

生态环境质量评价是根据选定的指标体系,运用综合评价的方法评定某区域生态环境的优劣,作为环境现状评价和环境影响评价的参考标准,或为环境规划和环境建设提供基本依据。

生态环境影响评价是对人类开发建设活动可能导致的生态环境影响进行分析与预测,并提出减少影响或改善生态环境的策略和措施。

一、小城镇生态环境系统的影响要素

影响生态环境系统的因素主要有自然因素和人为因素。

1. 自然因素的影响

自然因素是指无人为活动介入的在自然条件下发生的干扰,主要包括水灾、旱灾、地震、台风、山崩、海啸等。由自然因素引起的生态平衡破坏称为第一环境问题。

2. 人为因素的影响

人为因素是造成生态平衡失调的主要原因。由人为因素引起的生态平衡破坏称为第二环境问题。人为因素主要有以下三方面。

(1)使环境因素发生改变。如人类的生产和生活活动产生大量的废气、废水、垃圾等,不断排放到环境中;人类对自然资源不合理利用或掠夺性利用,例如盲目开荒、滥砍森林、水面过围、草原超载等,都会使环境质量恶化,产生近期或远期效应,使生态平衡失调。

(2)使生物种类发生改变。在生态系统中,盲目增加一个物种,有可能使生态平衡遭受破坏。例如,美国于1929年开凿的韦兰运河,把内陆水系与海洋沟通,导致八目鳗进入内陆水系,使鳟鱼年产量由2 000万千克减至5 000千克,严重破坏了内陆水产资源。在一个生态系统减少一个物种也有可能使生态平衡遭到破坏。20世纪50年代,我国曾大量捕杀过麻雀,致使一些地区虫害严重。究其原因,就在于害虫天敌麻雀被捕杀,害虫失去了自然抑制因素所致。

(3)对生物信息系统的破坏。生物与生物之间彼此靠信息联系才能保持其集群性和正常的繁衍。人为地向环境中施放某种物质,干扰或破坏了生物间的信息联系,有可能使生态平衡失调或遭到破坏。例如自然界中有许多昆虫靠分泌释放性外激素引诱同种雄性成虫交尾,如果人们向大气中排放的污染物能与之发生化学反应,则雌虫的性外激素就失去了引诱雄虫的生理活性,结果势必影响昆虫交尾和繁殖,最后导致种群数量下降甚至消失。

二、小城镇生态环境评价指标体系

小城镇生态环境评价指标体系是评价城镇生态化程度的全部指标,包括社会系统、经济系统、自然系统等多方面指标。小城镇生态评价的指标体系主要是为了准确地衡量小城镇行政区可持续发展的水平及其目标实现的程度。

(一)小城镇生态环境指标体系的作用与特征

1. 小城镇生态环境指标体系的作用

根据生态小城镇内涵、目标体系与小城镇建设的社会性与过程性的特点,小城镇生态评价指标体系具有如下作用。

(1)体现生态小城镇内涵。生态小城镇是由自然、经济和社会三个子系统复合而成的复杂巨系统,建设和管理的工作涉及方方面面,在决策和建设过程中,稍有不慎就可能造成小城镇的畸形和失衡的发展。人们要知道一个小城镇是否在可持续生态小城镇内在要求的轨道上发展以及发展的总体水平与协调程度,就必须对这个小城镇进行测度与评价。因此,按照生态小城镇内涵要求建立起来的科学与合理的生态小城镇评价指标体系,是体现生态小城镇内涵的指标,在生态小城镇的建设与管理过程中将发挥重要的作用。

(2)评价作用。生态小城镇评价指标体系的基本作用是运用指标体系可以对生态小城镇各项建设和小城镇总体运行状况进行定量地测算,根据预先设定的等级划分标准,评定小城镇的发展度、协调度与持续度的级别。人们通过对评价结果的分析,可以知晓小城镇建设所取得的成就及建设过程中存在的不足和缺陷,更好地为下一阶段建设指明努力的方向。

(3)监测作用。评价指标是生态小城镇某个性质或侧面的描述和反映,能随时监测生态小城镇不同阶段中的发展动态,以便及时发现问题,在实践中及时改正。这时,指标体系就作为一种"晴雨表"和指示器,发挥着指示和监测生态小城镇发展动向的功能与作用。

(4)导向作用。从理论上来说,指标体系应能反映生态小城镇的所有性质。但是在实际操作中,任何一个指标体系只能选取那些对生态小城镇发展起主要作用的单项或综合指标。指标一旦确定,它在建设中就将发挥导向功能作用。如果指标体系运用得当,指标体系将发挥正向效果的导向作用;如果指标体系运用不当,为了取得一个更高的评价综合值,而在生态小城镇的建设中只重视所确立的指标方面的建设而忽略未能纳入指标体系中的其他方面的建设与管理,这就必然违背生态小城镇的全面和谐与协调发展的本质要求,促使生态小城镇朝着狭窄方向片面地发展,这时,指标体系就有一定的负面作用。

(5)决策作用。小城镇生态指标体系的评价作用是为决策服务的,能为人们提供比较科学、准确和定量的评价结果,避免单纯运用定性评价方法所得结果的模糊性和主观性,从而为下一阶段的决策提供科学的参考和依据。

2. 小城镇生态环境指标体系的特征

根据生态小城镇建设的要求,小城镇生态评价指标体系应具备表 5-3 的基本特征。

表 5-3　小城镇生态评价指标体系的基本特征

序号	项目	内　　容
1	完整性	能反映生态小城镇在生态经济、生态环境与生态文化等方面的状态
2	独立性	各项指标应互相独立,指标之间既不能互相包含,也不能具有相关性,还要避免重复计算
3	可测性	指标应可以定量测度
4	敏感性	指标应对政府与社会的生态建设努力反应灵敏与稳定

除了表 5-3 的基本特征外,小城镇生态评价指标体系还应具有如下特点。

(1)包括有多个定量反映生态小城镇建设各领域及其发展可持续性的评价指标。某些必不可少的定性指标必须能通过某种途径定量化,所有指标均具有统计价值。

(2)不同指标是分别描述生态小城镇建设及其发展的各个不同方面与不同层次的,所有指标的集合必须包含能反映生态小城镇建设过程中的可持续性的全面信息。

(3)各评价指标可能具有不同的量纲,但这些不同量纲的指标所反映的实际值必须能转化为无量纲的相对评价值。

(4)不同类型的指标反映了被评价对象的不同特征,但各指标的集成必须能对生态小城镇建设及其发展的可持续性有一个整体的评价。

(5)采用指标体系进行评价的方法不只是一个,而是一个系统。

(二)小城镇生态指标体系的构建

小城镇生态系统是一个多目标、多功能、结构复杂的综合系统,必须建立一套多目标综合评价的指标体系。

1. 小城镇生态指标体系的构建原则

生态型城镇评价指标体系的构建必须从城镇生态的科学内涵出发,立足于城镇生态建设和发展的现实基础和宏观发展趋势,遵循系统性原则、层次性原则、目标性原则、客观性原则、前瞻性原则。

确定科学的城镇生态评价指标体系构建的基本原则,是建立合理的小城镇生态评价指标体系和顺利开展城镇生态建设和发展评价的必要条件。

(1)系统性原则。系统性原则是指生态小城镇建设的评价指标体系必须能够全面地反映小城镇可持续发展的综合状况和各个方面,能客观地反映系统发展的状态,同时又要避免指标间的重叠性,把评价目标与指标形成一个系统的有机整体,保证评价指标体系的全面性和规范性。符合小城镇生态建设和发展目标的内涵。

(2)科学性原则。科学性原则是指评价指标体系应建立在科学基础上,数据来源要准确、处理方法要科学,具体指标能够反映出生态小城镇建设主要目标的实现程度。评价指标体系的结构与指标选取均应在科学上不存在明显的问题(如自然资源利用是否合理,经济系统是否高效,社会系统是否健康,生态环境系统是否向良性循环方向发展)。

(3)目标性原则。目标性原则是指评价指标体系必须要在科学预测的基础上明确指标实现的目标,能够反映小城镇生态建设和发展的实现程度,从而保证评价指标体系的真实性和标准性。

(4)层次性原则。层次性原则是指评价指标体系必须要层次清晰,逻辑关系明确,具有一定在内在联系,既要全面体现核心评价指标,又要兼顾辅助评价指标,一定要避免评价指标之间出现重叠现象,从而使评价指标有机地联系起来,组成一个层次分明的整体,以保证评价指标体系的合理性和代表性。在对社会发展行为与发展状况是否具有可持续性的问题进行衡量时,应在不同层次上采用不同的指标。

(5)前瞻性原则。前瞻性原则是指评价指标体系必须既能反映小城镇生态建设和发展的现实状况,又能科学地预测城镇生态建设和发展的动态趋势和发展规律,发挥导向作用,从而保证评价指标体系的趋势性和持续性。

(6)客观性原则。客观性原则是指评价指标体系必须通过定性与定量相结合的方法,来评价目标实现的程度。评价指标既要有定性的研究和描述,又要有定量的模拟、计算、统计和分析,而且尽可能使定性评价指标定量化,实现评价指标定性研究和定量分析的有机结合,从而保证评价指标体系的现实性和精确性。

(7)代表性原则。代表性原则是指小城镇生态系统结构复杂、庞大,具有多种综合功能,要求选用的指标最能反映系统的主要性状。

(8)可比性原则。可比性原则是指既充分考虑小城镇发展的阶段性和环境问题的不断变化,使确定的指标具有社会经济发展的阶段性,同时又具有相对稳定性和兼有横向、纵向的可比性。

(9)动态性原则。动态性原则是指生态小城镇建设既是目标又是过程,因此,所确定的指标体系应充分考虑系统的动态变化,能综合地反映建设的现状及发展趋势,便于进行预测与管理。

(10)可操作性原则。可操作性原则是指评价指标体系应把简明性和复杂性很好地结合起来,要充分考虑到数据的可获得性和指标量化的难易程度,保证既能全面反映生态小城镇建设的各种内涵,又能尽可能地利用统计资料和有关规范标准。同时还要注意指标体系在不同小城镇应用的可操作性。

2. 小城镇生态环境指标体系的内容

为评价小城镇各方面的建设进展与小城镇发展状态,可建立由三级指标构成的小城镇生态环境评价指标体系。一级指标指社会经济发展指标,可包括城镇规模(万人);城镇人口密度(人/km²);城镇人口自然增长率(‰);城镇人均住房面积(m²/人);城镇人均生活用水(L/d);城镇人均生活用电(kW·h/d);城镇国民教育素质(初中以上文化程度占总人口比例);城镇儿童教育普及达标率(%);城镇气化率(清洁燃料普及率)(%);户均电话占有率(%);人均期望寿命(平均年龄);万人拥有医生数(人);社会福利院数(所/万户);养老保险覆盖率(%);医疗保险覆盖率(%);城镇国内生产总值(GDP)年增长率(%);工业中主导型产业占总产值的比例(%);农产品商品化程度(%);农业生产年增长率(%);农业收入结构(或种植业收入所占比例)(%);第二、三产业产值比例(%);城镇人均纯收入年增长率(%);农民人均纯收入年增长率(%);城镇单位 GDP 能耗(吨标准煤/万元);城镇单位 GDP 耗水量(m³/万元);城镇环保投资占 GDP 比例(%);城镇科教投资占 GDP 比例(%);科技成果转化率(%)等。二级指标指城镇建成区环境指标,可包括城镇卫生达标率(%);机动车尾气达标率(%);空气环境质量;声环境质量;工业污染源排放达标率(%);生活垃圾无害化处理率(%);生活污水集中处理率(%);人均公共绿地面积(m²/人);主要道路绿化普及率(%);清洁能源普及率(%);清洁能源普及率(%);集中供热率(%);镇卫生厕所普及率(%)等。三级指标指乡镇辖区生态环境指标,可包括:森林覆盖率(山区、丘陵、平原)(%);农田林网化率(只考核平原地区)(%);水土流失治理率(%);农田有机肥和无机肥施用比例;单位化学农药使用量(t/hm²);农膜回收率(%);农业污灌水质达标率(%);工业污染治理稳定达标率(%);固体废物处置率(包括综合利用率)(%);节水措施利用率(%);生态系统抗灾能力(指一般灾害减产幅度)(%);农林病虫害综合防治能力(%)。考虑到适用性和可操作性,具体评价指标的解释和指标值计算如下。

(1)社会经济发展指标。

1)农民人均纯收入。指乡镇辖区内农村常住居民家庭总收入中,扣除从事生产和非生产经营费用支出、缴纳税款、上交承包集体任务金额以后剩余的,可直接用于进行生产性、非生产性建设投资、生活消费和积蓄的那一部分收入。农村居民家庭纯收入包括从事生产性和非生产性的经营收入,取自在外人口寄回、带回和国家财政救济、各种补贴等非经营性收入;既包括货币收入,又包括自产自用的实物收入,但不包括向银行、信用社和向亲友借款等属于借贷性的收入。

计算公式:

$$农民人均纯收入=\frac{每年家庭总收入-生产和非生产经营费用-税款-承包集体任务金额}{家庭人口}$$

$$农民人均纯收入=\frac{每年家庭可直接用于建设投资费用+生活消费+积蓄}{家庭人口}$$

$$农民人均纯收入 = \frac{每年家庭货币收入 + 自产自用的实物收入}{家庭人口}$$

2)城镇居民人均可支配收入。指城镇居民家庭在支付个人所得税、财产税及其他经常性转移支出后所余下的人均实际收入。

计算公式：

城镇居民人均可支配收入＝年人均收入－个人所得税－财产税－其他经常性转移支出

3)公共设施完善程度。公共设施完善是指城镇建成区主要街道设置路灯，排水管网服务人口比例不低于80%；人均道路面积不低于6 m；住宅电话普及率不低于50%；文化娱乐活动场所不少于1处；体育场(馆)不少于1处；中心卫生院级以上的医疗机构不少于1处；适龄儿童入学率不低于98%；临江河的乡镇建成区需有完善的防洪构筑，无侵占河道的违章建筑，无直接向江河湖泊排放污水和倾倒垃圾的现象。

考核指标：完善。

4)城镇建成区自来水普及率(%)指标。指城镇建成区使用自来水的常住人口数量占常住人口总数的比例。

计算公式：

$$\frac{城镇建成区}{自来水普及率} = \frac{建成区使用自来水的常住人口数量}{建成区常住人口总数} \times 100\%$$

5)农村生活饮用水卫生合格率(%)。指乡镇辖区范围内农村生活饮用水质符合国家《农村实施生活饮用水卫生标准准则》的程度。具体是指利用自来水厂和手压井形式取得饮用水的农村人口占农村总人口数的百分率，雨水收集系统和其他饮水形式的合格与否需经检验确定。目前，全国农村取得饮用水的四种形式：自来水厂，受益人口比例约48.01%；手压井，受益人口比例约23.63%；雨水收集系统，受益人口比例约0.45%；其他形式，受益人口比例约16.84%。

计算公式：

$$\frac{农村生活饮用水}{卫生合格率} = \frac{取得合格饮用水的农村人口}{农村人口总数} \times 100\%$$

6)城镇卫生厕所建设与管理。《国家卫生镇考核标准(试行)》规定：

公厕数量足够,镇区每平方公里不少于3座,居民区每百户设1座,位置适宜。北纬35°以北的城镇镇区水冲式公厕普及率达30%以上,北纬35°以南的城镇水冲式公厕普及率达70%以上。公厕有专人管理,保洁落实,地面及四周墙壁整洁,大便池有隔断,便池内无积粪、无尿碱,基本无臭、无蝇蛆,粪便池有盖,粪便不满溢。镇区住户均享有卫生厕所,辖区内农户无害化卫生厕所覆盖率达30%以上。

考核指标: 达到国家卫生镇有关标准。

7)城镇人口密度(人/km²)。城镇人口密度是城镇建设发展的重要指标,城镇人口密度的高低直接影响着城镇社会、经济与生态环境的发展;也是反映城镇建设与生态环境建设是否相适应,是否合理的标志;同时也反映城镇人民生活环境综合质量的高低。具体指标是指城镇建成区常住人口与城镇建成区总面积的比值。

计算公式:

$$城镇人口密度 = \frac{城镇建成区常住人口数量(人)}{城镇建成区总面积(km^2)}$$

8)城镇人口自然增长率(‰)。该指标是反映城镇人口增长的速度,以及造成环境压力的程度。自然增长率是指在一定时期内(通常为一年)人口自然增加数(出生人数减去死亡人数)与该时期内平均人数(或期中人数)之比,采用千分率表示。

计算公式:

$$城镇人口自然增长率 = \frac{本年出生人数 - 本年死亡人数}{年平均人数} \times 1000‰$$

9)城镇人均住房面积(m²/人)。城镇人均住房面积是体现城镇人民生活质量的重要指标。住房是指钢筋砖木结构的住房。人均住房面积是指城镇住房总面积与城镇建成区常住人口总数的比值(按建筑面积计算)。

计算公式:

$$城镇人均住房面积 = \frac{城镇住房总面积(m^2)}{城镇建成区常住人口总数(人)}$$

10)城镇人均生活用水量(L/人)。城镇人均生活用水量是反映城镇人民生活质量的标志,同时也反映城镇节水措施和人民节水意识的水平。具体指标是指城镇建成区常住人口每天的生活用水量（饮用水、生活用水）与常住人口总数量的比值。

计算公式：

$$城镇人均生活用水量 = \frac{常住人口每天的生活用水总量(L)}{常住人口数量(人)}$$

11）城镇人均生活用电量（kW·h/人）。城镇人均生活用电量反映城镇人民生活质量和需求的高低，是城镇电力建设与发展的重要依据。具体指标是指城镇建成区常住人口每天的生活用电量。

计算公式：

$$城镇人均生活用电量 = \frac{城镇建成区每天的生活用电总量(kW·h)}{常住人口数量}$$

12）城镇国民教育素质（％）。指镇初中以上文化程度人口占总人口的比例，城镇国民教育素质反映城镇人口素质和教育水平的高低，也从侧面反映社会发展水平。

计算公式：

$$城镇国民教育素质 = \frac{城镇初中以上文化程度人口数}{城镇常住人口数} \times 100\%$$

13）城镇儿童接受普及九年教育达标率（％）。指城镇区域内适龄儿童接受普及九年教育的程度，也是从侧面反映社会发展水平以及人民接受教育意识和脱贫的标志。

计算公式：

$$城镇儿童普九达标率 = \frac{城镇区域内适龄儿童接受普及九年教育的人数}{城镇区域内适龄儿童总人数} \times 100\%$$

14）城镇气化率（清洁燃料普及率）（％）。城镇气化率指城镇居民在生活燃料中采用清洁燃料（沼气、液化气、天然气等）的普及情况，是与使用非清洁燃料（煤炭、秸秆等）用户的比值。城镇气化率是反映城镇居民生活水平、改善生态环境质量的标志。

计算公式：

$$城镇气化率 = \frac{城镇居民采用清洁燃料的用户}{城镇居民采用燃料的用户总数} \times 100\%$$

15)户均电话占有率(%)。户均电话占有率是反映城镇人民生活水平与质量的一个方面,同时也是反映该区域经济和服务业发展水平的标志。

计算公式:

$$户均电话占有率=\frac{城镇居民拥有电话户数}{城镇居民总户数}\times100\%$$

16)人均期望寿命(平均年龄)。这一指标在国际上是衡量一个国家或地区社会经济发展的重要标志之一。它是指年度内当地死亡人口总年龄数量与死亡人口数的比值。

计算公式:

$$人均期望寿命=\frac{年度内当地死亡人口总年龄数量}{死亡人口数量}$$

17)万人拥有医生数(人)。这是一项反映社会发展的医疗保健事业的指标,同时也是该地区经济与社会发展、人民生活质量提高的标志。

18)医疗保险覆盖率(%)。该指标是社会综合发展能力的体现,也是反映社会进步与物质文明的一项标志。

计算公式:

$$医疗保险覆盖率=\frac{社会人员参与医疗保险人数}{社会人员总数}\times100\%$$

19)养老保险覆盖率(%)。该指标是反映社会进步与物质文明的一项标志。

计算公式:

$$养老保险覆盖率=\frac{社会老龄人员参与养老保险人数}{社会老龄人员总数}\times100\%$$

20)社会福利院数。这是一项反映社会发展的福利事业的指标,也是反映社会进步与文明的标志。

21)城镇国内生产总值(GDP)年增长率(%)。该指标是指本年度城镇国内生产总值与上年度国内生产总值之比。体现国民经济发展速度,是衡量区域经济发展能力的标志。

计算公式:

$$城镇国内生产总值(GDP)年增长率 = \frac{本年度城镇国内生产总值 - 上年度国内生产总值}{上年度国内生产总值} \times 100\%$$

22)乡镇企业内部结构合理性(资源加工型产业产值比例)(%)。在城镇生态建设评价中,乡镇企业的合理性与否是相当关键的,因此在城镇生态建设的评价中,采用了乡镇企业内部结构合理性这一指标,并且以其资源加工性工业产值比重作为评价内容。

计算公式:

$$乡镇企业内部结构合理性 = \frac{资源加工型产业产值}{工业总产值} \times 100\%$$

23)工业中主导型产业占总产值的比例(%)。对城镇生态建设评价来说,工业的结构合理性与否也十分重要,为了强化城镇工业产业结构调整,要求城镇必须形成自己的主导型产业,以适应市场经济的发展,该指标是指在工业总产值中主导型产业产值所占的比例。

计算公式:

$$工业中主导型产业占总产值的比例 = \frac{主导型产业产值}{工业总产值} \times 100\%$$

24)农产品商品化程度(%)。指农产品商品化数量占农产品总产量的比例,它反映农业产业结构调整后的农产品的市场适应能力和农民对农产品的市场化、商品化的意识。

计算公式:

$$农产品商品化程度 = \frac{农产品商品化数量}{农产品总产量} \times 100\%$$

25)农业生产年增长率(%)。指本年度农业生产产值与上年度农业生产产值的比值。它是反映农业生产区农业生产能力的标志。

计算公式:

$$农业生产年增长率 = \frac{本年度农业生产产值 - 上年度农业生产产值}{上年度农业生产产值} \times 100\%$$

26)农业收入结构(种植业收入所占比例)(%)。指农业总收入中种植业收入所占比例。它可以基本上反映出农村经济系统结构的合理性。

计算公式：

$$农业收入结构 = \frac{种植业商品产值}{农业总收入} \times 100\%$$

27）第二、三产业产值比例（％）。指第二、第三产业产值占总产值的比例。目前我国农村一个重要问题是应大力发展第二和第三产业，从根本上解决单一产业结构的格局。

计算公式：

$$第二、三产业产值比例 = \frac{第二、三产业产值之和}{第一、二、三产业产值之和} \times 100\%$$

28）城镇人均纯收入年增长率（％）。是指城镇常住居民本年度人均纯收入与上年度人均纯收入之比，它是反映城镇居民生活水平的增长速度。

计算公式：

$$城镇人均纯收入年增长率 = \frac{本年度人均纯收入 - 上年度人均纯收入}{上年度人均纯收入} \times 100\%$$

29）农民人均纯收入年增长率（％）。是指农村常住居民本年度人均纯收入与上年度人均纯收入之比，它是反映农村居民生活水平提高能力的标志。

计算公式：

$$农民人均纯收入年增长率 = \frac{本年度人均纯收入 - 上年度人均纯收入}{上年度人均纯收入} \times 100\%$$

30）城镇单位 GDP 能耗（吨标准煤/万元）。是指城镇总能耗与本建成区国内生产总值之比。

能源部分应计算建成区消耗的全部能源，包括建成区自己生产并使用的一次能源和外部输入的一次能源和二次能源的总和。要将各类能源换算成标准煤作为统一的计量单位，其中输入电力的计算采用发电所耗标准煤的计算方法（一般不采用每度电含能量的计算方法），而经济部分包括国内生产总值即一产、二产和三产的总和。

计算公式：

$$城镇单位 GDP 能耗 = \frac{城镇总能源消耗总量（吨标准煤）}{建成区国内生产总值（万元）}$$

31)城镇单位 GDP 耗水量(m^3/万元)。是指建成区用水总量与建成区国内生产总值之比。它是考核地区节水措施的重要指标。

用水量只计算建成区消费水量部分,不计算农业用水量。

计算公式:

$$城镇单位\ GDP\ 耗水量=\frac{建成区用水总量(m^3)}{建成区国内生产总值(万元)}$$

32)城镇环保投资占 GDP 比例(%)。该指标是指城镇环境保护投资与国内生产总值之比。它是反映地区环境保护意识与能力的重要标志,是城镇生态建设的重要指标。

计算公式:

$$城镇环保投资占\ GDP\ 比例=\frac{城镇环境保护投资}{国内生产总值}\times100\%$$

33)城镇科教投资占 GDP 比例(%)。指城镇科学教育投资与国内生产总值之比。它是反映地区科学教育意识与能力的重要标志,是城镇精神文明与物质文明的反映,是社会发展的重要基础,也是城镇生态建设的重要指标。

计算公式:

$$城镇科教投资占\ GDP\ 比例=\frac{城镇科学教育投资金额}{国内生产总值}\times100\%$$

34)科技成果转化率(%)。指该地区已转化的科技成果数量与研制及开发的科技项目数量之比。它是检验该地区科技成果转化能力、科学普及能力、科研成果的科学性与应用性、地区政府及领导的重视性以及地区生态环境建设能力的重要标志。统计时限建议自《全国生态环境保护纲要》实施之日起至统计之日止。

计算公式:

$$科技成果转化率=\frac{已转化的科技成果数量}{研制及开发的科技项目}\times100\%$$

(2)城镇建成区环境指标。

1)空气环境质量。空气环境质量达到环境规划要求,是指乡镇建成区大气环境质量达到乡镇环境规划的有关要求。

2)声环境质量。声环境质量达到环境规划要求,是指乡镇建成区噪声污染控制在乡镇环境规划要求的范围内。

3)工业污染源排放达标率(%)。指乡镇辖区内实现稳定达标排放的工业污染源数量占所有工业污染源总数的比例。

计算公式：

$$\text{工业污染源排放达标率} = \frac{\text{辖区内实现稳定达标排放的工业污染源数量}}{\text{辖区内所有工业污染源总数}} \times 100\%$$

4)生活垃圾无害化处理率(%)。指乡镇建成区内经无害化处理的生活垃圾数量占生活垃圾产生总量的百分比。生活垃圾无害化处理指卫生填埋、焚烧、制造沼气和堆肥。卫生填埋场应有防渗设施，或达到有关环境影响评价的要求(包括地点及其他要求)，执行《国家生活垃圾填埋污染控制标准》和《国家生活垃圾焚烧污染控制标准》等垃圾无害化处理的有关标准。

卫生填埋是指按卫生填埋工程技术标准处理乡镇建成区生活垃圾的垃圾处理方法，其填埋场地有防止对地下水、环境空气和周围环境污染，以及防止沼气爆炸的设施，并符合响应的环境标准，区别于裸卸堆弃和自然填埋等可能污染环境的措施。

焚烧是指在一定温度下，生活垃圾经自然或助燃的方法焚烧，达到减量化和无害化的处理方法，其产生的热能可以加以利用。

制造沼气是指生活垃圾在一定范围内封存，控制适当温度，使垃圾在容器中发酵，并产生可燃性气体的处理方法。其可燃性气体可以作为燃料加以利用。

堆肥是指生活垃圾按一定形状，控制适当温度，使垃圾在堆中发酵、生物分解的无害化资源的处理办法。

计算公式：

$$\text{生活垃圾无害化处理率} = \frac{\text{乡镇建成区内经无害化处理的生活垃圾数量}}{\text{乡镇建成区内生活垃圾产生总量}} \times 100\%$$

5)生活污水集中处理率(%)。指乡镇建成区内经过污水处理厂或其他处理设施处理的生活污水折算量占城镇建成区生活污水排放总量的百分比。污水处理厂包括一级、二级集中污水处理厂，其他处理设施包括氧化塘、氧化沟、净化沼气池，以及湿地废水处理工程等。

计算公式：

$$\text{生活污水集中处理率} = \frac{\begin{matrix}\text{二级污水}\\\text{处理厂处理量}\end{matrix} + \begin{matrix}\text{一级污水处理厂排江、}\\\text{排海工程处理量}\end{matrix} \times 0.7 + \begin{matrix}\text{氧化塘、氧化沟净化沼气池}\\\text{及湿地处理系统处理量}\end{matrix} \times 0.5}{\text{乡镇建成区生活污水排放总量}} \times 100\%$$

6）人均公共绿地面积（m^2/人）。指乡镇建成区公共绿地面积与建成区常住人口的比值。公共绿地是指乡镇建成区内常年对公众开放的绿地（包括园林），企事业单位内部的绿地除外。

1999 年我国《城市规划定额指标暂行规定》指出，到 2010 年人均公共绿地面积 7~11 m^2。

计算公式：

$$\text{人均公共绿地面积} = \frac{\text{公共绿地面积}（m^2）}{\text{区域内人数}}$$

7）主要道路绿化普及率（％）。指乡镇建成区主要街道两旁栽种行道树（包括灌木）的长度与主要街道总长度之比。

计算公式：

$$\text{主要道路绿化普及率} = \frac{\text{乡镇建成区主要街道两旁栽种行道树的长度}}{\text{主要街道总长度}} \times 100\%$$

8）清洁能源普及率（％）。指乡镇建成区清洁能源消耗量占能源消耗总量的百分比。清洁能源指消耗后不产生或很少产生污染物的低污染的化石能源（如液化气、天然气、煤气、电等）以及采用清洁能源技术处理后的化石能源（如清洁煤、清洁油）。

计算公式：

$$\text{清洁能源普及率} = \frac{\text{乡镇建成区清洁能源消耗量}}{\text{能源消耗总量}} \times 100\%$$

9）集中供热率（％）。是指乡镇建成区集中供热设备总容量占建成区供热设备总容量的百分比。集中供热率只考核北方城镇。

计算公式：

$$\text{集中供热率} = \frac{\text{乡镇建成区集中供热设备总容量}}{\text{乡镇建成区供热设备总容量}} \times 100\%$$

10）机动车尾气达标率（％）。指机动车尾气达标台数占实际测试台数的百分率,是改善城镇空气环境质量的重要指标。

计算公式:

$$机动车尾气达标率 = \frac{机动车尾气达标台数}{实际测试台数} \times 100\%$$

11)城镇卫生厕所普及率(%)。是指城镇公共厕所和居民家庭中有墙、有顶的厕所,并且厕坑及蓄粪池无渗漏、清洁、无苍蝇,粪便定期清除并进行无害化处理的厕所占总厕所数的百分比。

计算公式:

$$城镇卫生厕所普及率 = \frac{卫生厕所数}{总厕所数} \times 100\%$$

12)旅游环境达标率(%)。旅游环境达标率由资源环境安全指数(占 50%)、心理环境健康指数(占 25%)和环境质量达标指数(占 25%)三项组成。

其中,资源环境安全指数指不破坏国家和地方重点保护的珍稀濒危动植物资源,不存在资源环境安全隐患的旅游开发活动;心理环境健康指数指游人心理可以承受的游客容量,一般风景资源旅游活动以每 10 m 游道容纳 3 名游客为限值;环境质量达标指数,指水、气、噪声、固废排放的达标情况。

计算公式:

$$\begin{aligned}旅游环境\\达标率\end{aligned} = \left\{\begin{aligned}资源环境安全指数 \times 0.5 + 心理环境健康\\指数 \times 0.25 + 环境质量达标指数 \times 0.25\end{aligned}\right\} \times 100\%$$

资源环境安全指数　　　　　$X = X_1 + X_2$

不破坏珍稀濒危特种资源 $X_1 = 0.5$,否则 $X_1 = 0$;

不存在安全隐患则 $X_2 = 0.5$,存在 N 项安全隐患扣 10%,则 $X_2 = 0.5 - 0.2N$,$N \geqslant 3$ 时 $X_2 = 0$。

心理环境健康指数　　　　　$Y = (5 - y)/2$

式中,y 为每 10m 游道游客个数。

环境质量达标指数　　　　　$Z = 0.2 + 0.2z(1 \leqslant z \leqslant 3 时)$

式中,z 为水、气、噪声、固废物排放四项指标达标项数,$z = 0$ 时,$Z = 0.2$。

数据来源：县级以上环保部门、旅游部门。

气体：要求达到大气环境质量标准一级标准。

噪声：要求达到城市区域环境噪声标准一类标准。

固体废物排放：要求达到《固体废弃物污染环境防治法》要求。

注释：1. 安全隐患主要存在于以下6处（每一处存在隐患，算做一项）：①星级宾馆；②景区（点）、参观点；③定点购物店、餐厅；④接待游客的运载工具；⑤娱乐场所及游乐设施；⑥其他游客聚集场所。

2. 心理环境健康的要求视地区、旅游吸引的类型、每个旅游者的具体特点不同，心理容量的范围也不相同。通常，在观景点每位游客需要20 m（或1 m² 扶手护栏）的空间，在人口密集的营地，每位游客需要的空间为10 m。

3. 环境质量要求：水环境达标要求海水浴场，人体直接接触海水的海上运动或娱乐区达到二类海水质标准；滨海风景旅游区地表水要求达到相应功能区标准。

（3）乡镇辖区生态环境指标。

1）森林覆盖率（%）。指乡镇辖区内森林面积占土地面积的百分比。森林，包括郁闭度0.2以上的乔木林地、经济林地和竹林地。国家特别规定了灌木林地、农田林网以及村旁、路旁、水旁、山旁、宅旁林木面积折算为森林面积的标准。

目前，发达国家森林覆盖率已达到50%以上。我国一些生态旅游地区的森林覆盖率已达到40%以上。但大部分地区的森林覆盖率尚不足10%。

计算公式：

$$森林覆盖率 = \frac{乡镇辖区内森林面积}{乡镇辖区内土地面积} \times 100\%$$

2）农田林网化率（%）。指达到国家农田林网化标准的农田面积与农田总面积之比。

计算公式：

$$农田林网化率 = \frac{达到国家农田林网化标准的农田面积}{农田总面积} \times 100\%$$

3）水土流失治理度（%）。指经治理合格的水土流失面积占乡镇辖区内水土流失面积的百分比。

计算公式：

$$水土流失治理度 = \frac{治理合格的水土流失面积}{乡镇辖区内水土流失总面积} \times 100\%$$

4)主要农产品农药残留合格率(%)。指当地主要粮食、蔬菜、水果中农药残留符合国家标准的样品数占抽样总数的百分比。

计算公式：

$$主要农产品农药残留合格率 = \frac{\begin{array}{c}主要农产品农药残留\\符合国家标准的样品数量\end{array}}{主要农产品抽样总数} \times 100\%$$

5)农膜回收率(%)。由于农膜的不易分解性，容易在地表形成隔离层，对环境造成污染和破坏，因此，选择此项指标来反映这一环境问题是十分必要的。具体含义是指区域内农膜回收量占农膜使用量的百分比。

计算公式：

$$农膜回收率 = \frac{区域内农膜回收量}{区域内农膜使用总量} \times 100\%$$

6)规模化畜禽养殖场粪便综合利用率(%)。指乡镇辖区内规模化畜禽养殖场综合利用的畜禽粪便量与畜禽粪便产生总量的比例。按照《畜禽养殖污染防治管理办法》(国家环境保护总局令第9号)，规模化畜禽养殖场，是指常年存栏量为500头以上的猪、3万只以上的鸡和100头以上的牛的畜禽养殖场，以及达到规定规模标准的其他类型的畜禽养殖场。其他类型的畜禽养殖场的规模标准，由省级环境保护行政主管部门做出规定。畜禽粪便综合利用主要包括用做肥料、培养料、生产回收能源(沼气等)。

计算公式：

$$\begin{array}{c}规模化畜禽养殖场\\粪便综合利用率\end{array} = \frac{\begin{array}{c}规模化畜禽养殖场\\综合利用的畜禽粪便量\end{array}}{畜禽粪便产生总量} \times 100\%$$

7)农作物秸秆综合利用率(%)。指乡镇辖区内综合利用的农作物秸秆数量占农作物秸秆产生总量的百分比。秸秆综合利用主要包括粉碎还田、过腹还田、用作燃料、秸秆气化、建材加工、食用菌生产、编织等。乡镇辖区全部范围划定为秸秆禁烧区，并无农作物秸秆焚烧现象。

计算公式：

$$\frac{农作物秸秆}{综合利用率} = \frac{镇辖区内综合利用的农作物秸秆数量}{农作物秸秆产生总量} \times 100\%$$

8) 农业污灌达标率(%)。指经过无害化处理后生活、工业排污用水浇灌的耕地面积占采用排污用水浇灌的耕地总面积的百分率。农业污灌达标率是区域污灌净化能力的标志，也是地区生态环境意识的反映。

计算公式：

$$农业污灌达标率 = \frac{无害化处理后的污灌耕地面积}{污灌耕地总面积} \times 100\%$$

9) 工业污染源治理稳定达标率(%)。指工业污染源稳定治理达标的工业企业数量占工业企业总数量的百分率。要求镇域内无"十五小"[1]、"新六小"[2]等国家明令禁止的重污染企业。

计算公式：

$$\frac{工业污染源}{治理稳定达标率} = \frac{工业污染源治理达标的企业数量}{工业企业总数量} \times 100\%$$

10) 固体废物处置率(包括综合利用率)(%)。指城镇固体废弃物中进行填埋、焚烧和资源化(综合利用)等无害化处理的数量占固体废弃物排放总量的比例。

计算公式：

$$固体废物处理率 = \frac{固体废物无害化、资源化处理的数量}{固体废弃物排放总量} \times 100\%$$

11) 节水措施利用率(%)。指采用滴、渗、喷灌等节水措施浇灌耕地的面积占应浇灌耕地的总面积的百分率，它是严重缺水地区节水灌溉，提高抗旱能力的有效措施。

计算公式：

---

[1] 十五小是指小造纸、小制革、小染料、土炼焦、土炼硫、小电镀、小漂染、小农药、土选金、土炼油、土炼铅锌、土法生产石棉制品、土法生产放射性制品、土炼汞、土炼砷。

[2] 新六小是指小水泥、小玻璃、小炼焦、小火电、小炼铁、小煤矿。

$$节水措施利用率=\frac{采用节水措施浇灌耕地的面积}{总耕地的面积}\times100\%$$

12)绿化覆盖率(%)。指区域绿化面积占区域总面积的百分比，它是衡量区域生态环境建设的重要指标。

计算公式：

$$绿化覆盖率=\frac{区域绿化面积}{区域总面积}\times100\%$$

13)生态系统抗灾能力(%)。指区域内当年农业生态系统受到一般灾害与上一年相比的减产幅度。系统的稳定性是生态建设所追求的目标之一。

计算公式：

$$生态系统抗灾能力=\frac{\begin{array}{c}当年农业生态系统受到\\一般灾害后的产值\end{array}}{上一年农业生态系统的产值}\times100\%$$

14)农林病虫害综合防治能力(%)。指施用农药以外的综合防治农作物病虫害面积与农作物病虫害总面积的比例，主要防治措施如生物农药、天敌昆虫、栽培措施、育种措施等。

计算公式：

$$农林病虫害综合防治能力=\frac{综合防治农作物病虫害面积}{农作物病虫害总面积}\times100\%$$

3. 小城镇生态环境指标体系的指标选择

小城镇生态环境经指标体系的构建需要有严格的科学性。在指标的选择上，应遵循可操作性原则，尽量选择公认的、有官方统计的、易于获取的指标，每一个指标都应当有明确的指标解释和严密的模型运算推求。另外，在进行指标选择时还应综合考虑指标数目、指标量化、权重分配、数据的获取以及指标可比性方面，对指标进行相关性分析，避免指标之间的重复、交叉与矛盾，设计出合理有效的指标体系。

除了在国际国内已有的指标中选取所需指标之外，也可以根据该小城镇的特色进行创新，提出新的指标。在创建指标时，必须给出正确的统计数据与计算标准，避免那些模糊不清、难以统计与计算的指标。

进行小城镇生态环境指标选择的具体要求如下。

(1)不能将经济发展作为可持续性发展的唯一评价指标。在许多国内外有关区域性可持续发展的指标体系中,将经济发展水平与速度作为评价可持续性的主要指标甚至是依据,它们都忽略了一个事实,即形成较高发展水平与速度的经济发展方式正是当前严重的资源与环境问题的主要诱导因子。因此,高水平和高速度的经济发展所表现的并不一定是可持续的,不能简单地由经济发展指标的高低来推断可持续性,只能将其作为重要的区域背景指标。

(2)要充分考虑资源利用效率与利用强度的关系。资源利用效率是影响资源利用可持续性的重要因素,但不能在不考虑资源利用强度的情况下,仅仅从利用效率的高低来评价区域资源是否处于可持续状态。资源利用效率的提高只有在能够有效地将区域资源消耗总量控制在适度水平时,才可以认为是真正的资源的可持续性利用。

(3)指标选取中要考虑某些指标具有时空覆盖度和分辨率的特点。通常,各类数据都是按行政区划单元进行统计,而有些资源数据则是按流域、生态区等统计的,还有些指标是需要经过适当处理而获取的。因此,指标的应用还受到数据时空覆盖度和分辨率的限制。

(4)指标选取特别要注意有些指标的不可逆效应和累积效应。在各类不可持续因素所引起的系统恶化后果中,有些可以通过恢复过程加以消除,有些则是不可逆的。如基因资源、各类矿产资源等。

(5)要注意指标作用效应的多重性和双向性。在生态小城镇建设中,许多因子对小城镇级生态—经济—社会复合系统的可持续性的影响是多方面的。同一因子对于不同的可持续发展的影响效应是不同的。可能既有保证持续性的正向效应,又有诱发非持续性的负向效应,对于单一的可持续性问题,同一因子的不同变异范围也会具有不同的影响效应。因此,影响因子的这种多重效应和双向效应决定了不能依据该因子的特定指标值简单评价出可持续性的高低。

4. 小城镇生态环境指标体系的确定

为了描述小城镇生态环境的现状和预测其发展变化趋势,为了更好地指导和评价生态小城镇的建设,理想的小城镇生态评价指标体系应具有完全性、独立性、可感知性、贴切性和合理性。

(1)指标值的确定。一个完整的指标体系应当包含指标与指标值两个部分,指标值的确定工作十分重要。在确定指标值时,首先可进行相关小城镇的对比分析,明确该小城镇与其他小城镇的优势与差距。然后结合建设目标的要求,提出相应的指标值。指标体系本身也应当具有一定的可持续性,即应当提出不同时段不同建设阶段的指标值。如提出规划期—运营期—服务期的指标值,或提出近期—中期—远期的指标值等。

(2)在确定小城镇生态评价指标体系时一般考虑如下问题。

1)根据研究或规划设计工作的目的去选择指标。

2)将复杂庞大的小城镇生态环境划分为若干层次和若干小系统。

3)综合研究小城镇生态环境的结构、功能、运行状态、过程及效应,并按这一思路选择评价指标。

4)将各层次、各子系统单一指标综合成全系统的综合指标。

(三)小城镇生态环境指标体系分类

1. 单一指标类型

(1)人文发展指数。联合国开发计划署提出的人文发展指数(HDI)是由平均寿命、成人识字率和平均受教育年限、人均国内生产总值三个指标组成的综合指标。其中,平均寿命用以衡量居民的健康状况;成人识字率和平均受教育年限用以衡量居民的文化知识水平;购买力平价调整后的人均国内生产总值用以衡量居民掌握财富的程度。

人文发展指数不能作为反映可持续发展状态的绝对尺度,因为它不能反映资源、环境等方面的情况,社会、经济、人口等方面也仅仅反映了很少一部分。

(2)新国家财富指标。世界银行开发了由生产资本、自然资本、人力资本、社会资本组成的新国家财富指标,这是一个全新的指标,既包括生产积累的资本,还包括天然的自然资本;既包括物质方面的资本,还包括人力、社会组织方面的资本,应该说是比较完整的,但它仍属于单个指标——国家财富。

通过新国家财富指标来反映可持续发展的状况仍然存在不足之处，主要表现在可持续发展涉及的方面和内容很多，四种资本无法把大部分内容都包括进去，甚至连主要的方面也不能包括进去；同时四种资本之间可以互相替代，反映的仅仅是弱可持续性发展。

（3）单一类型指标的特点。

1）优点：综合性强，容易进行国家之间、地区之间的比较。

2）缺点：反映的内容少，估算中有许多假设的条件，大量的可持续发展的信息难以得到，难以从整体上反映可持续发展的全貌。

2. 综合核算体系类型

（1）环境经济综合核算体系。联合国组织开发的环境经济综合核算体系（SEEA）就是将经济增长与环境核算纳入一个核算体系，借以反映可持续发展状况。该方法的研究取得一定的进展，但仍有许多问题，难以推行。

（2）国家核算体系。将国民经济核算、环境资源核算、社会核算有机地结合在一起，建立了国家核算体系，反映一个国家的可持续发展状况。社会核算的主要内容有食物在家庭中的分配、时间的利用和劳务市场的作用；环境核算方面建立了环境压力投入产出模型，将资源投入、增加值、污染物排放量分行业进行对比分析，计算出经济增长与资源消耗、污染物排放量之间的比例关系及其变化，借以反映可持续发展状况。

（3）综合核算体系类型的特点。

1）优点：基本上解决了同度量问题，即各个指标可以直接相加。

2）缺点：人口、环境、资源、社会等指标的货币化问题，实施起来还有一定的难度。

3. 菜单式多指标类型

为了反映可持续发展的各个方面，指标一般较多，从几十个到一百多不等。目前，有比利时、巴西、加拿大、中国、德国、匈牙利等 16 个国家自愿参与联合国可持续发展委员会菜单式多指标类型的测试工作。

菜单式多指标类型是根据可持续发展的目标、关键领域、关键问题而选择若干指标组成的指标体系。例如,联合国可持续发展委员会提出的可持续发展指标一览表(共计有 142 个指标)、英国政府提出的可持续发展指标(共计有 118 个指标)、美国政府在可持续发展目标基础上提出的可持续发展进展指标等都属于菜单式多指标类型。

菜单式多指标类型指标的特点如下。

(1)优点:覆盖面宽,具有很强的描述功能,灵活性、通用性较强,许多指标容易做到国际一致性和可比性等。

(2)缺点:指标的综合程度低,从可持续发展整体上进行比较尚有一定的难度。

4. 菜单式少指标类型

环境问题科学委员会针对联合国可持续发展委员会提出的指标较多的状况,提出了菜单式少指标类型。这类指标只有十几个指标,其中经济方面的指标有经济增长率、存款率、收支平衡、国家债务等;社会方面的指标有失业指数、贫困指数、居住指数、人力资本投资等;环境方面的指标有资源净消耗、混合污染、生态系统风险/生命支持、对人类福利影响等。例如,荷兰国际城市环境研究所建立了一套以环境健康、绿地、资源使用效率、开放空间与可入性、经济及社会文化活力、社区参与、社会公平性、社会稳定性、居民生活、福利 10 个指标组成的评价模型,用以评价城市的可持续发展。另外,一些北欧国家、加拿大等根据多少不等的几个专题,在每个专题下选择两三个或四个指标,组成指标体系。

菜单式少指标类型的特点是综合指数,直观性较差,与可持续发展的目标、关键问题联系不太密切。

5. "压力=状态-反应"指标类型

"压力=状态-反应"指标类型是由加拿大统计学家最先提出,欧洲统计局和经合组织(全称:经济合作与发展组织)进一步开发使用的一套指标。他们认为,人类的社会经济活动与自然环境相互作用。自然环境为人类提供各种资源,人类又通过生产、消费等活动向自然环境排放废弃物,从而改变资源的数量与环境的质量,进而又影响人类的社会经济活动及其福利,自然环境和人类之间的这种循环往复的作用关系即称为"压力＝状态－反应"的关系。压力是指人类活动、大自然的作用造成的环境状态、环境质量的变化；状态是指环境的质量、自然资源的质量和数量；反应是人类为改善环境状态而采取的行动。压力、状态、反应三者之间存在一定的关系。压力、状态、反应都可以通过一组指标来反映，即"压力＝状态－反应"指标。

"压力＝状态－反应"指标的特点是能够较好地反映了经济、环境、资源之间的相互依存、相互制约的关系，但是可持续发展中还有许多方面之间的关系并不存在着上述压力、状态、反应关系，从而不能都纳入该指标体系。

(四)小城镇生态环境量化指标体系

小城镇生态环境定量研究的量化指标体系是从强调人与自然的协调关系的角度出发而提出的，应遵循科学性原则、完备性原则、可操作性原则、动态性原则。小城镇生态环境量化指标体系主要包括生态环境质量评价指标群和社会经济发展调控指标群两大部分，见表5-4。

表 5-4　小城镇生态环境量化研究指标体系一览表

指标群	类型		指　　标	单位
社会经济发展调控指标群	人口发展	现状	人口总数	人
			人口密度	人/km²
		趋势	人口增长率	%
	经济发展	现状	人均 GDP	万元/人
		趋势	GDP 增长率	%
		工业发展	工业产值模数	
		结构	工业总产值占 GDP 比例	%
		生态建设投资	生态环境保护投资比	%
	社会发展	福利	社会安全饮用水比例	%
		资源利用量	人均承资源量	t/人
			水资源利用量	t
	科技进行	工业	工业甩水重复利用率	%
		其他指标等		

续表

指标群	类型		指 标		单位
生态环境质量评价指标群	植被	乔木	地下水位		m
			盐分含量		%
		灌木	地下水位		m
			覆盖度		%
		草本	地下水位		m
			覆盖度		%
	水环境	水体矿化度			g/m³
		高锰酸盐指数	COD$_{Mn}$		mg/m³
		溶解氧	DO		mg/m³
		氨氮	NH$_3$-N		mg/m³
		六价铬	C$_r^{6+}$		mg/m³
		挥发酚	ϕ－OH		mg/m³
	土地环境	土地肥力	有机质含量		%
			全氮含量		%
		盐化程度 (0~30 cm)	总盐含量		m
			缺苗率		%
		碱化程度	钠碱化度		m
			pH(1∶2.5)		—
		水土流失	水土流失模数		t/(km²·年)
	大气环境	二氧化硫	SO$_2$		mg/m³
		氮氧化物	NO$_x$		mg/m³
		固体总悬浮物	TSP		mg/m³
		飘尘	飘尘		mg/m³

1. 社会经济发展调控指标群

社会经济发展调控指标群主要由描述和表征人口、经济、社会、科技等发展的指标集组成。在生态环境调控与管理研究过程中,主要选取与生态环境紧密相关的、又能够综合衡量社会经济发展对生态环境影响的可量化指标组成社会经济发展调控指标群。

社会经济发展调控指标群能够反映出生态环境在社会经济系统中的地位以及对社会经济发展的贡献作用,通过对这些指标的调控与管理,能够直接或间接地调控生态环境。但该类指标比较繁杂,可操作性不强。

2. 小城镇生态环境质量评价指标群

在制定小城镇生态环境量化指标体系时,针对具体的区域,可以选择主要的指标或增加、修改部分代表性指标。这样做虽然增加了研究的灵活性,但也给研究成果的"可比性"带来困难(这也是其他行业制定一般评价指标和标准的弱点)。为了尽可能避免这种影响,在具体工作时,要综合国内外最新研究成果,咨询有关专家,得到多数人的赞同与认可。

结合"十五"国家科技攻关计划,小城镇规划及相关技术标准,在对大量、有代表性相关小城镇调研的基础上,提出了更切合小城镇实际,也更具代表性和可操作性的小城镇生态环境质量评价量化指标(表 5-5)和小城镇生态评价社会经济发展调控指标(表 5-6)。

表 5-5　为小城镇生态环境质量评价量化指标

类型	指	标	单位	备注
绿地	人均公共绿地面积		m^2/人	▲
	绿化覆盖率		%	▲
	绿地率		%	▲
林木植被	乔木	地下水位	m	△
		盐分含量	%	△
	灌木	地下水位	m	△
		覆盖度	%	△
镇郊(域)草场植被	草场等级	载畜量	头羊/hm^2	△
		产青草量	kg/hm^2	△
	草场退化	植被覆盖度	%	△

续表

类型	指　　标		单位	备注
河湖生态	水体矿化度		mg/L	▲
	富营养化指数	（无量纲）		▲
水环境	pH 值	（无量纲）		▲
	高锰酸盐指数	COD_{Mn}	mg/L	▲
	溶解氧	DO	mg/L	▲
	化学需氧量	COD	mg/L	▲
	五日生化需氧量	BOD_5		▲
	氨氮	NH_3-N	mg/m^3	▲
	总磷	以 P 计	mg/m^3	▲
	六价铬	C_r^{6+}	mg/L	△
	挥发酚	$\phi-OH$	mg/L	△
地下水	超采率		%	△
大气环境	二氧化硫	SO_2	mg/m^3	▲
	氮氧化物	NO_x	mg/m^3	▲
	总悬浮颗粒物	TSP	mg/m^3	▲
	飘尘	飘尘	mg/m^3	▲
土地环境（含镇域）	土地肥力	有机质含量	%	△
		全氮含量	%	△
	盐化程度（0～30 cm）	总盐含量	m	△
		缺苗率	%	△
	碱化程度	钠碱化度	m	△
		pH（1：2.5）		△
	土地沙化	沙化面积扩大率	%	△
	水土流失	水土流失模数	$t/(km^2 \cdot 年)$	△

注：表中▲为必选指标；△为选择指标

表 5-6　小城镇生态评价社会经济发展调控指标

分类	指　标		单位	备注
人口发展	现场	人口总数	人	▲
		人口密度	人/km²	▲
	趋势	人口增长率	%	▲
经济发展	现状	人均GDP	万元/人	▲
	趋势	GDP增长率	%	▲
	一、二、三类工业比例		%	▲
	一、二、三产业比例		%	▲
	绿色产业比重		%	▲
	高新技术产业比重		%	△
社会发展	居民人均可支配收入		元	▲
	恩格尔系数		%	△
	人均期望寿命		岁	△
	饮用水卫生合格率		%	▲
	清洁能源使用率		%	▲
	人均资源占有量	人均耕地面积	hm²/人	△
		人均水资源量	t/人	▲
	资源利用量	耕地面积	hm²	△
		水资源利用量	t	▲
科技进步	中水回用			△
	工业用水重复利用率		%	▲
	单位GDP能耗		kWh/万元	▲
	单位GDP水耗		m³/万元	▲

注：表中▲为必选指标；△为选择指标

三、小城镇生态评价程序与方法

　　生态评价是规划工作的研究内容之一，努力探索规划地域自然生态的运行脉络，并在规划方案中得到运用和体现，这在人类面临困境的今天,有重要的意义。

生态评价是根据合理的指标体系和评价标准,运用恰当的生态学方法,评价某区域生态的环境状况、生态系统环境质量的优劣及其影响作用关系。生态评价的基本对象是区域生态系统和生态环境,即评价生态系统在外界干扰作用下的动态变化规律及其变化程度。生态评价的主要任务是认识生态环境的特点与功能,明确人类活动对生态环境影响的性质、程度,明确为维持生态环境功能和自然资源可持续利用而应采取的对策和措施。

1. 小城镇生态评价程序

根据目前国内外对于生态评价工作的研究成果,结合对自然环境的整体研究,小城镇生态评价的程序主要包括以下几个步骤。

(1)资料收集和实地调查。

(2)小城镇生态系统组成因子的分析。

(3)评价指标筛选与指标体系设计。

(4)专家咨询。

(5)确定指标标准,选择评价方法。

(6)进行单项和综合评价,向专家咨询和民意测验。

(7)修改评价。

(8)论证与验证。

(9)提出评价报告。

2. 小城镇生态评价方法

当前,常采用的生态评价方法主要包括图形叠加法、生态机理分析法、类比法、列表清单法、质量指标法、景观生态学方法、生产力评价法和数学评价法等。

四、小城镇生态环境质量评价

生态环境系统是社会经济系统赖以存在的物质基础,是实现可持续发展的重要保证。小城镇生态质量评价是认识和研究小城镇生态系统的一个重要课题。

小城镇生态质量评价可以用资源质量、生物质量、人群健康、人类生活等尺度来度量。

1. 小城镇生态环境质量评价的意义

(1)合理评价生态环境质量,是实现生态环境调控与管理的重要基础。

(2)小城镇生态环境质量是客观环境质量的反映,对其进行评价是为了小城镇生态系统的良性循环,保证城镇居民拥有优美、清洁、舒适、安全的生活环境与工作环境。

(3)进行小城镇生态环境质量评价是为了以尽可能小的代价获取尽可能多的社会经济环境,取得最大的经济效益、社会效益和环境生态效益。

2. 小城镇生态环境质量评价的目的

小城镇生态质量评价的根本目的是保护人类健康,为控制和改善生态环境质量提供科学依据。小城镇生态质量评价的主要目的如下。

(1)评价小城镇生态质量状况及其演变趋势。

(2)提出符合小城镇当地实际的生态保护技术政策。

(3)提出改善小城镇生态质量的全面规划和合理布局。

(4)提出控制小城镇环境污染的技术方案和技术措施。

(5)提出地区性的污染排放标准、环境标准和环境法规。

3. 小城镇生态环境质量评价方法

小城镇生态环境质量评价的方法包括定性和定量两种方法。

(1)定性的综合评价法。定性的综合评价方法是小城镇生态质量评价最基本的方法,主要用于小城镇生态质量问题的分析、社会经济因素对生态质量影响的分析、污染物的调查与分析、小城镇生态质量下降的原因分析以及综合防治的对策分析等。

1)生态环境质量综合评价。在建立生态环境质量评价指标体系之后,要选择评价标准和评价方法。

①生态环境质量评价的标准。

a. 国家、行业和地方规定的标准;

b. 背景或本地标准;

　　c. 类比标准；

　　d. 科学研究成果也可以作为参考标准。

　　②生态环境质量评价方法。目前，已经采用的生态环境质量评价方法有：类比分析法、列表清单法、生态图法、指数法和综合指数法、景观生态学法、层次分析综合法以及多级关联评价法等。

　　2)社会经济发展水平综合评价。对于社会经济发展水平综合评价方法，目前还处于探索和发展阶段，当然也有许多可以借鉴的方法，如综合指数法、层次分析综合法、多级关联评价法等。这些方法的基本思路也是针对选定的评价指标，参照一定的评价标准，依据具体的方法，定量给出社会经济发展水平的高低等级。

　　(2)综合定量评价法。综合定量评价方法目前还没有完全统一的方法，都在探索之中。

4. 小城镇生态质量评价内容

　　小城镇生态质量评价是一项新的工作，我国目前还缺乏这方面的经验，主要是借鉴国外的经验和在实践中摸索，就目前来看，小城镇生态系统评价的出发点和归宿是维持小城镇生态平衡、控制生态环境，即从小城镇生态平衡角度来统一布局社会生产，合理规划小城镇发展水平。所以，不论在什么情况下，评价内容必须遵循下列基本原则维护小城镇生态平衡。

　　(1)小城镇自然环境背景调查分析。小城镇自然环境背景的调查内容包括小城镇地区的地层结构、地质构造、岩性及产状、水文地质、工程地质条件、环境水文地质条件、地貌形态、水文、气象、土壤、植被、珍稀动植物物种等。

　　(2)小城镇社会环境背景调查分析。小城镇社会环境背景的调查内容包括小城镇地区的土地利用、产业结构、工业布局、主要厂矿企事业单位和居民点的分布、人口密度及其空间分布、国民经济总产值及在行业部门间的分配、市政及公共福利设施、重要的经济、文化、卫生设施及位置、生态功能区的划分、各功能区的位置、远近和近期的环境目标等。

　　(3)小城镇污染物和污染源的调查和评价。小城镇环境污染及污染源的调查和评价,是为了对种类繁多、性质各异的环境污染物及污染源进行全面客观而科学的评价,在评价中,有必要建立一个标准化的评价计算方法,即建立一个可比的同一尺度基础,使其具有可比性。比较以后,可确定小城镇主要污染物。

(4)小城镇环境质量的监测和评价。合理正确的环境监测工作,能够较真实全面地反映环境质量的客观情况,使评价所描述的环境质量达到较为细致和真实的程度。

(5)小城镇环境污染生态效应的调查或监测分析。调查或监测分析环境污染对植被、农作物、动物和人群健康的影响。

(6)小城镇生态质量研究。主要研究小城镇生态质量的时空变化和影响因素及污染物在小城镇各要素中的迁移转化规律,建立相应的数学模式。研究生态环境对污染物的自净能力,确定环境容量;为制定污染物的排放标准和环境质量标准提供依据。

(7)小城镇污染原因及危害分析。从小城镇规划布局、土地利用、人口数量、资源消耗、产业结构、工业选型、生产工艺与设备等宏观决策方面来寻找污染的原因,分析环境污染对生态环境的破坏,对人群健康的影响,及由此造成的经济损失,以便为彻底根治污染提供决策依据。

(8)小城镇综合防治对策研究。小城镇综合防治对策的研究内容包括:从环境区划和规划入手,调整小城镇的产业结构、工业布局、功能区划分,制订市政建设计划,确定环境投资比例和重点治理项目;从环境管理入手,制定有关环境保护的法令、法规,按小城镇城镇功能区划分和环境容量,确定各项污染物的环境质量标准和污染物排放标准,以及控制排放、监督排放的各项具体管理办法;从环境工程入手,制定小城镇城镇重点污染源的治理计划和各污染源的治理方案、经费概算和效益分析。最后,根据提出的综合防治对策进行小城镇环境质量预测。

五、小城镇生态环境影响评价

生态环境影响评价是指对人类开发建设活动可能导致的生态环

境影响进行分析与预测,并提出减少影响或改善生态环境的策略和措施。

1. 生态环境影响评价的要求与基本原则

(1)要求。小城镇生态环境影响评价,首先要注意全面性,注意开发建设项目的全过程及其所有影响。由于拟建项目类型对生态环境作用方式以及评价等级和目的要求的不同,生态环境影响评价采用的方法、内容和侧重也不尽相同。

(2)基本原则。小城镇生态环境影响评价应遵循可持续发展原则、科学性原则、针对性原则、政策性原则及协调性原则。

2. 生态环境影响评价的内容

(1)开发建设项目主要影响的生态系统及其功能,影响的性质和程度。

(2)生态环境变化对区域或流域生态系统功能和生态稳定性的影响,分析影响的补偿可能性和生态系统功能的可恢复性。

(3)对主要敏感生态保护目标的影响程度及保护的可行途径。

(4)影响区域可持续发展的生态环境问题及区域可持续发展对生态环境的要求。

(5)明确改善区域生态环境的政策取向和技术途径。

3. 现行建设项目生态环境影响评价的要点

现行建设项目生态环境影响评价的要点,见表 5-7。

表 5-7　现行建设项目生态环境影响评价的要点

序号	项　目	要　　求
1	农业开发项目 (含畜牧业)评价	(1)与土地利用(土地整理或开垦新地)有关的影响(开荒、围湖、围海等)。 (2)与强化生产有关的影响(化肥、农药施用;污水灌田;选种育种或单作等)。 (3)与可持续农业生产有关的影响(过度放牧、不合理休耕等)。 (4)农牧业项目中的荒地开垦项目应予以重视,尽量选用替代方案

序号	项　目	要　　　求
2	林业开发项目评价	（1）伐木。伐木引起自然生境的变化（水土流失、土壤退化、坡度稳定性降低、肥力下降等），进而影响非伐木目标树种破坏，野生生物物种迁移或丧失等。 （2）植树造林。植树造林除能为社会、经济发展服务这一正面影响外，不合理的人工造林也会带来一系列负面影响，如为造林而清除原来自然树种。使其丧失经济价值和生态价值，同时林分单一的经济林也极易引起病虫害的发生。 （3）伐木营地和运输道路。伐木营地和道路建设要占用土地，清除植被造成水土流失，陆路运输造成尘土飞扬，水陆运输则造成水质下降和航行障碍，道路开通使大量人口易于迁入，造成盗伐、偷猎、开垦和新居民点的形成等间接影响

第六章　小城镇生态设计规划

第一节　生态设计与生态文明建设的关系

生态设计,是指一切按照自然环境存在的原则,并与自然相互作用、相互协调,对环境的影响最小,能承载一切生命迹象的可持续发展的设计形式。生态设计活动主要包含两方面的含义,一是从保护环境角度考虑,减少资源消耗、实现可持续发展战略;二是从商业角度考虑,降低成本、减少潜在的责任风险,以提高竞争能力。

一、生态文明建设与生态设计

1. 生态文明的含义

生态文明是指人类遵循人、自然、社会和谐发展这一客观规律而取得的物质与精神成果的总和,是指人与自然、人与人、人与社会和谐共生、良性循环、全面发展、持续繁荣为基本宗旨的文化伦理形态。

生态文明与物质文明、精神文明和政治文明是并列的文明形式,是协调人与自然关系的文明,将使人类社会形态发生根本转变。在生态文明理念下的物质文明,将致力于消除经济活动对大自然自身稳定与和谐造成的威胁,逐步形成与生态相协调的生产生活与消费方式;在生态文明理念下的精神文明更是提倡尊重自然、认知自然的价值,建立人自身全面发展的文化与氛围,从而转移人们对物欲的过分强调与关注;在生态文明理念下的政治文明,尊重利益和需求多元化,注重平衡各种关系,避免由于资源分配不公、人或人群的斗争以及权力的滥用而造成对生态的破坏。

对生态文明概念的理解,将进一步带来以下几方面的共识。

(1)生态文明强调人类对于自己生存与发展最基本条件——生态环境的责任意识。这种责任即通常所说的绿色责任,来自于以往文明的教训。人类以往文明的发展表明,人类文明越发展,人类所赖以生存的生态环境就越是遭到破坏,这种破坏有时反过来对该文明构成威胁,有的甚至消灭了该文明本身。

(2)生态文明强调保护生态环境的生产力,即现有生产不得以损害环境的自然生产力为前提,要求人类的生产是可持续的。

(3)生态文明要求尊重物种的多样性,保护物种,反对狭隘的人类中心主义,意识到其他物种生命的内在价值,呼吁尊重物种的多样性与多物种之间的共生共存与共同发展。

(4)生态文明要求人类对自然资源的利用要合理、平等并有节制,反对由少数国家和人群垄断自然资源的做法。

(5)生态文明要求经济是可以循环的经济,提倡绿色工业、绿色农业、绿色观光旅游、绿色消费。

(6)生态文明还要求人类科学发展,反对无限制的经济增长方式,反对把经济增长作为少数人攫取高额利润的途径,而把社会经济发展建立在满足人类共同需要的基础上。

2. 生态文明建设的意义

在当今时代,生态文明建设具有十分重要的意义,主要体现如下。

(1)生态文明建设能够遏制生态环境的继续恶化。

(2)生态文明建设能够促进社会发展。

(3)生态文明建设可以提高个体的自身素质。

(4)生态文明建设对世界的未来做出巨大的贡献。

3. 生态设计与生态文明建设的文化关系

生态文明是文化的内在,是文化的一部分,需要表达形式来表达自己,生态文明建设呼唤这生态设计的到来。尽管生态文明建设已经被大家所共识,人们也都十分欢迎生态文明,但要建设好生态文明,任重而道远,最关键的问题是当前生态文明还缺少一种强而有力的表达方式。以往的生态文明建设总是依靠国家的帮助,可是一味地依靠国家的政策来建设一种文明,收获是很有限的,这种建设只能孕育出一种畸形的发展。有的地方为了表现出当地政府的政绩,特意地追捧建设生态文明,单单地从提高城市绿化率出发,整个城市的绿化率是很高,但是却没有可以遮挡阳光的大树,几乎全部公路两旁都换上观赏植物,整个城市给人的感觉就像是一个拼凑起来的绿色城市,形成一种虚假的生态文明。因此,当今时代十分需要通过科学的生态设计来构建一个真正的生态文明。

(1)生态设计可以充当生态文明建设的有力宣传者。首先,生态文明建设强调保护环境、节约资源,而生态设计完全可以表达这样的信息,可以极度地节约资源,不让资源被大生产所浪费;其次,生态设计崇尚与高科技结合,这样就可以利用高科技的手段制造出绿色材料,并且可以节约能源与资源。因此,生态设计有其他宣传手段不能比拟的优势。

(2)生态设计与生态文明建设可以相互促进。生态设计与生态文明建设不但相互需要,而且还可以起到相互促进的作用。生态设计可以促进生态文明建设的发展,而生态文明建设反过来也会促进生态设计的前进。

(3)生态设计与生态文明的精神相融合,取得绝大多数人的认可。当今,保护环境、节约资源是全世界人们关心的主题,生态设计在生态文明建设时代发挥着独特的优势。

二、生态设计在生态文明建设中的作用

1. 激发与培育环境情感

生态文明建设不仅要树立生态文明的观念,还要激发与培育生态文明情感。设计作品是人与人之间情感沟通的桥梁,艺术造型是人类情感的体现,也是人格的体现,具有完善心理陶冶情操、净化心灵方面的独特作用,用艺术设计的作品去打动观众,能很好地激发和培育人们的环境情感,起到其他文化形式所不能起到的作用。因此,发挥艺术的情感作用,就成为艺术设计在生态文明建设中的一个重要功能。

2. 树立生态理想

生态文明建设是一种社会理想,而要树立这样的理想,就需要包括艺术在内的社会各行各业共同努力才能达成。社会理想,是指人们对未来社会的设想,是激励人前进的精神动力。

　　社会理想包括对未来社会的政治制度、经济制度、科学文化制度、社会面貌等的预见和设想。生态文明的社会理想，就是要实现人与自然的和谐、人与人的和谐。因此，如何实现一个具有公平正义、诚信友爱、充满活力、安定有序、人与人相互合作与相互帮助的社会理想，就成为生态文明建设的核心。

　　生态文明建设是一种先进的、符合自然规律的社会理想。要实现这样的理想，关键在于培育全社会奋发向上的精神力量和团结和睦的精神纽带，这是生态文明共同理想的作用体现。

3. 建立环境伦理

　　生态文明建设的一个重要任务，就是要建立生态伦理观，培育环境道德意识，培养良好的环境行为。人只有具有了道德意识，才能对人与人、人与社会之间利益的益损、利害、好坏等基本价值取向做出判断和认识，才能自觉遵守所在社会的道德规范。环境道德就是以是否尊重一切生命、尊重所有人的环境利益为善恶标准而建立起来的道德体系，没有这样的道德基础，生态文明建设就是一句空话。

　　在现实社会中，人与自然环境是相互作用的。自然环境是人类和其他一切生命体存在和发展的物质基础，反过来，也会对人类的心理也会产生直接或间接的影响。直接的影响是自然环境作用于人的感觉器官，引起特定的认知、情感、态度，决定人对环境的适应方式；间接的影响是自然环境通过社会环境对人的心理和行为产生影响。例如环境污染对人类的身心健康产生的影响。有关研究证明，生活在城市中的居民患慢性支气管炎、肺气肿、哮喘等病的比率要大大高于生活在郊区的居民。环境污染除了对身体有严重的危害，还对心理产生影响，是人类产生烦闷、疲倦等消极的感受。

　　人类长期的缺乏环境意识是形成不良环境行为的主要原因。生态设计在培育人类环境意识方面发挥着至关重要的作用。独特的设计创造和美好的设计形象能唤起人们的环境美感，影响人们的环境情绪、环境思想和环境品德，使人们受到真善美的感染，思想上受到启迪，熏陶情操，在耳濡目染中受到生态文明信念和环境道德的教育，从而不知不觉地树立起了环境保护意识，培养环境道德和良好的环境习惯。

4. 培育和谐的人际关系

生态文明建设,不仅是人与自然的和谐,而且也是人与人、人与社会的和谐。没有人与人的和谐,就没有人与自然的和谐。

人与人之间的和谐是需要沟通的,而生态设计在这方面的作用是其他活动不能代替的。生态设计是追求和谐的活动,能够把社会中种种不协调与相互对抗的事物通过艺术化的处理而使其和谐相处。高品位的艺术作品熏陶,不仅可以激励人,培养人的艺术兴趣,还可以调动学生自我发展和自我教育的积极性、主动性和创造性,陶冶人的审美情操,从而形成艺术的、审美的人生观,和谐地处理人与人的一切关系。

5. 传播环境意识,培养生态文明意识

生态文明建设作为一种观念,是以科学的、理智的精神为基础的。为了树立生态文明观,人们当然应开展认知教育。生态设计在科学普及教育、环境保护知识的推广方面有着十分积极的作用。

三、生态设计与生态文明建设的互动机制

生态设计与生态文明建设作为社会发展的两个重要内容,在时代不断发展的条件下,越来越显现出相互之间的影响和作用,二者之间有着密切的互动关系。

1. 需要与回应

(1)需要。一方面,生态文明建设需要生态设计的艺术传播,以达到预期的效果,从而实现其应有的文化和社会价值。生态文明建设需要增添艺术设计的内容,用来丰富自身的内涵。现代社会,随着科学技术飞速发展和社会生产力不断提高,为产品设计提供了广阔的空间;同时,随着人民生活水平的持续改善,也为拓展产品价值提出了新的更高的要求。即不仅要求产品具有使用价值,以满足人的物质需求,而且要求产品具有相应的文化品位和审美价值,以满足人的精神需求。

另一方面,生态文明建设需要通过艺术设计的方式来呈现。生态

文明强调物质和精神的统一性,强调人与自然、社会的统一性。之所以与以往的经济文明、精神文明不同,是因为生态文明建设旨在通过艺术的方式来融合人与自然、社会之间的关系,以达到和谐发展的效果。

(2)回应。生态设计要回应生态文明建设这一重大社会问题。生态设计要发展、要前进,就必须紧紧遵循社会发展的规律,符合时代发展的主题。社会主义新时期,我国科学发展观、可持续发展观、绿色文明建设方针的提出,对生态设计的形式产生了重要的导向作用,如绿色食品包装就是生态设计对生态文明建设的最好回应。

2. 理性认识和社会实践

在生态设计与生态文明的互动关系中,理性认知和社会实践的关系构成了又一重要内容。

(1)理性认识。生态设计不仅是艺术感性思维创造的产物,还不可或缺地需要理性思维的分析、接收和传递。生态文明建设在科学文化方面要求的发展水平为艺术设计的理性知识需求提供保障。生态设计的发展离不开理性的支持,特别是在科学技术日益成为推动社会进步的主导力量的前提下,艺术设计与科学技术之间的联系日益密切,设计观念和设计方法的创新越来越多地与科学技术观念和方法的创新相联系。

(2)社会实践。生态文明建设为生态设计的科学发展提供了理性认知的保障,同时,生态设计的发展也培养了人和社会在解决问题方法上的理性化,从而为生态文明的社会实践奠定了基础。生态设计创造了自觉、有目的的社会行为,必须适应社会需求,受到社会的限制,为社会服务。同时,生态设计中的理性价值与人类社会健康、合理发展的需求相联系,对精神文明建设和社会关系的良性运转起到积极的作用。这有助于提升设计自身的价值,促成设计活动与社会需求之间的良性互动。

3. 情感交融

从一定意义上讲,生态设计与生态文明建设的互动关系,也体现了二者之间情感的交织融合。这种交织融合,主要是指它们的目标存在一致性,所表达的主题思想具有共通性。

第二节 生态设计原则、程序与方法

一、生态设计原则

1. 一般原则

生态设计与其他现代设计技术一样，一般强调下列原则。

（1）功能性原则。即合目的性原则，是设计产品时应具有的目的与效用，以功能目的为设计的出发点。

（2）经济性原则。不但是成本的考虑，消费者支付能力的预测，重要的是寻求在现有条件下，提高产品的实用审美价值。

（3）艺术性原则。设计师在设计时考虑作品具有较好的审美功能和艺术品位，从而给受众以审美享受。

（4）主题性原则。主题性原则是设计目的出发点的把握。现代设计作为人类物质文化的审美创造，其目的是为了人。因此，设计活动从始至终必须从人出发，把人的物质和精神方面的需求放在第一要素的位置来考虑。

（5）创新性原则。现代设计作为人类智慧的创造性活动，创新是推动现代设计活动不断向前发展的动力，是现代设计家的追求。现代设计的创新性原则实质上是个性化原则，是一个差别化设计策略的过程，是个性化的内涵与独创的表现形式的统一。

2. 特有原则

为了显示生态设计作品的个性和设计的独创性，仅有这些一般性原则是不够的，必须做出生态文明建设的特殊要求，否则就会与生态文明的艺术设计原则相抵触。因此，以生态文明建设为指导的生态设计原则就成为生态设计应该掌握的时代要求。

（1）合规律与合目的的统一。人与自然的和谐是生态文明建设的基本的定义，这种和谐是对自然和人的双重尊重。生态文明建设的这一基本要求表现在艺术设计上，就是要求合规律性与合目的性的统一。这是生态设计的一个首要原则。

(2)个体价值与整体价值的统一。生态文明建设不仅强调人与自然之间的和谐,更强调人与人之间的和谐。这种和谐要求既尊重个人的价值,也尊重社会整体的价值。为此,生态设计必须把个体与社会结合起来,既表现个体的价值,也表现社会整体的价值,形成二者之间的统一。

(3)当前利益与长远利益的统一。用生态文明建设来把握事物的发展,还必须注意长远利益与当前利益的统一。当前利益与长远利益都是人类的根本利益,是有机的统一体。如果不顾长远,只考虑当前,则当前利益不可能持续地实现;如果不顾当前,片面强调长远,那么人们就容易失去为实现长远利益而努力的积极性。

(4)多样性的统一。生态文明建设强调的是多样性的统一,因为大自然是丰富多彩的,而自然事物的多样性不是杂乱无章的,生态设计能将各种事物有规律地组合与统一。

(5)多层次性。生态文明建设要表达多层次性原则要求生态设计一定要按照事物构成的层次结构来表现事物,突出不同层次事物的不同特性与不同关系。

二、生态设计的程序

1. 获得生态对象的生态需求

在生态设计的主要方向建筑、景观、室内和区域可持续设计与规划方面,设计师应首先考虑设计对象的生态需求。

(1)建筑设计的生态需求。为促进生态建筑的可持续发展,建筑设计的生态需求包括如下内容。

1)尊重自然环境,优化设计,节约资源,提高建筑的物理环境条件。

①调研设计地段的温度、相对湿度、日照强度、风力和风向等地域因素。

②充分考虑建筑场地的朝向、定位、地势地貌、布局等因素;评价阴影范围、引导空气流动;顺应自然环境及保护环境。

③利用自然能源、再生资源,如太阳能、天然冷源、风能、水能等。

2)增强自然环境与人的联系,建筑物作为联系人与自然环境的中介,应尽可能多地将自然的元素引入人的身边,这是生态设计原则的一个重要体现。

①尽可能增加自然采光系数,建立高品质的自然采光系统。

②创造良好的通风对流环境,建立自然空气循环系统。

③创造开敞的空间环境,使住户能更加方便地接近自然环境。

3)考虑可持续发展要求,建筑要留有一定的余地,节约资源、减少建筑以及建筑废弃物对环境的影响,使建筑随着科学技术的发展,有足够的面积以备将来发展。

①再生能源的利用。沼气、水循环系统、垃圾资源化。

②建筑的再利用。拆旧建新既可大量减少建筑垃圾,又可减少资源的浪费。

4)保护土地和植被。注意建筑地域的生态环境,确保一定的绿化覆盖率,在建筑内外创造田园般的舒适环境。尽可能利用当地技术、环境材料,形成当代乡土建筑。

(2)景观设计的生态需求。景观的生态设计反映了人类的一个新的梦想,一种新的美学观和价值观,人与自然的真正的合作与友善的关系。对应于绿色建筑,"绿色景观"是指任何与生态过程相协调,尽量使其对环境的破坏达到最小的景观。绿色景观设计应遵循地方性、保护与节约自然资本、让自然做功、显露自然等原理。

(3)室内设计的生态需求。室内设计要处理好建筑内小环境和建筑外大环境的关系。设计师在处理室内空间和建筑环境时,从绿色、生态方面应考虑如下几个方面。

1)考虑材料的环保性。

①材料自身的环保性(如石材、人工合成的化学材料等),即材料不存在危害自然环境的成分;

②材料的再生性(如木材等),即材料能否循环使用。

2)考虑节能性。利用环保产品,如节能灯具、水具、光电板、集热器、吸热百叶和有效的遮阳织物,以及利用太阳能的太阳能集热器、双层隔热玻璃、太阳能发电设备等。生态设计既包括了与环境的共生,应用减轻环境负荷的节能新技术,又创造健康舒适的室内环境。

3）考虑可循环再生性。采用多层次的室内绿化，利用目前发展起来的腐殖土生成技术、防水处理技术、无土栽培等现代绿化技术，用以吸收二氧化碳，清除甲醛、苯和空气中的细菌，形成健康的室内环境，具有生态美学方面的作用。

4）考虑"以人为本"的舒适性。把生活其中的人放在首位，设计出更符合人性化、更便利、更舒适、更体贴的生活环境和室内空间是设计师在新时代的重要目标。

5）考虑文化科技的应用。与现代高技术的结合以计算机技术、网络技术、自动控制技术、电子技术和材料技术等为代表的现代高科技在室内设计中的应用，将对采光、通风、温度和湿度等室内环境因素产生巨大的影响，有可能使室内环境设计出现一次新飞跃，为室内生态化设计提供可靠的保证。

（4）区域规划设计的生态需求。区域可持续发展的理论基础是人地系统理论，以生态城市规划和设计为重点。随着我国经济建设和城乡发展的不断深入，区域建设和发展已成为一项重要内容。在区域发展中，必须科学确立区域定位，根据区域环境容量和资源环境承载能力，制定发展规划，明确发展重点，推行可持续的发展方式和经济增长方式，调整产业布局和结构，才能让资源环境在发展中得到有效保护，从而为区域经济社会的健康发展提供不竭动力和有效保障，进而实现建设资源节约型和环境友好型社会的目标。

要根据不同区域的资源环境承载能力和发展潜力，按照优化开发、重点开发、限制开发和禁止开发的不同要求，明确不同区域的功能定位，逐步形成经济社会与人口资源环境相协调的各具特色的区域发展格局。这是区域发展总体战略的重要思路，是优化资源配置、保护生态环境的新措施，必须科学规划，抓好落实。

2. 构造目标

构造生态设计的目标，就是让设计的生态需求映射到设计师的设计活动中，成为设计的指导原则。

3. 科学编制生态城市规划

科学编制生态城市规划就要考虑到城市社会、文化，以及环境保护等诸多方面。城市规划是城市建设的总纲,科学编制生态城市规划,是建设生态城市的前提和基础。生态城市规划的内容主要包括经济总量的提高和生态经济的发展、城市人口的分布、自然生态环境的改善和环境质量的提高等。

(1)建立城市规划指标体系。编制生态城市规划,首先要建立一套由经济、社会和环境 3 方面要素构成的生态城市规划指标体系。

1)经济发展指标要突出速度、结构、效益 3 个重点,建立起符合经济发展内在规律、各产业比例合理、资源高效利用的生态经济系统,加快能流、物流、信息流的高效流动。

2)社会发展指标要突出以人为本,以改善人居环境为中心,加强基础设施建设,提高人口素质和生活质量,使城市载体功能与城市发展相适应。

3)生态环境发展指标要突出环境污染防治与生态保护性开发并重,建设城乡一体化的生态良好的循环系统,从而不断提高环境质量,促进自然资源的可持续利用。

(2)城市生态设计。在编制生态城市规划的基础上,精心做好生态城市设计,以真正实现城市的生态化目标,并体现不同城市独有的城市生态环境、城市文化、城市形象、城市风格特色和吸引力。其基本设计有城市景观设计、城市产业设计和城市住区设计 3 个方面。

1)城市景观设计的目标是建立在由建筑、园林等为主的人文景观和各类自然生态景观构成的城市自然生态系统。

2)建筑景观设计的重点是在平面规划的基础上做好空间天际轮廓线的规划设计,特别是沿主要街道建筑景观设计,要在做好高层、超高层建筑景观设计的同时,适当布置低层的生态建筑。

3)园林设计的重点是要做好沿江、河、湖、溪等两岸林带以及城市公园、城市广场的景观设计,融生态环境、城市文化、历史传统与现代理念及现代生活要求于一体,提高生态效益、景观效应和共享性。各类自然生态景观的设计重在完善基础设施,完善生态功能,提高其生态效益、景观效应和共享性。

(3)城市产业设计。城市产业应当是代表生态文明潮流和先进生产力发展方向的生态产业。城市产业设计要在全面客观地分析城市产业现状的基础上,立足于全国乃至全球市场和生态化、现代化的发展要求,高起点、高标准、科学化地进行。

1)要以生态化的示范产业园区为平台,建设以高科技产业为主导、以循环经济为特色的生态型工业体系,同时努力发展旅游、教育、医疗、物流、文化、信息、房地产等产业。

2)要建立生态产品开发、设计、孵化中心,逐步实施现有产业的调整和改造,实现产业的生态转型,提高生态经济在 GDP 中的比重。

3)要努力推行 ISO 14000 环境质量体系认证、环境标志产品认证、清洁生产审核和创建绿色企业等,建立企业环境行为、环境信用评价体系,将企业的环境信用纳入企业社会信用体系之中,通过多种媒体向社会公示。

(4)城市居住区设计。要用生态建筑原理对居住区进行科学的规划设计,形成生态建筑与完善的基础设施构成的生活环境以及包括精神文明在内的社会生态系统。居住区设计要坚持以下原则。

1)合理布局。综合考虑城市的地理特征和水、气、地质等条件及长远发展要求,选择城市居住区的最佳区位和发展规模。

2)节能低耗无污染。即在建筑材料的使用上坚持环境保护原则,避免由于建筑材料的原因造成光污染、化学污染、放射性污染等。要充分考虑建筑物的朝向、间距等,以解决住宅采光、室内通风等卫生问题。

3)应用生态技术处理生活排泄物、生活垃圾。

4)通过增加居住区绿地,推广屋顶绿化、垂直绿化、湖河溪流水体的坡岸绿化等,大幅度提高居住区绿化覆盖率。居住区内必须设置集中公共绿地。居住区公共绿地必须大于人均 1.5 m^2。

5)增加居住区文化体育设施。

4. 创造能够满足不同系统需要的设计作品

在生态设计中,设计师要尽可能考虑到不同系统的需要,并在设计作品中将这种需要反映出来。

5. 信息沟通与信息反馈

一个成功的生态设计是一个整体性的设计,而不是某个人的事,需要设计师和各相关专业的工程师之间相互协调和配合才能完成。因此,需要设计人员、相关专业工程人员之间进行良好的信息沟通和信息反馈,将各种设计策略贯穿落实到设计作品的没一个细节中,共同创造完美的生态设计作品。

三、生态设计的方法

1. 艺术手法的隐与显

在表达生态文明主题时,最常用的手法莫过于显与隐的合理穿插、巧妙衔接。通过显与隐的结合,不仅使作品产生鲜明的空间层次和强烈的空间观感,而且在显隐错落中彰显设计者对作品所赋予的独到、隐喻的美学内涵及人生境界,使作品变得灵动鲜活、生机勃勃。

隐与显,是艺术中既对立又统一的矛盾体。隐,就是把某些内容置于直接正面的艺术形象之外,不加正面表现,同时又用暗示手法,使审美主体获得更加朦胧的审美享受,从而把握到形象之外的深刻含义。显,则把某些内容放在正面与直接的描写地位,使艺术画面明朗而晓畅,人物性格鲜明而突出。

生态设计中要遵循"大处隐,小处显""明处隐,暗处显""室外隐,室内显"的原则。

2. 自然天成与人工雕琢

在生态设计中,自然天成与人工雕琢实质上是指对自然条件的利用和改造。我国著名的旅游胜地和历史文化名城——桂林,就是当地政府和人民对原生态自然环境进行了积极的保护,并利用自然天成之景做合理的旅游开发,使其成为独具特色的旅游胜地,与此同时,桂林又成功地利用了山丘地形巧妙地进行城市道路规划,对自然生态合理利用,才使桂林迅速成为享誉全球的生态旅游景区。

3. 借景与构景

借景与构景是符合生态文明内在要求的艺术设计手法。利用借景技法对空间进行合理的分割、利用、扩大,体现出大小相互、虚实相间的艺术空间,从而丰富美的感受,创造出艺术的境界。借景手法比较集中地体现在园林的构景方面。

借景就是突破自身基地范围的局限,充分利用周围的自然美景,选择好合适的观赏位置,有意识地把园外的自然美景"借"到园内视景范围中来,同时也通过借景使人工创造的园林空间引申出去,使园内园外的风景成为一体,融合在自然景色中。一座园林的面积和空间是有限的,然而运用借景的手法之后,便可收无限于有限之中,在有限空间内获得无限的意境。

4. 原始材料与现代工艺

生态文明要求保护环境、尊重生命,这就要求艺术设计者珍惜自然资源,善于从自然材料中去寻求美与创造美,善于从平凡中发现不平凡,善于化腐朽为神奇。这就要做到用现代工艺来设计与加工原始材料,从而使作品体现出自然性与高超的艺术性。

5. 因地制宜

因地制宜是一种古老而实用的设计方法,巧妙地利用环境进行艺术设计创作,这也是生态文明要求的体现。因地是遵照自然条件和客观条件,制宜是一种创造性的设计。

6. 步移景异

"步移景异"是中国传统园林特色的生动概括,指的是园林设计的变化和景观内容的丰富多彩。在生态美的艺术设计中,借用"步移景异"的方法,使艺术设计具有丰富的内涵与富于变化的形式,就成为具有生态文明的艺术设计的重要手法。

第三节 小城镇中的生态规划

一、生态规划的概念

生态规划最早是由美国区域规划专家 Ian L. McHarg 提出的,他认为:生态规划是有利于利用全部或多数生态因子的有机集合,在没有任何有害或多数无害的条件下,确定最适合地区的土地利用规划。

目前,生态规划已渗透到与经济、人口、资源、环境等多个领域。

按复合生态系统理论,生态规划可理解为是以社会—经济—自然复合生态系统为规划对象,应用生态学原理、方法和系统科学的手段,去辨识和模拟人工生态系统内的各种生态关系,确定最佳生态位,提出人与环境协调的优化方案的规划。

按可持续发展的理论,生态规划可理解为是运用生态经济学和系统工程的原理、方法,对某一区域社会、经济和生态环境复合系统进行结构改善和功能强化的中、长期发展战略部署,遵循生态规律和经济规律,在恢复和保持良好的生态环境、保护和合理利用各类自然资源的前提下,促进国民经济和社会健康、持续、稳定与协调发展的规划。

二、生态规划的目的

生态规划的基本目的是在区域规划的基础上,通过对某一区域生态环境和自然资源条件的全面调查、分析与评价,以环境容量和承载力为依据,把区域内生态建设、环境保护、自然资源的合理利用,以及区域社会经济发展与城乡规划建设有机结合起来,培育天蓝、水清、地绿、景美的生态景观,诱导整体、协同、自生、开放的生态文明,孵化经济高效、环境和谐、社会适用生态产业,确定社会、经济、环境协调发展的最佳生态位,建设人与自然和谐共处的殷实、健康、文明向上的生态区,建立自然资源可循环利用体系和低投入、高产业、低污染、高循环、高效运行的生产调控系统,最终实现区域经济效益、社会效益和生态效益的高度统一的可持续发展。

三、小城镇生态规划思想理念

1. 强化生态意识,推进生态文明建设

生态意识是一种反映人与自然环境和谐发展的新的价值观。生态意识反映人和自然的关系的整体性与综合性,把自然、社会和人作为复合生态系统强调其整体运动规律和对人的综合价值效应;突破过去那种分别研究单个自然现象或单个社会现象的理论框架与方法论

局限;要求把人对自然的改造限制在地球生态条件所容许的限度内,反对片面地强调人对自然的统治,反对无止境地追求物质享乐的盲目倾向。生态意识是现代社会人类文明的重要标志。

目前,日益恶化的生态环境急切地呼唤人们生态意识的提高。人们注重维护社会发展的生态基础,强调从生态价值的角度审视人与自然的关系和人生目的。生态意识是根据社会与自然的具体的可能性,最优解决社会与自然关系问题所反映的观点、理论和情感的总和。

生态文明是继原始文明、农业文明、工业文明之后的崭新人类文明形态。生态意识是人们对生态问题的理性自觉,是对生态与人类发展关系的深刻领悟与把握,并由此形成人们对待生态的基本理念。只有对生态问题有合理的意识,才能有符合生态发展需要的合理的行为;只有意识上实现高度文明,才有可能更好地推进生态文明建设。因此,全面提升生态自觉,全民强化生态意识,"政府带头,干部带头"践行生态意识,对推进生态文明建设有着至关重要的意义和价值。

2. 城乡统筹规划与可持续发展

过去,城乡规划即使城市规划也只有环境保护规划,没有生态规划。现在,"城乡规划"越来越热门,也开始越来越重视生态规划了。特别是强调生态规划的思想与理念应该贯穿和体现在包括小城镇规划的城乡规划的各项规划中已成为规划界的共识。

城乡规划建设以科学发展观统领,包括城乡统筹与可持续发展都与生态规划思想密切相关。生态意识在城乡规划中至关重要,生态意识强调以生态循环系统的方式全面思考问题。生态环境与城乡规划建设在许多方面尚会产生相互影响,城乡规划建设要考虑生态评价与生态环境目标预测,要考虑生态的安全格局,城乡规划中的空间管制,规划区哪些范围适宜建设、可以建设,哪些范围不宜建设、不可建设,都与用地生态适宜性评价直接相关。

城乡规划的产业布局如果忽略工业发展和环境之间的关系,用地开发超越生态资源承载能力,就会导致所谓的"生态危机"。特别是对于那些强调保护的生态濒危地区、生态敏感区更需在城乡规划、生态规划中深入研究。

四、小城镇生态规划程序

生态规划过程或规划程序是不断进步与发展的,主要包括以下内容。

1. 资料的收集、整合预评估

用于生态规划的大量的资料数据都是从现存的图表中得到的,也有一部分资料是从专门的研究所或该领域的专家那里获得的,还有一些不能得到的数据就不得不靠专门搜集和研究。

整合了关于土地使用和自然资源等的现存资料和收集到所有必需的资料后,可用的资料应该做出以下评估。

(1)数据设定是否完全。

(2)是否有足够的质量保证。

(3)是否需要附加解释。

2. 现状分析

现状分析主要是对规划地区内自然资源的现状的调查分析,包括可用性,灵敏度的描述,通过现状分析分析可使规划区内的地理,土壤类型,植物等数据上升为规划的标准。可能应用的多种例子包括可用性、恢复率、潜在的使用率、农业的生产率、生物价值、罕见的物品价值、种类的差异等。

为了考虑到多种施加的影响(如排放,事情的变化,能源的流动,水的利用等),在现今的情况下土地利用与施加影响力的大小有关(例如排放的数据、农业化肥的应用、平均的土壤侵蚀、房屋占用土地的百分比等)。

自然资源的可用性,灵敏度的不同级别与分析数据相结合作成数据图,论证规划地区的最大、最小的生态压力。

3. 优先权的鉴别

现状分析完成后,可以进行优先权的鉴别。目的是为了对一些最需要保护或恢复的那部分环境进行优先保护。

相对于可用性,生态敏感度处于最高级别的地区明显要求优先保护。带有高污染或其他形式环境灾难的地区需要给予优先的恢复。因此,优先地区的鉴别必须独立执行,并要无视经济资源的可用性和它们的易发现性。

对于优先的地区鉴别出来后,是否在保护和恢复方面进行投资,则需要考虑更多方面的问题,例如,自然资源和环境质量上今后的要求等。

4. 未来预测和风险分析

一个短期的保护规划的经济利益可以完全解决当前存在的问题。但为未来几代的需要,应做出更加负责任的规划。尽管人们不可能预知未来的需要,但代表性的技术的存在至少能论证在潜在的发展里生态系统的长期反应。

环境一直出于不断改变的过程,可承受的环境的合理土地利用既不意味着目前状态的保持,也不意味着重新回到一个历史的状态。然而它强调责任:即人们要把环境交给后代手上,后代至少可在现在的情况下去利用它。为了达到这一目标,人们必须对任何环境的改变都做仔细的、彻底的分析和评估。人们通过两种主要的方法对未来进行分析,并且两者应兼顾。

(1)如果结构条件没有发生变化目前的趋势将继续,趋势分析用于论证将会发生什么。通过尖端的有代表性的技术帮助进行分析,在选定的时间间隔内这个分析是相当敏感的。

(2)通过现状分析,并且如果可能的话结合任何预期的技术进步进行修正可计算出影响数值,它与预期的环境结构是相互关联的。

(3)通过把预期的土地利用结构与现状相比较,就可能预测出在规划地区未来的自然资源的可用性和分配。人们也应该考虑到保护和恢复对环境的正面影响。

5. 评估

评估主要是对规划的措施和矛盾的评估,预先必须做的事情是模式的发展。然而,对于未来环境发展模式的设计,存在着诸多未知可能的因素组合。

在人口分布、房屋用地等方面政策策略的长期影响是什么?

消费趋势会促进消费更昂贵的生物农产品吗？

经济危机和萧条会导致更便宜更低质量的消费品进口吗？

国内的服务行业会以多快的速度升级？

娱乐活动会有变化吗？

人均用水的增长估计是多少？

因此，模式的设计应主要聚焦于主要矛盾和可能在将来导致明显的负反馈的问题上。目前的情况与两者之一或模式允许下的一个可结合的评估进行比较性分析。与特定计划项目相关的所有的社会和科学之间的交流应有合理的目标，或对矛盾的精确鉴别。要通过代表性的政治团体以讨论的形式进行，它需要大众的参与。

科学家仅仅论证事实并且指出潜在的结果，直到能够找出事实和他们自己的解释的区别。

6. 空间的计划

为论证通过空间的方式去规划，而在这里被应用的系统是相当有代表性的系统。就规划而言，这个系统是一个等级的系统，随着系统的建立依靠高级向低级提供。然而只有当规划目标被认为相当重要，且有负面影响时，这个权威才会得到运用。

根据目前的实际情况，提供数据的低层次被用在高层次的规划决定之中。

这个被认为具有代表性的系统，在得到环境方面目的的实际成果可能不够，但是理论上规划中的垂直组织是可行的。这个与环境相关的组织会逐步展开它的目标，尤其在特殊领域展开规划。那些题目会与其他的规划决策相一致，并由其他有兴趣的组织执行。因此，不同水平的地形规划管理应该积极参加可在其他方面取得进步的最后决策。

五、小城镇生态规划特点

小城镇生态规划应是小城镇规划的重要组成部分，一些小城镇只重视经济建设，忽视生态环境问题，环境污染严重。另外，小城镇的污染防治基础设施建设严重不足，造成小城镇大气、地表水、水资源污染严重,取得经济价值远不能抵消长远的生态环境负面影响。小城镇生态及其规划重视从源头污染严格控制刻不容缓。小城镇的生态规划特点如下。

1. 与县域城镇体系、小城镇总体规划密切相关

小城镇生态规划一般都是在规划特定的区域范围研究"社会—经济—自然"复合生态系统。尤其与县域城镇体系、小城镇的总体规划密切相关。

小城镇生态规划的核心是对规划区域的社会、经济和生态环境复合系统进行结构改善和功能强化,以促进国民经济和社会的健康、持续、稳定与协调发展。

小城镇生态规划的思想要贯穿整个城乡规划,同时与城镇体系规划、城镇总体规划的社会经济发展规划、空间布局规划紧密同向协调。

2. 小城镇生态规划对物流和能流的依赖较弱

与城市相比,小城镇特别是县城镇、中心镇外的一般小城镇生态系统,对城镇系统之外的物流和能流依赖明显较弱。

城市生态系统是人工化的生态系统,生态系统从外界输入物质和能量并向外界输出废弃物和弃能,生态系统的运行明显依赖于外环境输入和接受废弃物的能力;而小城镇是城乡结合部的社会综合体,规模普遍较小,其生态环境的开放度明显高于城市,自然性的一面更强,小城镇生态系统对外界环境的依赖明显较弱。同时,就其小城镇而言的一般上述依赖性,县城镇、中心镇高于一般小城镇;城镇密集地区小城镇高于分散独立分布的小城镇。

3. 小城镇生态规划更加滞后,基础更为薄弱

小城镇规划还未能如城市规划那样引起社会普遍重视,小城镇生态就更加缺乏与滞后,基础更为薄弱。

4. 工业、企业项目向小城镇集中

因城市生态环境问题和产业结构而转移出来的劳动密集型,环境污染严重的工业、企业项目向小城镇集中是小城镇生态系统和生态规划不容忽视,必须高度重视切实解决的一个重要问题。

六、小城镇生态规划原则

小城镇生态规划原则见表 6-1。

表 6-1　小城镇生态规划原则

序号	项　目	内　容
1	与总体规划相协调	小城镇生态环境与小城镇规划建设在许多方面会相互影响,小城镇总体规划中的空间管制,规划区哪些范围适宜建设、可以建设,哪些范围不宜建设、不可建设与用地生态适宜性评价直接相关,生态规划应与总体规划相协调,总体规划要强调和贯穿生态规划的思想与理念
2	整体优化原则	生态规划以区域生态环境、社会、经济的整体最佳效益为目标。生态规划的思想与理念应该贯穿和体现在小城镇规划的各项规划中,各项规划都要考虑生态环境影响和综合效益。强调生态规划的整体性和综合性是从生态系统原理考虑的基本规划原则
3	生态平衡原则	生态规划应遵循生态平衡原则,重视人口、资源、环境等各要素的综合平衡,优化产业结构与布局,合理划分生态功能区划,构建可持续发展区域性生态系统
4	保护多样性原则	生物多样性保护是生态规划的基本原则之一,生态系统中的物种、群落、生境和人类文化的多样性影响区域的结构、功能及它的可持续发展。生态规划应避免一切可以避免的对自然系统的破坏,特别是自然保护区和特殊生态环境条件(如干、湿以及贫营养等生态环境)的保护,同时还应保护人类文化的多样性,保存历史文脉的延续性
5	区域分异原则	区域分异也是生态规划的基本原则之一。在充分研究区域和小城镇生态要素的功能现状、问题及发展趋势的基础上,综合考虑区域规划、小城镇总体规划的要求以及小城镇规划区现状,充分利用环境容量,划分生态功能分区,实现社会、经济、生态效益的高度统一

续表

序号	项　目	内　容
6	以环境容量、自然资源承载力和生态适宜性以及生态安全度和生态可持续性为规划依据，充分发挥生态系统潜力的原则	以环境容量、自然资源承载力、生态适宜性、生态安全度和生态可持续性为依据，有利生态功能合理分区、改善城镇生态环境质量，寻求最佳的城镇生态位，不断开拓和占领空余生态位，充分发挥生态系统的潜力，促进城镇生态建设和生态系统的良性循环，保持人与自然、人与环境关系的可持续发展和协调共生
7	以人为本、生态优先、可持续发展原则	以人为本、生态优先，可持续发展原则是小城镇生态规划的基本原则之一。这一原则也即要求按生态学和社会、经济学原理，确立优化生态环境的可持续发展的资源观念，改变粗放的经济发展模式，并按与生态协同的小城镇发展目标和发展途径，建设生态化小城镇

表 6-1 中涉及的概念及其释义如下。

(1)城镇生态环境容量。指的是在不损害生态系统条件下，城域单位面积上所能承受的资源最大消耗率和废物最大排放量。城镇生态环境容量涉及土地、大气空间、水域和各种资源、能源等诸多因素。

(2)城镇环境容量。指的是在不损害生态系统条件下，城镇地域单位面积所能承受的污染物排放量。

(3)城镇资源承载力。指的是城镇地区的土地、水等各种资源所能承载人类活动作用的阈值，也即承载人类活动作用的负荷能力。

(4)城镇环境承载力。指的是城镇一定时空条件下环境所能承受人类活动作用的阈值大小。

(5)城镇土地利用的生态适宜性。指的是城镇规划用地的生态适宜性，也即从保护和加强生态环境系统对土地使用进行评价的用地适宜性。

(6)城镇土地利用的生态合理性。指的是从减少土地开发利用与生态系统冲突考虑和分析的城镇土地利用的合理性。城镇土地利用的生态合理性可基于城镇土地利用的生态适宜性评价，对城镇的土地利用现状和规划布局进行冲突分析，确定城镇的土地利用现状和规划布局是否具有生态合理性。

（7）城镇生态安全度。指的是人类在生产、生活和健康等方面不受城镇生态结构破坏或功能损害，以及环境污染等影响的保障程度。

（8）城镇生态可持续性。指的是保护和加强城镇环境系统的生产和更新能力。城镇生态可持续性强调城镇自然资源及其开发利用程序间的平衡以及不超越环境系统更新能力的发展。

七、小城镇生态规划内容

小城镇生态规划应根据小城镇生态环境要素、生态环境敏感性与生态服务功能空间划分生态功能区，指导小城镇生态保护和规范小城镇生态建设，避免无度使用生态系统。

小城镇规划中的生态规划主要包括以下内容。

（1）小城镇规划区生态环境分析；

（2）小城镇规划区生态环境评价；

（3）小城镇规划区远期生态质量预测；

（4）小城镇规划区生态功能区划分；

（5）小城镇生态安全格局与生态保护；

（6）小城镇生态建设。

八、小城镇生态规划编制程序与方法

（一）小城镇生态规划编制程序

政府规划行政主管部门作为规划编制组织单位委托具有相应资质的单位编制小城镇生态环境规划，并提出规划的具体要求，包括规划范围、期限重点，规划编制承担单位明确任务要求，并按下述步骤进行规划编制。

（1）资料收集与调查分析。除收集和调查分析小城镇总体规划所需资料外，着重收集与生态相关的自然状况资料和农、林、水等行业发展规划有关资料。重点调查相关的自然保护区、环境污染和生态破坏严重地区、生态敏感地区。

（2）编制规划纲要或方案。

（3）规划纲要专家论证或方案论证（由规划编制组织单位组织，相关部门与专家参与）。

（4）在纲要或方案论证基础上补充调研和规划方案优化编制。

（5）成果编制与完善。包括中间成果与最后成果的编制与完善，其间也包括成果论证和补充调研等中间环节。

（6）规划行政主管部门验收规划编制单位上报成果（包括文本、说明书、图纸）并按城乡规划编制的相关法规，组织规划审批及实施。

（二）小城镇生态规划编制方法

1. 生态调查与生态环境分析

（1）生态调查。小城镇生态系调查的内容包括小城镇生态相关区域和小城镇规划区域的相关地形图、自然条件、气象、水文、地貌、地质、自然灾害、生态环境、资源条件、产业结构及乡镇企业状况、历史沿革、城镇性质、人口和用地规模、社会经济发展状况及计划等。除此之外，还包括基础设施、风景名胜、文物古迹、自然保护区和生态敏感区、土地开发利用现状与用地布局、环境污染与治理、相关区域规划等。

小城镇生态规划专项调查包括生态系统、生态结构与功能、社会经济生态、区域特殊保护目标的调查。

1）生态系统调查。主要包括动植物种，特别是珍稀、濒灭物种相关调查和生态类型调查（包括类型的特点、结构）。小城镇生态规划涉及的生态系统主要是城镇生态系统和农业生态系统。

①城镇生态系统。城镇生态系统是自然—社会—经济的人工复合生态系统。其组成要素除生物与非生物环境外，还包括人类、社会和经济要素，通过人类的生产、消费过程，实现系统中能量与物质的流动和转化，从而形成一个内在联系的统一整体。对城镇生态系统进行调查的内容包括人口密度、经济密度、能耗密度、物耗密度、土地条件、建筑密度、交通强度、地表植被水资源、气象条件、环境质量状况、社会文明程度等。

②农业生态系统。农业生态系统是在人类按照一定要求对自然生态系统积极改造形成的一种人工生态系统。由于小城镇镇域多为

农村,因此,农业生态系统也是小城镇生态规划主要研究和考虑的内容。其相关调查可包括主要农、蓄、水、林产品的种类、数量、结构、化肥、农药、能源等的用量、农业劳力状况等。生态机构与功能能调查等。

2)生态结构与功能调查。

①形态结构调查。小城镇生态规划中的相态结构调查包括小城镇规划区内的土地利用结构调查和绿化系统结构调查和所在区域生物群落结构及变化趋势调查(如重要林区、草地、生态保护区等调查)。

②营养结构特征及变化趋势调查分析。主要是对小城镇生态系统中生产者、消费者、还原者三大功能类群的相关调查分析。

③生态流与生态功能调查。小城镇生态系统的生态流主要是物质流、能量流与信息流;生态系统功能是物质流与能量流在生物与非生物环境之间不断运行,两个流动过程结合在一起就是生态系统功能,并表现为生产功能、生活功能、调节功能和还原功能。

3)社会经济生态调查。小城镇社会经济生态调查主要是调查小城镇人口、科技、环境意识与环境道德。

4)所在区域特殊保护目标调查。小城镇生态规划重点关注的区域特殊生态保护目标见表6-2。

表6-2　小城镇生态规划重点关注的区域特殊生态保护目标

序号	项目	内　　容
1	敏感生态目标	如自然景观、风景名胜、水源地、湿地、温泉、火山口、地质遗迹等
2	脆弱生态系统	如岛屿、荒漠、高寒带生态系统
3	生态安全区	如江河源头区和对城镇人口经济集中区有重要生态安全防护作用的地区
4	重要生境	系生物物种丰富或珍稀濒危野生生物生存的生境,如热带森林、原始森林、红树林等

(2)生态环境分析。

1)生态系统分析。生态系统分析主要是确定生态系统类型,分析小城镇生态系统结构的整体性、生态系统的物质与能量流动、生态功能以及生态系统相关性、生态约束条件和生态特殊性分析。

①生态系统相关性分析。分析复杂生态关系,确定相关性特别强的系统或因子,以便采取有效生态保护措施。

②生态约束条件分析。主要是水分、土地与土壤、气候条件、地质地貌条件、生物条件和社会经济条件等约束的系统分析。

③生态特殊性分析。主要是对生态系统特殊性、主导性生态因子、敏感生态环境保护目标进行分析。

2)生态环境现状分析。生态环境现状分析包括以下内容。

①分析规划区土地资源开发利用中可能面临的水土流失、土地荒漠化、盐渍化等问题。

②分析小城镇绿地被挤占和绿化系统存在的缺陷造成的生态功能下降、景观生态不良变化等小城镇生态环境现状存在问题。

3)生态破坏效应分析。生态破坏效应分析的内容包括如下。

①分析因森林破坏、绿地被挤占、水土流失、土地荒漠化、生物群落结构破坏,给人群生活和健康的影响和损害。

②分析因生态破坏造成的直接和间接经济损失。

4)生态环境变化趋势分析。生态环境变化趋势分析包括如下内容。

①小城镇人口压力对生态环境的影响分析。

②小城镇建设与经济增长对生态环境的影响分析。

2. 生态系统分析、评估与预测

生态系统分析、评估与预测是小城镇生态规划的基础,也是小城镇生态规划的重要内容。

(1)生态系统分析与评估。生态系统分析主要是分析小城镇生态系统结构、功能状况,辨识生态位势;生态系统评估主要是评估小城镇生态系统的健康度、可持续度等。通过对生态系统的分析与评估结果提出小城镇自然—社会—经济发展的优势、劣势和制约因素。

(2)生态系统预测。在小城镇生态系统预测是在小城镇生态系统分析与评估的基础上进行的,可参照以下相关内容进行生态系统预测。

1)生态风险评估。生态风险评估主要是评估由于一种或多种外界因素导致可能发生或正在发生的不利生态影响的过程。其目的是帮助环境管理部门了解和预测外界生态影响因素和生态后果之间的关系,有利于环境决策的制定。生态风险评估被认为能够用来预测未来的生态不利影响或评估因过去某种因素导致生态变化的可能性。

随着小城镇的迅速发展,人类为了满足生产、生活需求而大规模地进行自然资源开发和工业生产活动。这些活动在给人类带来利益的同时也对生态系统结构和功能造成了严重的破坏,出现了严重的生态环境问题,进而影响到小城镇的可持续发展。为了解决小城镇建设过程中产生的各种生态环境问题,促进小城镇的可持续、健康发展,必须对小城镇生态规划进行引导和生态风险评估。

①风险评估与环境管理的联系。生态风险评估能够有效地用于环境决策的制定,风险评估与环境管理的联系体现在以下几个方面。

a. 生态风险评价的计划和执行是为环保部门提供关于不同的管理决策所产生的潜在不利后果的依据。风险评价首先考虑环境管理的目标,因此,生态风险评价的计划有助于评价的结果用于风险的管理。

b. 生态风险评价有利于环境保护决策的制定。生态风险评价被用于支持多类型的环境管理行为,包括危险废物、工业化学物质、农药的控制以及流域或其他生态系统由于多种非化学或化学因素产生影响的管理。

c. 生态风险评价过程中,需要不断利用新的资料信息,能够促进环境决策的制定。

d. 生态风险评价的结果可以表达成生态影响后果的变化作为暴露因素变化的函数,对于决策制定者——环境保护部门非常有用,通过评估选择不同的计划方案以及生态影响的程度,确定控制生态影响因素,并采取必要的措施。

e. 生态风险评价提供对风险的比较、排序,其结果能够用于费用—效益分析,从而对改变环境管理提供解释和说明。

②风险评估的主要环节。

a. 政策风险检验。主要检查小城镇生态规划在大的方向上是否符合小城镇可持续发展的目标,必须使生态规划贯彻反映最佳实践并有利于提高小城镇居民生活质量和小城镇环境保护的政策。

b. 环境风险模拟监测。通过以往建立的环境数据库和相应的小城镇发展模型,就小城镇生态规划的主要变量,逐项检验是否符合小城镇可持续发展的正确方向。

c. 系统评估。从整体水平上提出有利于小城镇可持续发展生态规划修改的建议。

(2)环境代价审计。小城镇生态规划应该建立在对一个小城镇能够接纳增加的人口或人类活动的环境容量进行经济学计量的基础之上。对小城镇生态环境进行审计的主要包括以下内容。

1)根据环境代价的监测,对实施小城镇生态规划可能出现的问题进行经济学计量,包括有意识地邀请代表广大民众意愿的当地政府来进行操作,统计大气污染、野生生物栖息地的丧失和人居环境建设等造成的环境代价。

2)进行政策影响的环境代价评估和计价。

小城镇生态规划的目标,就是要最大限度减少上述两个方面的环境代价。

(3)生态效益评估。生态效益是指人们在生产中依据生态平衡规律,使自然界的生物系统对人类的生产、生活条件和环境条件产生的有益影响和有利效果,关系到人类生存发展的根本利益和长远利益。生态效益的基础是生态平衡和生态系统的良性、高效循环。实施小城镇生态规划,其主流是带来生态增值,这也是一种财富,是小城镇可持续发展能力的计量。

(4)小城镇生态质量预测。小城镇生态质量预测是指根据小城镇经济社会短期和长期计划,以小城镇生态环境质量为目标,讨论其将对生态环境各要素的影响,通过分析、比较、推论和综合,对小城镇生态环境质量做出预测评价。

1)小城镇生态质量预测工作重点。此项工作的重点在于应对小城镇经济开发过程中可能产生的各种环境影响做出科学预测。根据小城镇环境质量要求,分析小城镇环境质量发展趋势,提出小城镇生态环境的主要问题及原因,以便对症下药,落实控制小城镇生态环境污染的措施和对策,为小城镇人口、产业等发展规模与环境质量的平衡和协调提供充分的依据。

2)小城镇生态质量预测工作内容如下。

①实行环境保护目标责任制,加强县、乡党委和政府的环境保护政绩考核。

②加强县、乡环境保护机构和环保队伍建设,进一步强化乡镇环境管理。

③全面开展城镇环境保护规划。根据小城镇发展速度和发展要求,由城镇环境功能确定其环境容量,实施区域污染物总量控制。

④合理引导小城镇建设。有计划地控制小城镇人口,加强生活污水集中处理设施、生活垃圾资源化处理设施和集中供热、供气工程等环境基础设施建设,完善小城镇功能。

3. 生态功能区划分

生态功能区划是小城镇规划的重要组成部分,是基于小城镇规划区自然环境和社会环境的现状调查,规划区生态环境分析及生态环境评价,小城镇生态功能区划在生态功能区划分的同时,指出小城镇各分区的生态环境功能要求和发展方向。

小城镇生态功能区划可参照本书第四章"生态功能区划"的相关内容。

4. 生态建设

生态小城镇规划建设的内容可参照本章"第四节生态小城镇规划建设"的相关内容。

第四节　生态小城镇规划建设

一、生态小城镇的特点

生态小城镇是生态化发展的结果,是社会和谐、经济高效、生态良性循环的人类居住形式,是自然、城市与人融合为一个有机整体所形成的互惠共生结构。生态小城镇的发展形式灵活,不拘一格,环境是生态小城镇的基础,生态文明是生态小城镇的灵魂。

生态小城镇主要有以下几大特点。

（1）和谐性。生态小城镇的和谐性，不仅反映在人与自然的关系、自然与人共生、人回归自然、自然融于城市等方面，更重要的是反映在人与人的关系上。

（2）高效性。生态小城镇能提高一切资源的利用效率：物尽其用、地尽其利、人尽其才、各施其能、各得其所，使物质、能量得到多层次分级利用，废弃物循环再生，使各行业、各部门之间共生关系得以协调。

（3）可持续性。生态小城镇是以可持续发展思想为指导的。同时兼顾不同时间、空间，合理配置资源。既满足当代人的需要，又不对后代人满足其需要的能力构成危害，保证其健康、持续、协调的发展。

（4）整体性。生态小城镇不是单纯追求环境的优美或自身的繁荣，而是兼顾社会、经济和环境三者的整体效益，不仅重视经济发展与生态环境的协调，更注重对人类生活质量的提高，是在整体协调的秩序下寻求发展。

（5）区域性。生态小城镇作为城乡统一体，其本身即为一区域概念，是建立于区域平衡基础之上的。而城市之间是相互联系、相互制约的，只有平衡协调的区域才有平衡协调的生态城市。

二、生态小城镇建设的工作内容

2002 年，第五届国际生态城市会议通过了生态城市建设的《深圳宣言》，其中阐述了建设生态城市的主要内容。

1. 生态安全

即向所有居民提供洁净的空气、安全可靠的水、食物、住房和就业机会以及市政服务设施和减灾防灾措施的保障。

2. 生态卫生

即通过高效率低成本的生态工程手段，对粪便、污水和垃圾进行处理和再生利用。

3. 生态产业

即促进产业的生态转型，强化资源的再利用、产品的生命周期设计、可更新能源的开发、生态高效的运输，在保护资源和环境的同时，满足居民的生活需求。

4. 生态景观

即通过对人工环境、开放空间(如公园、广场)、街道桥梁等连接点和自然要素(水路和城镇轮廓线)的整合,在节约能源、资源,减少交通事故和空气污染的前提下,为所有居民提供便利的城市交通。同时,防止水环境恶化,减少热岛效应和对全球环境恶化的影响。

5. 生态文明

帮助人们认识其在与自然关系中所处的位置和应负的环境责任,引导人们的消费行为,改变传统的消费方式,增强自我调节的能力,以维持城市生态系统的高质量运行。

上述的宣言呼吁城市规划应以人为本,确定生态敏感地区和区域生命保障系统的承载能力,并明确应开展生态恢复的自然和农业地区;在城镇设计中大力倡导节能、使用可更新能源、提高资源利用效率和物质的循环再生;将城市建成具有高效、便捷和低成本的公共交通体系的生态城市;为企业参与生态城市建设和旧城的生态改造项目提供强有力的经济激励手段;鼓励社区群众积极参与生态城镇设计、管理和生态恢复工作。

三、生态小城镇建设原则

1. 以人为本,同时与环境相适应、平衡原则

人类作为小城镇的主体,在积极努力改造改善自身赖以生存的环境的同时,又通过生产和生活将大量废弃物排向大气、水体和土壤中,破坏了小城镇的自然生态环境。近年来,作为农村中心的小城镇人口增长很快,由此带来的小城镇环境污染日趋严重,往往超过小城镇的环境容量及自净能力,引起小城镇生态环境系统调节能力失控,反过来又直接影响到人的身体健康。因此,要特别注重人与环境系统协调一致的原则,乡镇的工业布局、人口规模,不能超越环境提供的保证程度。

2. 特色原则

小城镇的特色可以树立小城镇的良好形象,提高小城镇的知名

度,促进小城镇的发展。如果有历史传承下来的特色,要加以利用;如果没有特色也要积极创造,特别是生态景观特色方面。由于小城镇规模小,形成特色的景观要素也少,故在小城镇的生态建设过程中,必须重视"个性与特色",小城镇景观要"小而精,小而特",要综合运用生态、文化的观点去创造组织这些景观,形成"以人为本"的各自特色。当然,人们所说的特色定要充分结合当地的实际情况而不能生搬硬套。

3. 合理布局乡镇工业原则

乡镇工业结构与布局实质上就决定了小城镇技术经济系统的组成与结构,同时又体现了小城镇的产业特色。因而乡镇工业的发展与布局直接关系到充分合理利用自然资源和社会经济资源,直接关系到小城镇的环境保护和优美环境创建,是小城镇生态系统良性循环的核心。

把乡镇工业看作是一个完整的系统,合理地规划布局与引导发展,对于完善小城镇技术经济系统结构与增强小城镇技术经济系统对生态环境系统的良好循环都是极其重要的。

4. 对现有的自然资源、历史文化资源的节约保护与开发利用并重原则

小城镇的自然资源主要指水、土资源。水、土是人类的生命之源,生存之本,是小城镇居民赖以生存和从事生产活动的基础。对自然资源的开发利用,直接关系到小城镇生态环境系统结构的演变与优化。目前,许多小城镇土地利用粗放,摊大饼式扩张,有的是搞政府形象工程,有的是圈了地闲置几年不管。而对于日趋紧张的水资源,不仅因给排水设施简陋导致污染严重,而且从人为的节约意识上而言,造成的浪费也十分惊人。绝对不能把水土资源视为取之不尽用之不竭的。即使是土地扩展潜力大,水资源暂且充足的小城镇,随着经济的发展、规模的扩大,人均资源必然减少。

同样,各个历史时期遗留下来的古建筑和古村落等,其中有相当部分具有较高的历史文化价值,近年来也受到了不同程度的破坏。其实在保护好文物古迹的同时,它们也已经或将成为当地宝贵的旅游资源。

四、我国生态小城镇规划建设存在的问题与发展方向

1. 我国生态小城镇规划建设存在的问题

我国小城镇的生态环境形势不容乐观,存在主要问题如下。

(1)小城镇人均建设用地普遍偏高,一些小城镇求大求全,占用土地面积过大,土地资源破坏和浪费严重。

(2)生态环境意识淡薄,产业结构和布局不合理,乡镇企业大多以原料开采、冶炼及简单加工制造业为主、环境污染、生态恶化相当严重,部分乡镇企业甚至对生态环境造成了毁灭性破坏,一些地区还继续将污染工业向小城镇和农村转移,小城镇的上述生态环境问题已成为我国生态环境的突出问题之一。

(3)小城镇基础设施和公共设施滞后,配套很不完善,特别是缺乏污水处理、垃圾处理和集中供热设施,使小城镇环境卫生、环境污染已成为严重问题。

(4)生态建设的非自然化倾向十分突出,普遍存在填垫水面、砍伐树木、破坏植被、人工护砌河道等的非自然化倾向,有的地方甚至造成对当地自然物种的浩劫,加剧小城镇生态恶化。

(5)防灾减灾能力薄弱和对自然、文化遗产保护及生态环境监管不力,造成自然生态和文化生态的破坏。

2. 我国生态小城镇规划建设发展方向

进入 21 世纪以来,生态小城镇规划建设已受到人们的普遍关注。我国小城镇生态环境以建设生态小城镇为目标,以循环经济和生态产业为依托,应用景观生态学原理和方法进行规划建设。

小城镇生态环境建设是应用生态学和系统工程学的方法,对小城镇社会—经济—自然复合生态系统进行多因素、多层次、多目标设计和调控,以及结构和功能的系统优化。

小城镇生态建设应重视以下几个方面。

(1)以建设生态小城镇为建设目标。

(2)发展循环经济和生态农业。

(3)以生态产业为发展方向,逐步调整传统产业结构,建立可持续

发展的生态产业体系,以合理的产业结构、布局和生态产业链为基础,提高生态经济(绿色GDP)在国民经济中的比例。

(4)加强基础设施建设,特别是道路、能源、排水、环卫设施。

(5)建设山、水、城、林相依的宜居型生态小城镇。

五、历史文化名城型小城镇生态环境建设

1. 历史文化名城型小城镇的内涵与特点

历史文化名城小城镇是指以当地历史民俗文化及建筑为特点发展起来的小型行政建制镇。

历史文化名城是祖先留给后人的一份珍贵财富。这个财富不仅属于历史文化名城本身,而且属于整个中华民族,乃至属于整个人类。历史文化名城也不仅仅是属于一个时代,而是属于过去、今天和未来。后人一定要珍惜这个非常宝贵的历史文化遗产。历史文化名城是对外的交往的窗口,通过这些窗口城市可以看到古代和现代中国的变迁,历史文化名城保护工作做得好不好,关系很大。

历史文化名城小城镇的特点如下。

(1)具有独特历史文化背景、历史文物保护景观和人文环境。

(2)具有良好的生态自然环境、休闲环境和娱乐题材。

(3)民俗文化带动了区域人文素质和生活水平的提高。

(4)具有不断提高和人性化的旅游服务项目及措施。

(5)推动了区域经济的全面发展。

2. 历史文化名城开展生态建设的必要性

历史文化名城有丰富多彩的文物古迹和名胜,而且各城市各具特色,历史文化名城的发展战略研究比其他一般城市更加必要。

近一段时间,有关历史文化名城的消息令人忧心。如襄樊宋明城墙一夜之间被夷为平地,遵义会议会址周围的历史建筑一拆而光,福建的三坊七巷名存实亡,高速路穿过中山陵绿化区,高架桥迫使三元里抗英炮台搬家……每一次都会出现自发的"保卫战",但每一次几乎都以保卫者的失败告终。随着城乡建设的兴起和房地产开发的热潮,历史文化名城在建设的名义下被严重破坏。然而,文化是民族精神的

延续,历史文化一旦被破坏即无从修复,文化遗产是民族精神的载体,人们有责任对其进行保护。

要做好历史文化名城的保护工作,就必须在城市规划上做到新旧分开、新旧两利,而不是新旧叠加、新旧矛盾。基于历史文化名城建设方面遗产保护与开发建设的现状,人们必须对历史文化名城采用生态建设的理念进行保护性的建设和开发。

3. 历史文化名城小城镇生态环境评价指标

历史文化名城小城镇的生态环境建设的重点应综合制定城镇及区域生态环境建设体系,并重点突出以下指标:历史文物保护率;旅游资源保护率;游环境达标率。

六、生态农业型小城镇生态环境建设

农业为人类提供生存的最基本的物质生活资料,并且制约着其他部门的发展速度和规模。只有农业发展了,才能向城镇提供足够的商品粮和工业生产所需要的农产品原料,为城镇输送所需要的劳动力,促进小城镇的发展。可以说农业是一个国家或地区的小城镇体系形成和发展的物质基础。

农业发展与小城镇建设相辅相成,"以农稳镇"是发展小城镇的重要经验。

1. 生态农业型小城镇内涵与特点

(1)生态农业。

1)在国外,生态农业明是指生态上能自我维持、低输入,经济上有生命力,在环境、伦理和审美方面可接受的小型农业。其核心是将农业建立在生态学基础上而不是化学基础上。其主要内容如下。

①使用腐熟的厩肥,反对大量长期使用化肥及农药。

②主张尽量少耕作土壤,或只限于表土耕作,并倡导免耕法。

③调整与豆科作物的轮作,以平衡土壤中的氮素。

④防治病虫害主要措施为生物天敌的使用、轮作、植物提取物。

从上述生态农业的定义来看,国外生态农业存在养分平衡问题、产量降低规模经济效益小等问题。

2)我国生态农业选择性地吸收了国外生态农业的科学内涵,将我国传统农业技术精华与现代科学技术结合起来,创造性地提出了具有中国特点的生态农业概念,即:遵循自然规律和经济规律,以生态学、生态经济学原理为指导,以生态效益、经济效益、社会效益三大效益的协调统一为目标,运用系统工程方法和现代科学技术所建立的具有生态与经济良性循环持续发展战略思想的多层次、多结构、多功能的综合农业生产体系。

我国生态农业的概念包括以下几个方面的内容。

①按照生态学和生态经济学原理,遵循自然规律与经济规律来组织农业生产的新型农业。

②应用现代科学成就,实行高度知识与技术密集的现代农业。

③实行农、林、牧、副、渔相结合,进行多种经营,全面规划,总体协调的整体农业。

④因地制宜,发挥优势,合理利用,保护与增殖自然资源,使农业持续稳定发展的持久农业。

⑤自然调控与人工调控相结合,保护生态环境良好,生产适应性强的稳定性农业。

⑥能充分利用有机和无机物质,加速物质循环和能量转化,从而获得高产的无废料农业。

⑦建立生物与工程措施相结合的净化体系,能保护与改善生态环境,提高产品质量的无污染农业。

⑧能协调经济效益、生产效益、社会效益三大效益矛盾的高效农业。

我国生态农业的核心是要使农业生产实现能量与养分的良性循环、农业环境的不断改善、生产供给与人类需求的大体平衡,经济效益、生态效益、社会效益的统一兼顾。

(2)生态农业型小城镇。生态农业型小城镇指的是以生态农业为主要社会及经济发展方向的小型行政建制镇。

生态农业型小城镇的特点如下。

1)生态农业的发展作为区域经济发展的第一目标。

2)强调第一生产力作为活化整个农业生态系统的前提,并强调发挥农业生态的整体功能。

3)通过改善各种结构(包括产业结构、种群结构、投入结构),在不增加其他投入的情况下,提高农业综合效益。

4)对农产品通过物质循环、能量多层次综合利用和深加工实现经济增值,提高农业效益,降低成本,为农村剩余劳动力创造农业内部的就业机会,使农民增收,促进社会及经济的发展。

5)改善农村生态环境,提高林草覆盖率,减少水土流失和污染,实现生态环境秀美的同时,提高农产品的安全性等。

6)通过实施过程与系统控制及废弃物资源化利用,实现清洁生产,提高环境的承载能力。

2. 小城镇发展生态农业的必要性

以农业生产为主的小城镇大多存在一些共性问题,为解决这些问题,必须要发展生态农业。存在的共性问题如下。

(1)土地退化和荒漠化现象明显。森林植被的消失、草场的过度放牧、耕地的过分开发、山地植被的破坏等不合理的土地利用方式导致土地退化和荒漠化,无法抵御风雨的长期剥蚀,土壤的年流失量迅速增加,尤其是对岭坡地多,土层浅薄的地区,土壤保水保肥能力差,植被稀少,保水肥性能较差。土壤养分比例失调,土地生产力较低。另外,化肥和农药过量使用,与空气污染有关的毒尘降落,泥浆到处喷洒,危险废料到处抛弃等也对土地构成严重的污染。

(2)水土流失问题十分严峻。水土流失是我国的首要环境问题,由于特殊的自然地理条件,水蚀、风蚀、冻融侵蚀广泛分布,局部地区存在滑坡、泥石流等重力侵蚀。随着城镇化和工矿业的发展,地表扰动,植被破坏,进一步加剧了水土流失,也给社会经济和人民群众生产、生活带来严重危害。

(3)林木覆盖率偏低,调节生态环境能力差。我国林木覆盖率偏低,荒漠化面积不断扩大,生物多样性受到严重破坏,生态环境日趋恶化,自然灾害频繁发生。《中华人民共和国森林法》确定全国森林覆盖率目标为30%。

(4)野生动植物资源家底不明,破坏严重。随着生态环境的恶化,野生动植物资源急剧减少,继续进行彻底调查,以摸清家底,进行保护。

3. 生态环境评价指标

生态农业型小城镇生态环境建设的重点,应综合考虑城镇及区域的生态环境规划与实施,见表 6-3。

表 6-3 生态农业型小城镇生态环境建设重点

序号	项目	内 容
1	建设高产稳产农田	以建设高产稳产农田为目标的农田生态建设工程,应注重农田有机肥和无机肥施用比例;单位化学农药使用量;农用化肥施用强度;主要农产品农药残留合格率;农膜回收率;农业污灌达标率;规模化畜禽养殖场污水排放达标率;乡镇企业污染治理达标率;重点陆源水污染治理稳定达标率;重点污染源应急计划编制率;固体废物处置率(包括综合利用率);节水措施利用率;绿化覆盖率;生态系统抗灾能力;农林病虫害综合防治能力等指标的实施
2	治理水土流失、土地沙化	治理水土流失、土地沙化为主的生态环境综合治理工程,如农田林网化(平原地区),水土流失治理率等
3	防治"三废"	以防治"三废"等环境污染为主的环保工程,如无(或少)废弃物工艺系统。主要用于内部环境治理,如工业中的废物再生和利用系统,再如废热源的再利用、工业废水的净化再循环等,达到无废或少废以及无污染或少污染;物质分层多级利用生态工程。使生产系统每一级生产过程的废物都变成另一级生产过程的原料,且各环节比例合适,使所有废物均被充分利用,如一些家畜(禽)养殖场产生的粪便,配合沼气发酵、沼液作速效肥用于果树及蔬菜、沼渣再制混合饲料等多种生产项目及工艺的组合;符合生态系统内的废弃物循环、再生系统。如桑基鱼塘生态工程;污水自净与再利用生态工程,如利用土壤生态系统自净生活污水,同时利用生活污水营养元素作为肥料,在干旱、半干旱地区尤具缓解缺水矛盾的意义。用生活污水养鱼,使污水营养源与有机质作为饵料和肥料,在促进了水产品增长的同时,并处理净化了污水;城乡(或工、农、副、牧、渔)相结合生态工程。在一定区域内,应用不同生产系统分层多级利用废物,如一些食品及轻工工厂废物用作牧、水产养殖饲料,其废物再作农田肥料等;充分发挥对太阳能的利用、系统自净作用及环境容量的潜力,尽量利用时间、空间、营养生态位,提高整体的综合效益

七、工业发展型小城镇生态环境建设

1. 工业发展型小城镇内涵与特点

工业发展型小城镇是指以工业的开发、生产、加工业为主要社会及经济发展目标的小型行政建制镇。

工业发展型小城镇的特点包括如下。

(1)社会经济发展目标明确。

(2)市场化与工业化的发展奠定了农村城市化的基础,也是城镇社会经济发展的基础,因此,城镇的综合发展指数普遍高于其他类型的城镇。

(3)城镇功能区建设合理化,如工业发展区、居民生活区、文体娱乐区、经济商贸区等功能规划与建设符合生态环境建设和区域经济可持续发展的需要。

(4)工业开发型小城镇的发展促进了城镇及辖区的居民生活水平不断提高,其生活指数也普遍高于其他类型的城镇。

(5)工业开发型小城镇的发展刺激了农村产业结构多元化的发展,使农、工、贸得到协调共进,促进了整个区域经济的发展。

(6)由于城镇工业化的发展,有效地缓解了农村剩余劳力问题,并为生产加工业提供了充足的初级人力资源。

(7)工业开发型小城镇的发展带动了城镇及区域交通、通信、房地产业及其他服务业的多元化发展,促进了城镇城市化建设的发展。

(8)社会经济的发展为城镇及区域生态环境建设提供了可靠的保障。

(9)由于工业发展区的建立与管理,有效地控制了工业污染源,使城区及区域生态环境得到明显的改善。

2. 小城镇开发存在的问题

随着社会进步和小城镇的发展,乡镇企业在发展进程中的弊病与问题也日益暴露出来,尤其是对土地资源的严重浪费、生态和环境资源的无效利用,所导致的土地利用问题、生态环境问题尤为突出。

（1）资源浪费和生态破坏不断加重。大部分地区的乡镇企业表现为与本地资源的相关性，乡镇企业为了尽快脱贫致富，往往只顾眼前利益，肆意乱挖滥采，甚至偷挖矿产资源，造成严重的资源浪费、生态破坏和巨大的经济损失。同时，在矿产资源乱采滥挖的同时，开矿废弃物的随意倾倒也使大量占用土地、水土流失、河道水库淤积等生态破坏现象屡有发生。

（2）土地利用不合理，浪费现象严重。乡镇企业缺少产业结构布局体系规划，形成产业雷同、布局分散、重复建设、重复占地的局面。

（3）不利于城镇化进程，经济效益低。乡镇企业还没有形成规模，多为分散经营，在一定程度上不利于城镇化进程，主要表现如下。

1）用于企业改造的资金不集中。

2）从事产品研究的技术力量分散。

3）生产资料采购、推销、运输的人员分散更迭，造成人力浪费。

4）布局分散、基础设施重复建设、重复投资，加重了企业负担，增大了生产成本，降低了投入与产出的比较效益。

5）小批量生产，难以提高劳动生产率，简陋的生产设备难以提高产品质量，经济效益低下。

（4）环境污染由点到面，向区域化发展。由于乡镇企业工艺落后、设备陈旧、技术水平相对较低，改造投资少、污染点多面广，造成的污染难以治理。

（5）对人体健康的危害越来越明显。乡镇企业严重的环境污染和农民素质的普遍低下，给职工及周围居民带来了严重的危害。

由小城镇工业开发的一系列弊端来看，生态建设对于工业开发型的小城镇建设显得尤为重要。可以这样说，生态环境优美的城镇，其吸引投资、实现可持续发展的潜力必然也大，发展前景也必然良好。

3. 小城镇工业开发的意义

工业开发型小城镇的主要功能即是工业，工业开发是城镇化建设的必然趋势。

小城镇发展实践证明：一方面，小城镇是商品集散地，可以把城市和乡村两个市场结合起来,在城乡商品流通中起着桥梁和纽带作用;另一方面,小城镇是乡镇企业的发展基地,对于乡镇企业相对集中建设,形成企业规模经营和聚集效益,改善生产力布局,发展第二、第三产业起着十分重要的作用。

(1)小城镇工业开发是我国城镇化建设中的地位举足轻重。

1)现代经济的轴心是企业,而乡镇企业的发展为小城镇建设提供了经济基础,是小城镇财政收入、税源的重要支柱。

2)乡镇企业的发展,从根本上改变了以往工业发展过分强调城市、忽略农村,造成工业与农村二元经济背离的弊病。

3)乡镇企业缩小了城乡差别,乡镇企业以资源、劳力对城市的价格比较优势,吸引城市技术、资金、信息、人才向农村合理流动,改变了长期以来农村向往城市的习惯,密切了工农联盟。

4)乡镇企业为沟通城乡市场起到纽带作用,乡镇企业的商品需要进行城乡大流通,城市商品需透过小城镇向广大农村辐射交流,乡镇企业是这一交流最活跃的因素。

5)乡镇企业的发展为农村非农产业的发展提供了广阔舞台,围绕工业产品交换的商业、服务业、运输业、建筑业等应运而生。

6)乡镇企业为小城镇吸纳人口提供了条件,为农村剩余劳力的转移提供了机会,成为农村人口聚集的据点,改善了劳动力布局。

7)乡镇企业成片向小城镇的集中发展,推动了小城镇的市政公用设施建设,推动了小城镇建设水平。

8)乡镇企业促进了区域经济的发展,促进了乡镇企业向小城镇集中、连片开发的趋势,促进了小城镇作为区域经济的聚集地功能。非农产业又进一步促进了农村产业结构的重新整合,刺激了农村社会分工向现代文明过渡的进程,促进了生产力要素的合理流动。

(2)乡镇企业的产生、形成和发展,开辟了我国市场经济发展的独特道路,是对原计划经济体制进行市场取向改革的必然产物,成为市场经济发展的巨大推动力。在一些发达的地区,乡镇企业已成为县域经济的重要支柱,县乡财政收入的主要来源。

(3)小城镇的形成、发展,是推动传统农业向现代农业转轨的重要途径。我国人口众多,走人口集中于大城市的发展道路不符合我国的国情,其城镇体系的规模结构应该是大中小城市和小城镇协调发展,各自承担不同的功能,做到优势互补。小城镇有着其特有的交通、能源、科技、通信的中心,人流、物流、信息流集聚效应和辐射功能,带动和辐射农村经济的发展,发挥着城乡之间的桥梁、纽带作用,同时也促进了我国小城镇迅速崛起。

(4)乡镇企业与小城镇建设互促互动、互为依托、共同发展。在我国农村改革过程中,乡镇企业和小城镇相互依存,乡镇企业为小城镇的发展提供经济支撑,小城镇为乡镇企业提供发展载体。乡镇企业是由农村基层组织或个体投资者自身力量建立起来的,具有布局分散、设备简陋、规模较小、技术落后等弊端,在激烈的市场竞争中对生态环境造成极大的压力。若能在技术上、规模上、档次上形成集团化、集约化生产经营,则可提高市场竞争力。小城镇和工业园区正是适应市场经济规律,集聚乡镇企业,形成产业化经营的有效场所,可以降低生产成本、技术成本、交通成本、通信信息成本,提高劳动生产率,赋予小城镇经济以旺盛的活力,创造新的经济增长点,推进工业化、城镇化、农业产业化进程。

(5)两大战略共同发展的对策建议。发展乡镇企业和小城镇是相辅相成、互促互动的两个方面,必须正确引导、合理规划、积极扶持、依法管理。

1)各级政府对小城镇要统筹考虑,本着有重点、因地制宜、相对集中、集聚规模的原则,根据其区位优势、产业优势、资源优势来确定并制定小城镇建设的科学规划,把工业园区、工贸小区建设纳入小城镇建设进行合理布局,引导乡镇企业向城镇集聚,向工业园区集聚。

2)要把农产品加工业作为乡镇企业的主攻方向,提高第三产业的比重,同时要突出主导产品,培育龙头企业,使之形成地方特色的支柱产业。

3)深化乡镇企业机制改革,努力提高乡镇企业发展水平和市场竞争力。

4. 生态环境评价指标

工业发展型小城镇的生态环境建设的重点应从当地实际情况出发，从生态环境和经济发展的角度建立综合生态环境建设指标体系，并重点突出以下指标：镇企业污染治理达标率；重点工业污染源排放达标率；固体废物处置率（包括综合利用率）；节水措施利用率；农业污灌达标率等考核指标。

八、城区卫星型小城镇生态环境建设

1. 卫星城

卫星城是指在大城市外围建立的既有就业岗位，又有较完善的住宅和公共设施的城镇，是在大城市郊区或其以外附近地区，为分散中心城市的人口和工业而新建或扩建的具有相对独立性的城镇。

卫星城是时代发展的必然选择，现代卫星城的共同特征如下。

（1）与主城的经济联系密切。卫星城的产业安排、交通网络组合、文化渊源、人口组成等，都与主城的关联度甚高。产业相关度和人口通勤率可以作为主要指标。卫星城非农人口不低于主城 10 个百分点，国民生产总值的 60% 从主城相关产业产生，人口通勤率占 15%，劳动力通勤率占 25% 以上。这是新型的生产力布局形式。卫星城面向的是主城，而县城和小城镇面向的则是农村。

（2）与主城相邻。卫星城与主城之间的距离比 100 年前呈拉长趋势，这主要取决于交通工具的发展程度。两地之间距离一般在 20～100 km 之间。

（3）人口数量达到一定规模。当今 20 万人口以上的城市才有较高的经济效益。

（4）卫星城具有对主城功能延伸、补充、修正、完善的功能。

2. 城区卫星型小城镇内涵与特点

城区卫星型小城镇特指中心城区周边的小型行政建制镇，在联结城乡关系上起着承上启下的作用。

城区卫星型小城镇的特点如下。

（1）地理位置优越。城区卫星型小城镇介于中心城区与广大农村之间,既具有城市的某些职能,又与农村生产、生活有着密切的联系;既可在城乡物资交流和信息传递中发挥其纽带、桥梁的作用,活跃农村经济,又可就地利用广大农村的农业资源和地方性的资源发展农产品加工和商品零售业;可以使乡镇企业向小城镇集中,对中心城区的工业化生产能力和水平有所促进和提高。

（2）优越的地理条件激发了农村产业结构的多元化发展,使农、工、贸得到协调共进,促进了整个区域经济的发展。

（3）交通发达。

（4）区域经济的发展带动了城镇及区域交通、通信、房地产业及其他服务业的多元化发展,促进了城镇城市化建设的发展。

（5）人文及生活环境良好。

（6）区域经济的发展促进了城镇及辖区的居民生活水平不断提高,为城镇及区域生态环境建设提供了可靠的保障。

3. 城区卫星型小城镇生态建设的重要性

如英国的伦敦、日本的东京、美国的纽约等一些大城市,市区内都建设有大片的绿地或森林,同时,为了阻止城市的过分扩张,大多在城市外围还会建设大片的环城绿带,这些环城绿带也在一定程度上也缓解了城市开发导致的热岛效应。

不仅大城市需要生态建设,小城镇的发展建设也需要大规模的绿地、森林等生态建设,这对于保持环境、生态、经济的协调,实现可持续发展都是非常重要的。

城区卫星型小城镇作为中小型城市的卫星城镇,在位置上,与城市中心区有一定的距离,在功能上,承担着中小城市的部分产业分工。这就要求这些卫星小城镇既要与城区保持紧密联系,同时又要与城区之间建设安全的生态屏障,并承担起城区生态建设不足的补偿功能。这些卫星小城镇本身的建设就应该是一个可持续性的生态型小城镇的建设。

4. 生态环境评价指标

城区卫星型小城镇的生态环境建设的重点应从当地实际情况出

发,从生态环境和经济发展的角度建立综合生态环境建设指标体系,突出关注下述指标:企业污染治理达标率,工业污染源排放达标率,固体废物处置率(包括综合利用率),节水措施利用率等考核指标。

九、旅游服务型小城镇生态环境建设

1. 旅游与环境

环境是旅游的前提,没有优质的环境,就不能吸引游客,因此,在某种程度上,旅游是依附环境发展的。但随着旅游业自身的不断发展,人们越来越清醒地认识到,由于旅游业比其他产业更直接地依赖于生态环境因素,有时对生态环境的破坏是最直接的毁灭性破坏。

旅游对环境的负面影响见表6-4。

表6-4　旅游对环境的负面影响

序号	项目	内　　容
1	对地表和土壤的影响	各自然区域内旅游活动的开展,旅游设施开发使很多完整的生态地区被逐渐分割,形成岛屿化,环境生态面临前所未有的人工化改造,地球上能完整地保持原始状态的生态地区正在逐渐消失。无论是陆地还是水域表面都可能受到旅游活动的影响,岩岸、沙滩、湿地、泥沼地、天然洞穴、土壤等不同的地表覆盖都可能承受不同类型的旅游冲击,特别是露营、野餐、步行等游乐活动都会使地表植物所赖以生存的土壤有机层受到最严重的冲击。土壤一旦受到冲击,物理结构、化学成分、生物因子等都会随之发生变化,并最终影响土壤上植物的种类与生长,昆虫、动物也会随之迁徙或减少
2	对植物的影响	旅游开发对植物的覆盖率、生长率及种群结构等均可能有以下不利影响。 (1)对植物的采集会引起物种组成成分变化,会导致植被覆盖率下降; (2)大量垃圾会导致土壤营养状态改变,空气和光线堵塞,致使生态系统受到破坏; (3)大量游客进入,践踏草地,使一些地面裸露、荒芜、土地板结,树木生长不良,导致抗病力下降,发生病虫害; (4)基础设施和旅游设施建设必然占据一定空间,会破坏一些植物,割裂野生生境,各类污染地会影响一些植物的存活

续表

序号	项目	内　　容
3	对水体的污染	旅游开发会造成水体水质变化、景观退化、丧失作为旅游水体的功能、制约旅游业的发展。因此，要在规划的基础上加强管理，具体做到： （1）未经适当处理的生活污水不能排入水体，过多的营养物质进入水体加剧富营养化的过程； （2）过量的水草生长降低了水中含氧量； （3）有毒的污染化合物进入水体给生物和人体造成伤害； （4）身体接触的水上运动可能将各种水媒介传播的病毒带入水中，造成疾病传播
4	对大气质量的影响	旅游开发对大气质量的硬性主要表现在车船排放的尾气、废气和旅游服务设施排放废气等方面，如生活服务设施对大气的污染源主要是供水、供热的锅炉烟囱、煤灶排气、小吃摊排放的废气等，又如汽车尾气、垃圾、厕所等排放的异臭、封闭环境中的大气污染（餐厅），过度装修中的室内空气污染，对大气质量影响很大
5	对环境卫生的影响	旅游活动对环境卫生的影响主要表现为固体废弃物垃圾污染。垃圾所衍生的问题层面极广，处理不善可能会影响水体、土壤、植物、动物、空气（恶臭）、居民健康、景观美质……
6	对环境美学的影响	旅游活动对环境美学的不良影响主要在于游客的不文明旅游行为和旅游业的不合理开发建设。很多游客有在古树、碑刻、石头等上刻字画画的不文明行为，不仅会破坏景观，而且会影响一些植物的生长，降低文化旅游资源的价值。此外，从环境美学看，不合理的开发建设是"破坏性的建设"，也是旅游"开发污染"。例如滥建大型人造景点、传统景点的不适宜再开发等，都会对自然的、历史的景观造成破坏，环境美学大大降低

2. 生态旅游

生态旅游指的是具有保护自然环境和维护当地人民生活双重责任的旅游活动。

（1）生态旅游的内涵。生态旅游的内涵更强调的是对自然景观的保护，是可持续发展的旅游。应包含以下两个方面。

1）回归大自然，即到生态环境中去观赏、旅行、探索，目的在于享受清新、轻松、舒畅的自然与人的和谐气氛，探索和认识自然，增进健康,陶冶情操,接受环境教育,享受自然和文化遗产等。

2)要促进自然生态系统的良性运转。不论生态旅游者,还是生态旅游经营者,甚至包括得到收益的当地居民,都应当在保护生态环境免遭破坏方面做出贡献。也就是说,只有在旅游和保护均有表征时,生态旅游才能显示其真正的科学意义。

(2)生态旅游的特征。

1)生态旅游的目的地是一些保护完整的自然和文化生态系统,参与者能够获得与众不同的经历,这种经历具有原始性、独特性的特点。

2)生态旅游强调旅游规模的小型化,限定在承受能力范围之内,这样有利于游人的观光质量,又不会对旅游造成大的破坏。

3)生态旅游可以让旅游者亲自参与其中,在实际体验中领会生态旅游的奥秘,从而更加热爱自然,这也有利于自然与文化资源的保护。

4)生态旅游是一种负责任的旅游,这些责任包括对旅游资源的保护责任,对旅游的可持续发展的责任等。由于生态旅游自身的这些特征能满足旅游需求和旅游供给的需要,从而使生态旅游兴起成为可能。

(3)生态旅游产品类型。

1)森林生态旅游。森林生态系统有着丰富的自然景观、良好的生态环境、诱人的野趣和独到的保健功能,是最重要的生态旅游产品之一。典型的森林生态旅游项目如森林浴、滑雪、漂流、野营等。

2)草原生态旅游。草原生态旅游是以草原生态系统为旅游对象的生态旅游产品。常见的旅游项目有:动植物资源的观赏、特定地表景观的观光、草原文化生态旅游、草原休闲度假、草原越野等。

3)湿地生态旅游。湿地生态旅游是以湿地生态系统为旅游对象的生态旅游产品。湿地是许多鸟类等动物的栖息繁衍地,又有开展鸟类生态旅游的优越条件。同时湿地大多具有丰富的野生动物物种、多样的植物景观,并结合有大面积的开阔水体,是展现多姿多彩的生物世界的美妙场所。

4)荒漠生态旅游。荒漠生态旅游是以荒漠景观为主要对象的生态旅游,凡是具有典型性、观赏性和科学考察价值的沙漠、戈壁、风蚀地貌、旱生植物从干旱风沙作用产生的奇特自然景观以及湮没于荒漠之中的古迹遗址均可以作为荒漠生态旅游资源开发利用。具有科学价值和观赏价值的荒漠旅游资源主要有:沙漠风光、雅丹景观、旱生植物、荒漠遗址类等。这类生态旅游的特点主要体现在神秘性、探险性和自主性。

5)海洋生态旅游。海洋生态旅游是利用海洋环境开展的生态旅游活功,或观赏海洋自然风光,游览各种人文景观;或休闲度假、避暑疗养;或听潮海浴,潜水冲浪;或品尝海鲜,了解风俗民情;或参与海上作业,遛船捕钓;或漂流探险,寻究海洋秘密。海岸、海岛、海水、海底、海产品等皆是可用来开发发生态旅游的海洋资源。

6)农业生态旅游。农业生态旅游是以农村自然生态环境、农业资源、田园景观、农业生产内容和乡土文化为基础,通过规划、设计与施工,加上一系列配套服务,为人们提供生态观光、旅游、休养、增长知识、了解和体验乡村民俗生活场所的一种旅游活动形式。可开发的旅游有:观光购物农园、租赁农园、休闲农场、教育农园、农村留学以及乡村俱乐部等。

3. 旅游服务型小城镇内涵与特点

旅游服务型小城镇指的是以当地自然生态环境、历史文物等优势发展起来的旅游服务业,成为该地区主要社会及经济发展目标的小型行政建制镇。

旅游服务型小城镇的特点如下。

(1)有独特和良好的生态自然环境、人文环境、历史文物保护景观、休闲环境和娱乐题材。

(2)具有健全和得力的生态自然保护措施。

(3)具有浓厚的生态自然保护和发展意识。

(4)具有不断提高和人性化的旅游服务项目及措施。

(5)旅游服务业带动了旅游商品的发展(如地方土特产及土特产的深加工,旅游工艺品和旅游纪念品的经营等)、带动了区域人文素质和生活水平的提高,推动了区域经济的全面发展。

4. 生态环境评价指标

旅游服务型小城镇的生态环境建设的重点是依据区域地理及生态环境特点,综合制定区域生态环境建设规划,并重点突出以下几个方面内容:历史文物保护率;旅游资源保护率;旅游环境达标率;自然保护区面积率;湿地保护面积比例;近岸海域海水水质;近岸海域环境功能区达标率;土地三化治理率。

十、绿色小城镇生态环境建设

1. 绿色小城镇内涵与特点

绿色小城镇是指物质文明、精神文明、生态文明同步建设,人与自然和谐共处,可持续发展的现代化小城镇。

绿色小城镇的特质是物质文明、精神文明和生态文明三者之间同步建设,三者辩证统一。精神文明可以为物质文明提供精神动力、思想保证和智力支持,物质文明可以为精神文明创造物质基础、投资能力和实践条件。生态需求是人们创造物质文明、精神文明和美好生态环境的一种渴求。人类社会的文明进步与生态需求密不可分。生态文明不仅体现了物质文明和精神文明的某些方面,也为物质文明和精神文明建设提供了外部条件和内在动力。三个文明的同步建设和协调发展符合社会主义富裕、民主、文明的客观要求。

2. 生态环境评价指标

建设绿色小城镇的目的在于实现小城镇建设的可持续发展。只有走可持续发展之路,才能真正求得小城镇的健康、快速和长远发展。作为全新的理念,绿色小城镇既应有性质上的定位,也应有具体的可操作性的量化评估指标体系。从定性的角度,绿色小城镇建设的总体要求是:经济繁荣,社会进步,环境优美,居民文明,功能完备。从定量的角度,按照全面建设小康社会的要求,根据适度超前、力能为之的原则,参照近几年《中华人民共和国年鉴》和《中国统计年鉴》公布的有关中国城镇经济和社会发展水平的统计数据,可以尝试建立表 6-5 的量化评估指标体系。

表 6-5 绿色小城镇的量化评估指标

序号	项目	量化指标
1	经济发展指标	人均 GDP 在 2 000 美元以上;非农产值占 GDP 在 80% 以上;第三产业产值占 GDP 在 45% 以上;科技进步对 GDP 的贡献率超过 60%
2	人口素质指标	成人识字率为 95% 以上;适龄儿童入学率为 100%;职业群体大专以上文化程度者超出 35%;人口自然增长率为 0.5% 以下
3	生活质量指标	恩格尔系数为 30% 以下;人均住房面积为 30 m² 以上;每千人拥有医生 5 人以上;平均预期寿命为 75 岁以上
4	环境保护指标	绿化覆盖率为 35% 以上;人均拥有公共绿地面积为 15 m² 以上;工业废水处理率为 90% 以上;生活污水处理率为 60% 以上;生活垃圾、粪便无害处理率为 80% 以上;平均日空气污染指数为 50 以下
5	基础设施指标	自来水普及率为 80% 以上;生活用燃气普及率为 80% 以上;人均拥有铺装道路面积为 10 m² 以上;每镇拥有图书馆、影剧院、体育场所等公用设施一个以上

十一、生态退化型小城镇生态环境建设

1. 生态退化与恢复

(1)生态退化。生态退化是生态系统的一种逆向演替过程,是生态系统在物质、能量匹配上存在着某一环节上的不协调或达到发生生态退变的临界点,此时,生态系统处于一种不稳或失衡状态,表现为对自然或人为干扰的较低抗性、较弱的缓冲能力以及较强的敏感性和脆弱性,生态系统逐渐演变为另一种与之相适应的低水平状态的过程,称为退化。生态退化是生态系统运动的一种形式,是由生态基质、内在的动能因素和外在干扰共同作用的结果,是生态系统内在的物质与能量匹配结构的脆弱性或不稳定性以及外在干扰因素共同作用的产物。

生态退化的原因如下。

1)植被的破坏与减少。由于人们大量使用木材,特别是用于造纸和饲养牲畜,以及森林大火等原因,迄今世界原始森林有 2/3 已消失。

2)侵蚀。土壤侵蚀是土壤及其母质在水力、风力、冻融、重力等外营力作用下,被破坏、剥蚀、搬运和沉积的过程。土壤侵蚀是土地退化的主要原因,是导致生态环境恶化的最严重问题,联合国粮农组织将其列为世界土地退化的首要问题。

3)荒漠化。荒漠化包括气候变异和人类活动在内的种种因素造成的干旱、半干旱和亚湿润地区的土地退化。荒漠化可由自然干扰或人为干扰而形成。植被破坏后严重的水土流失是引起沙化的重要原因。地表径流带走土体中的黏粒,使表土层砂粒和砾石量相对增多,土壤质地逐渐沙质化。

4)石质化。石质化是指自然干扰或人为干扰,或二者同时干扰下,使原来土壤连续覆盖的土地上,植被遭破坏、土壤严重流失造成大片基岩裸露的一种土地退化过程,是该区域土壤退化的最后阶段。

5)土壤贫瘠化。土壤贫瘠化退化就是土壤肥力减退的退化方式。引起土壤贫瘠化退化的有多种因素,但主要的是水土流失、土地过度利用和不合理利用。

6)污染。污染物质主要来源于工业和城市的废物(废水、固体废弃物、废气)、农药和化肥,以及放射性物质等。未经处理的"三废"不但恶化了环境,也造成了严重的土地污染、水域的污染和大气污染。

(2)生态恢复。生态恢复是指对生态系统停止人为干扰,以减轻负荷压力,依靠生态系统的自我调节能力与自组织能力使其向有序的方向进行演化,或者利用生态系统的这种自我恢复能力,辅以人工措施,使遭到破坏的生态系统逐步恢复或使生态系统向良性循环方向发展;主要指致力于那些在自然突变和人类活动影响下受到破坏的自然生态系统的恢复与重建工作。

退化生态系统恢复的指标是多方面的,但最主要的是土壤肥力的恢复和物种多样性的恢复。当生态系统受害是不超负荷,并且是可逆的情况下,压力和干扰被移去后,恢复可在自然过程中发生,例如,在中国科学院海北高寒草甸生态系统开放试验站,对退化草场进行围栏封育,几年之后草场就得到了恢复;当生态系统的受害是超负荷的,并发生不可逆变化,只依靠自然过程并不能使系统恢复到初始状,必须依靠人的帮助，必要时还须用非常特殊的方法，至少要使受害状态得到控制。例如，在沙化和盐碱化非常严重的地区，依靠自然演替恢复到原始状态是不可能的，人们可以引进适合当地气候的草种、灌木等，进行人工种植，增加地面的植被覆盖，在此基础上再进行更进一步的改良。

生态恢复的方法有物种框架方法和最大多样性方法。

1)物种框架方法。指建立一个或一群物种，作为恢复生态系统的基本框架。这些物种通常是植物群落中的演替早期阶段物种或演替中期阶段物种。

物种框架法的优点是只涉及一个或少数几个物种的种植，生态系统的演替和维持依赖于当地的种源来增加物种和生命，并实现生物多样性。因此，这种方法最好是在距离现存天然生态系统不远的地方使用，例如保护区的局部退化地区恢复，或在现存天然板块之间建立联系和通道时采用。

应用物种框架方法的物种选择标准如下。

①抗逆性强：这些物种能够适应退化环境的恶劣条件。

②能够吸引野生动物：这些物种的叶、花或种子能够吸引多种无脊椎动物和脊椎动物。

③再生能力强：这些物种具有"强大"的繁殖能力，能够帮助生态系统通过动物的传播，扩展到更大的区域。

④能够提供快速和稳定的野生动物食物：这些物种能够在生长早期为野生动物提供花或果实作为食物，而且这种食物资源是比较稳定的和经常性的。

2)最大多样性方法。尽可能地按照该生态系统退化以前的物种组成及多样性水平种植物种进行恢复，需要大量种植演替成熟阶段的物种，先锋物种被忽略。

最大多样性法要求高强度的人工管理和维护，因为很多演替成熟阶段的物种生长慢，而且经常需要补植大量植物，因此需要的人工比较多，适合于小区域高强度人工管理的地区，例如城市地区和农业区的人口聚集区。

2. 生态退化型小城镇内涵与特点

生态退化型小城镇是指地区植物生长条件恶化,土地生产力下降的小型行政建制镇。

生态退化型小城镇的特点如下。

(1)自然条件差,多处在偏远地区。

(2)生态环境恶化,人为破坏严重。

(3)环境承载力很低,生境比较脆弱。

(4)经济发展水平偏低,人民的生活水平有待提高。

(5)交通不够便利,居民的环保意识有待提高。

3. 生态环境评价指标

生态退化型小城镇的生态环境建设的重点应从生态恢复的角度考虑,切实做到经济与环境的协调发展,建立完善的生态环境建设指标体系,突出关注下述指标:土地三化治理率,森林覆盖率,城镇环保投资占 GDP 比例,退化土地恢复治理率等。

第七章 小城镇环境保护规划与设施建设

发展小城镇经济的同时,出现了工业污染加重、环境质量下降、生态环境遭到严重破坏的趋势。为了小城镇建设的可持续健康发展,应针对小城镇的环境特点制定环境规划、加强小城镇环境基础设施建设。

第一节 小城镇环境污染物总量控制规划

一、环境污染物总量控制的原则与意义

污染物总量控制是以环境质量目标为基本依据,对区域内各污染源的污染物的排放总量实施控制的管理制度。在实施总量控制时,污染物的排放总量应小于或等于允许排放总量。区域的允许排污量应当等于该区域环境允许的纳污量。环境允许纳污量则由环境允许负荷量和环境自净容量确定。

1. 环境污染物总量控制原则

"总量控制"实际上是区域性的,也就是说,当局部不可避免地增加污染物排放时,应对同行业或区域内进行污染物排放量削减,使区域内污染源的污染物排放负荷控制在一定数量内,使污染物的受纳水体、空气等的环境质量可达到规定的环境目标。

2. 环境污染物总量控制的意义

实施污染物总量控制将促进结构优化、技术进步和资源节约,有利于实现环境资源的合理配置,有利于贯彻国家产业政策,有利于提高治理污染的积极性,有利于推动经济增长方式的根本转变。

二、小城镇环境污染物总量控制的基本思路

环境污染物总量控制是针对城镇中的主要污染物质,在总体上控

制其污染水平的重要手段。其基本思路是将环境与经济、人口作为一个大系统来研究,以分析经济发展、人口增长对环境的影响以及环境保护对经济承载力的要求,寻求环境与经济协调发展的道路。其总体结构框图,见图 7-1。

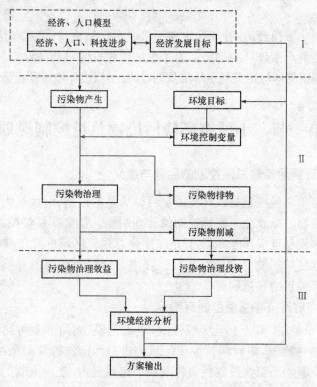

图 7-1　污染物总量控制总体结构框图

Ⅰ—经济发展;Ⅱ—污染物总量控制;Ⅲ—环境经济综合分析

三、污染物总量控制分析方法

总体上看,总量控制分析方法有指令约束下的总量控制、技术、经济条件约束下的总量控制和环境容量约束下的总量控制三种方式。

1. 指令约束下的总量控制

指令约束下的总量控制,即指国家和地方按照一定原则在一定时期内所下达的主要污染物排放总量控制指标,所做的分析工作主要是如何在总指标范围内确定各小区域的合理分担率,一般要根据区域社会、经济、资源和面积的代表性指标比例关系采用对比分析和比例分配法进行综合分析来确定。

2. 技术、经济条件约束下的总量控制

技术、经济条件约束下的总量控制主要分析主要排污单位在其经济承受能力的范围内或是合理的经济负担下,采用最先进的工艺技术和最佳污染控制措施所能达到的最小排污总量,但要以其上限达到相应污染物排放标准为原则。

3. 环境容量约束下的总量控制

环境容量约束下的总量控制,即一个区域的排污总量应以其保证环境质量达标为原则。

四、小城镇水污染物总量控制分析

水污染物总量控制是根据水环境的质量目标,对区域内各污染源的污染物排放总量实施控制的管理方式或手段。

与排放浓度控制相比,总量控制有明显优点:控制宽严适度,有利于加快达到环境目标的速度;避免浓度控制所引起的不合理的废水稀释,有利于使区域污染治理费用趋于最小。

1. 排污总量分配方法

排污总量分配方法包括等比例分配法(包括均摊水体允许负荷量、等比例削减实际排污量、等比例削减超污水排放标准的总量);按水质影响率削减排污量分配法;综合因素加权分配法;按公平分配规则和模型分配总量等。

2. 排污总量公平分配模型建立及分析

以"公平原则"指令性分配污染物排污量,以"最小费用原则"引导提高削减率,两者相结合的管理政策。即在城市环境承载力的约束条件下,根据排污源对水质影响的贡献率大小,公平分配排污削减量。作为法定性指标,它是一种指令性和有计划的管理。同时,管理机构还应当积极组织制定城市水污染控制费用最小规划,引导和促进排污者之间进行排污权的交易转让,提高控制污染的效率。区分和协调两种不同性质的管理,并加以协调,使集中和分散、计划性和灵活性得以较好的配合,这种"公平分配总量"与"引导提高治理效率"相结合的总量控制管理体制是比较合理而又便于操作的。

五、小城镇大气污染物总量控制分析

"十一五"期间,国家主要大气污染物总量控制指标为二氧化硫,"十二五"期间,在此基础上增加了氮氧化物和氨氮。进行大气污染物总量控制分析的步骤如下。

(1)确定污染物总量排放基数。根据环境保护相关统计数据,确定现状主要污染物排放总量,分析重点排污区域和主要排污行业。

(2)预测主要污染物新增排放量。根据小城镇经济社会发展趋势及相关发展规划,确定规划期内小城镇社会经济发展的主要指标,包括生产总值、工业增加值、城镇常住人口、能源消费总量及构成等。在此基础上预测大气污染物规划期间的新增排放量。

1)化学需氧量和氨氮新增量预测包括工业、城镇生活、农业源三部分,采用排放强度法和产污系数法两种方法进行预测。

2)SO_2 和 NO_2 新增量预测以宏观测算方法为主,并按行业测算方法予以校核。

(3)目标年主要污染物排放总量。

分析小城镇规划期间大气污染物的减排潜力,提出主要减排措施,确定规划期间主要污染物可能的减排量,大气污染物减排措施主要考虑工业和交通运输业。减排措施应留有余地,充分考虑不利因素的影响和各类减排项目的实际实施情况,确保减排综合措施到位。

预测目标年主要污染物排放总量,用排放基数、新增总量之和减去减排总量。与国家规定的减排指标进行对比,分析规划期间总量减排目标的可达性。

(4)预测总量的环境影响分析。经预测得出的总量应满足环境质量的要求,在一般情况下可采用建立总量与环境质量输入相应关系的

方法,常用的是模拟计算的方法。计算模型的选择应与预测排放总量的精度相适应,并应最终满足环境质量的要求。如不能满足要求,可以通过强化污染物控制来减少排放量,直到能满足环境质量要求时为止,预测出的总量可作为小城镇的排放总量。

六、小城镇固体废物总量控制分析

城镇固体废物主要包括城镇垃圾、工业固体废物和农业固体废弃物,在工业固体废物中,重点包括冶炼废渣、粉煤灰、炉渣、煤矸石、化工废渣、尾矿放射性废渣和其他废渣。

经济部门各类固体废物的产生量的计算主要用万元产值产污系数法。其中,炉渣和粉煤灰利用能源消耗系数计算,城镇生活垃圾按城镇人口人均产污系数计算。工业固体废物控制变量为综合利用率和处理处置率,生活垃圾控制变量为机械化清运率、无害化处理率。在分析中应用控制变量求得高、中、低不同方案的控制总量及相应的投资,为固体废物的控制提供宏观决策意见。

第二节　小城镇资源保护设施建设

一、大气污染控制设施建设

小城镇建设的大气污染控制设施主要包括乡镇企业生产工艺大气污染控制设施、热电厂、供热站等市政大气污染控制设施以及道路交通大气污染控制设施三方面内容。

1. 乡镇企业生产工艺大气污染控制设施

乡镇企业生产工艺大气污染控制主要针对有毒有害气体及特征污染物,例如喷漆废气、有机废气、恶臭等。

通常来说,工艺废气的产生量均较小,但由于近距离接触工人,具有较大的危害性。对于工艺废气的控制,除了要大力推进清洁生产,改善生产工艺,制定实施严格的环境监察制度,落实环评中所提出的大气环境保护措施,减少污染物排放或保证处理达标后排放外,还要安装必要的净化、处理装置。

（1）针对使用气体原料或易挥发液体原料的生产工艺或流程，要采取有效的封闭措施，杜绝或减少生产过程中的无组织排放。

（2）针对产生有毒有害气体的生产工艺或流程，必须采用密闭容器，减少有害气体外逸。

（3）针对产生其他工艺废气的生态工艺或流程，要采用必要的喷淋、吸附等净化处理设施，减少工艺废气的产生和排放。

（4）针对有恶臭污染源的企业和生产工艺，采取相应的防范措施，如在厂区内做好绿化。此外，还要保证留出 200 m 防护距离，减缓特殊气味对人群的影响。

在选择生产工艺大气污染控制设施时，要针对废气的物理化学特点，选择处理效果好、操作简单、成本较低的设施与方法。

2. 小城镇热电厂、供电站等市政大气污染控制设施建设

市政设施的大气污染物主要指小城镇内热电厂、供热站的烟尘污染和垃圾收集处置、污水处理设施的恶臭气体等。

针对热电厂、供热站的烟尘污染，要求其安装高效的脱硫除尘装置，满足污染物达标排放和总量控制的标准。

（1）针对垃圾收集处置和污水处理设施的恶臭污染，要求其采用有效的恶臭防治措施，并合理设置防护距离，减缓臭味对人群的影响。

（2）加强周边区域的绿化和景观水体建设，充分发挥绿地、水体净化空气的作用。

3. 道路交通大气污染控制

道路交通大气污染控制主要从减少排放和环境净化两方面采取措施。

（1）减少排放可以通过道路规划建设和日常交通管理来实现。

1）合理设计道路系统，优化城镇路网建设，避免断头路、尽头路，增加环路，提高交通便捷程度和机动车利用效率，从而降低污染物排放。

2）科学管理道路交通，减少道路拥堵，从而降低污染物排放。

（2）环境净化主要通过道路绿化景观工程来实现改善大气环境的目标。选取具有一定环境净化作用的绿化植被，充分利用榆树、垂柳、丁香等植物对含硫污染物、颗粒物、有机污染物等的吸收作用,将绿化植物的景观效应、生态效应、环境效应发挥到最大。

二、污水处理设施建设

1. 污水处理厂建设

从污染源排出的污(废)水,因含污染物总量或浓度较高,达不到排放标准要求或不适应环境容量要求,从而降低水环境质量和功能目标时,必须经过人工强化处理的场所,这个场所就是污水处理厂,又称污水处理站。

城市污水厂的运行管理,是指从接纳原污水至净化处理排出"达标"污水的全过程的管理。城市污水厂的运行管理,同其他行业的运行管理一样,是污水处理全流程进行计划、组织、控制和协调等工作的总称,是企业各种管理活动的一部分。

(1)厂址的选择。污水处理厂址的选定是城市和工业区的总体规划的组成部分。厂址的选择同城市和工业区排水管道的布置、处理后污水出路密切相关,应进行深入的调查研究和技术经济比较,并应考虑以下原则。

1)厂址必须位于给水水源的下游。如果城镇、工业区和生活区位于河流附近,厂址必须在它们的下游,而且要在夏季主风向的下风向,并应同城镇、工业区、生活区以及农村居民点保持一定的距离,但又不宜太远,以免增加管道的长度。

2)厂址应尽可能与处理后出水的主要去向(如灌溉农田)或受纳水体靠近。

3)充分利用地形,选择有适当坡度的地区,以满足污水处理构筑物和设备高程布置的需要,节省能源和动力。

4)尽可能少占和不占农田,并考虑有发展的可能性。

(2)污水处理厂的处理工艺流程以及处理构筑物和设备形式的选定。这是污水处理厂设计的重要环节。确定污水处理工艺流程的主要依据是污水所需要达到的处理程度,而处理程度则取决于处理后出水的去向。

1)处理后的出水如果排入水体,则污水的处理程度既要能够充分利用水体自净能力,又要防止水体遭到污染。不考虑水体自净能力,而任意采用高级处理方法是不经济的,但也不宜将水体自净能力耗尽,要留有余地。处理后污水如用于灌溉农田,污水水质应达到所要求的标准。

2)处理后的出水如果回用于工业企业或城市建设,要考虑两种情况:即直接回用或作某些补充处理后再行回用。污水处理厂一般是以去除生化需氧量物质作为主要目标。在大型污水处理厂中多采用以沉淀为中心的污水一级处理和以生物处理为中心的污水二级处理。有时为了去除氮、磷等物质,还在生物处理后,进行污水三级处理。

(3)污水处理运行管理。城市污水厂的运行管理,指从接纳原污水至净化处理排出"达标"污水的全过程的管理。城市污水处理厂运行管理过程中的基本要求如下。

1)按需生产。首先应满足城市与水环境对污水厂运行的基本要求,保证处理后的污水达标。

2)经济生产。以最低的成本处理好污水,使其"达标"。

3)文明生产。要求具有全新素质的操作管理人员,以先进的技术文明的方式,安全地搞好生产运行。

4)水质管理。污水处理厂(站)水质管理工作是各项工作的核心和目的,是保证"达标"的重要因素。水质管理制度应包括:各级水质管理机构责任制度,"三级"(指环保监测部门、总公司和污水站)检验制度,水质排放标准与水质检验制度,水质控制与清洁生产制度等。

2. 生态塘

生态塘是利用天然水中存在的水生植物、水生动物对污水进行处理的一种稳定塘。

目前,生态塘的处理工艺正在向着正规化、系统化、资源化、生态化、美学化的方向发展,已经在许多国家得到广泛应用。许多中小城市的污水处理长期以来没有受到应有的重视,有的只是经过了简单的处理就直接排入了自然水体,大部分处于放任自流的状态,据统计95%以上的生活污水被直接排放到地下或江河湖泊中,使环境不断恶化。在我国的中小城市土地资源丰富的地区,生态塘作为一种高效率、低能耗的污水处理方案具有广阔的应用前景。

针对稳定塘存在的不足,诸如水利停留时间长、占地面积大、积泥严重等问题,人们不断地对稳定塘进行改良,出现了许多新型稳定塘。

(1)活性藻系统。活性藻系统是根据菌藻共生原理,在系统内培养合适的菌类和藻类,同时控制菌类和藻类的比例关系(通常 3∶1)。利用藻类供养减少人工供氧量,从而进一步降低污水处理能耗和成本。而且还可以用大量繁殖的菌藻的方式进行污水进化、再生和副产藻类蛋白,因此,活性藻系统又称为高速率氧化塘。

(2)高效藻类塘。高效藻类塘内的生物相较丰富,对有机物、氮、磷都有良好的去除率,占地面积也大大减少了。与传统的生态塘相比,高效藻类塘更有利于菌藻之间的相互作用,其特征主要表现在以下四个方面。

第一,较浅的塘深,一般为 $0.3 \sim 0.6$ m;

第二,有一垂直于塘内廊道的搅拌装置;

第三,较短的停留时间,一般为 $4 \sim 10$ 天;

第四,高效藻类塘的宽度较窄,且被分成几个狭长的廊道,这样的构造可以很好地配合塘中的连续搅拌装置,促进污水的完全混合,调节塘内氧和二氧化碳的浓度,均衡池内水温以及促进氨氮的吹脱作用。

(3)水生植物塘。利用高等水生植物,主要是水生维管束植物提高稳定处理效率,控制出水藻类,除去水中的有机物毒物及微量重金属。

(4)悬挂人工介质塘。在稳定塘内表面积大的人工介质,如纤维填料,为藻类提供固着生长场所,提高其浓度来加速塘内去处有机质的反应,从而改善塘的出水水质。

(5)移动式曝气塘。移动式曝气近似于有多个曝气器同时运转,可缩短氧分子扩散所需时间,含氧水也随着移动式曝气器的移动而迁移,进一步缩短氧分子扩散所需的时间,曝气器的移动还有利于保持塘内的溶解氧均匀分布而避免死角。

3. 再生水处理设施

常规污水处理厂不能充分去除污水中数百种有害有机污染物与无机污染物,也不能灭活或去除污水中的有害微生物。用常规方法处理被高浓度有机物严重污染的水时,病毒显示出特有的抵抗力,因此发展废水的深度处理技术在水污染严重的区域显得更为迫切,其处理水平依回用目标不同而异。

目前,已建成的再生水厂选用的处理工艺包括混凝、沉淀和过滤工艺,膜生物反应器(MBR)工艺、反渗透(RO)技术及其组合工艺等。这四种常用的再生水处理工艺过程如下。

(1)混凝、沉淀和过滤。二级出水—混凝—臭氧脱色—机械加速澄清池—V形滤池—紫外线消毒—出水。

(2)MBR工艺。城市污水—曝气沉砂池—MBR—臭氧脱色—二氧化氯消毒—出水。

(3)MBR+RO工艺。城市污水—曝气沉砂池—MBR—RO—二氧化氯消毒—出水。

(4)二级RO工艺。二级出水—过滤器—紫外消毒—微滤—一级RO—pH值调节—二级RO—加氯消毒—出水。

此外,根据小城镇的实际情况,可采用生态净水的观念进行再生水处理,如深度处理塘+人工湿地系统,该系统对污水处理厂二级出水进行深度处理,充分利用小城镇周边的芦苇塘,以太阳能作为初始能源,使芦苇塘的自然生态系统通过多条食物链的物质迁移、转化和能量的逐级传递、转化,将进入塘中的有机污染物进行降解、转化,净化出水可以回用。该工艺具有结构简单,工程造价低,运行稳定可靠、维护方便,运营费用低等优势,并具有良好的抗冲击负荷能力,系统污泥产量很少,适宜小城镇污水处理及再生回用。

三、固体废弃物处理设施建设

1. 垃圾处理场

越来越严重的环境问题引起了人们的高度重视,在处理好大城市的环境问题的同时,也需要掌握好小城镇的地方垃圾问题。小城镇中垃圾随意堆放的现象比较严重,固体废弃物存在侵占土地、污染水体、污染大气、污染土壤、危害居民身体健康等弊端,因此,建设一个垃圾处理场来解决固体废弃物是必需的。

城市环境卫生是城市现代化进程的重要标志之一,是城市基础设施建设的重要组成部分和改革投资环境的必要条件;城市垃圾问题伴随城市化进程日趋尖锐,已经成为一个人民关心、旅游观光者留心、新闻媒体关注、对政府部门压力较大的一个社会问题。

(1)垃圾处理场建设原则。小城镇垃圾治理要认真实施可持续发展战略,"必须努力寻求一条人口、经济、环境和资源相互协调的,既能满足当代人的需求而又不对满足后代人需求的能力构成危害的可持续发展的道路。"为此就要实现对生活垃圾治理的无害化、减量化、资源化。

小城镇垃圾处理场的建设原则要达到下列要求。

1)规模的合理化。

2)要有经济的可行性。

3)权衡对环境的贡献与影响能力。

4)建成效果要明显。

5)要进行全程监测。

6)投产后的使用年限要达到预期。

(2)场址的选择。进行垃圾处理场的场址选择时应从工程学、环境学、经济学、法律和社会学等方面来考虑,这些选择要求相辅相成。主要考虑安全因素和经济因素两个方面,此外,还要考虑土地的所有权和租期。

1)安全因素。维护场地的安全性,要防止场地对大气的污染,地表水的污染,尤其是要防止渗滤水的释出对地下水的污染。因此,防止地下水的污染是场地选择时考虑的重点。

2)经济因素。场地的经济问题是一个比较复杂的问题,与场地的规模、容量、征地费用、运输费、操作费等多种因素有关。合理的选址可充分利用场地的天然地形条件,尽可能减少挖掘土方量,降低场地施工造价。

　　另外,还要考虑土地的所有权和租期。选址的一个先决条件是要能确定场地中哪一个最能达到"可能选出的最好场地"所要求的标准。

　　(3)主要处理方法。目前,国内外对垃圾的处理技术方法主要有焚烧技术、堆肥技术、卫生填埋技术以及由上述三种技术结合起来,使缺点互相抵消,使优点更为显著的垃圾综合处理技术。

　　1)焚烧技术。焚烧处理是目前国内外生活垃圾处理的一种主要方法,能够达到理想的减量化的目的,其方法是采用专用设备如垃圾焚烧炉进行燃烧,但是投资大,运行费用高,同时要求有较大的垃圾量供应才能保证设备的正常运行,因此,在经济发达的大城市才能采用。

　　2)堆肥技术。堆肥技术有敞开式静态堆肥和机械化高温堆肥二种方式,其好处在于能变废为用,在一定程度上实现垃圾处理的资源化目的。但是,由于近年来居民生活水平的提高和生活结构的改变,废旧塑料、废旧玻璃垃圾量剧增,如果没有进行对这种垃圾的分类收集和预分选,很难进行堆肥处理。如果能教育广大居民自觉做好垃圾的分类处理,将各种金属、塑料和有机物区分开来,再将仅含有有机物的垃圾进行堆肥,既能解决垃圾出路问题,又可以增加土地的肥力。

　　3)卫生填埋技术。《生活垃圾卫生填埋处理技术规范》(GB 50869—2013)中规定,卫生填埋是采取防渗、铺平、压实、覆盖对城市生活垃圾进行处理和对气体、渗沥液、蝇虫等进行治理的垃圾处理方法。按地形分填埋有三种:山谷填埋、平地填埋、废坑填埋。填埋无法做到垃圾的减量化,但却是垃圾无害化处理的最终手段,方法简便易行,投资较低,能消纳的垃圾量大,比较适应于目前大部分的城市和乡村的经济承受能力,对于山区小集镇来说是较为合适的选择。

2. 垃圾处理设备

　　垃圾污染越来越严重,很多城市已经面临被垃圾包围的局面。我国政府对这方面的控制和管理很是关注,但是,解决这个问题不是一件容易的事。垃圾处理的资金和要求都非常高,常规的垃圾处理的效果也不是很好。以填埋法为例,有的垃圾是腐烂不掉的,这些腐烂不掉的垃圾长期埋在土地里会对土地会造成很大的影响。因此,垃圾处理设备应运而生。

　　垃圾处理设备包括生活垃圾处理设备、餐厨垃圾处理设备、建筑垃圾处理设备等，随着科学技术的不断进步，垃圾处理设备也不断改进和更新，为城镇环境保护问题贡献力量。

第三节　小城镇交通基础设施建设

一、小城镇交通与城市发展的关系

　　小城镇交通可以概括为内部交通和外部交通两个方面：小城镇的内部交通是指车辆、行人在小城镇内部流动的状态和规律；小城镇的外部交通是指车辆、行人在小城镇和其他城镇、城市之间的流动。

　　正如城市交通在城市总体发展中的作用一样，小城镇交通对小城镇的发展以及所在区域经济的发展也起着重要的作用。

1. 小城镇发展对道路交通的需求

　　小城镇是带动农村经济和社会发展的源头，在统筹城乡发展、缩小城乡差异方面具有明显的优势。"要致富，先修路"被看作是发展小城镇经济的标志，因此，小城镇的发展要求城镇内部、城镇之间有快捷方便的道路交通。小城镇与村镇之间的道路可以实现农产品向小城镇集聚，而小城镇与大中城市之间的道路则可以实现大中城市的货物通过小城镇中转向乡村分散。

2. 小城镇在区域交通系统中的功能

　　在区域交通系统中，小城镇作为整个系统的一个节点，除了自身具有的功能外，主要起到交通枢纽、交通集散和交通衔接的功能。

　　(1)交通枢纽功能：小城镇由于外联方便，往往是城市工业扩散的首选地，规模大、经济实力较强的小城镇其作为复合网络连接点的作用明显，能起到综合性客运交通枢纽、单一换乘形式的交通枢纽的作用。

　　(2)交通集散功能：小城镇间由于过往交通频繁，规模小及经济实力相对较弱的小城镇，往往成为商业服务业活动中心及农副产品的集散地，实现了"交通促流通、以路兴贸"的集散功能。

(3)交通衔接功能：交通边缘小城镇只有自己的交通网,相对比较闭塞,经济发展相对落后,但在城乡之间能起到衔接的作用。

二、小城镇交通的特征

1. 小城镇道路网

目前,小城镇规划尚未能够像城市规划那样引起社会普遍重视,使小城镇交通建设缺乏合理规范的城镇规划对其进行科学指导。另外,许多城镇只作总体布局规划,缺少具体的有操作性、指导性的详细规划,导致小城镇发展自由度高,随意性强,小城镇交通存在诸多弊端。小城镇道路网现状及特征如下。

(1)密度较高但干支结构不尽合理。一般小城镇只有干支两套道路系统,而由于历史形成的原因,大多数城镇仅有一两条穿城干道,其他道路相对狭窄,在发展过程中又存在支路间距不均匀的问题,有的支路间距几十米,有的支路间距数百米,造成道路系统的先天失调。另外,在小城镇中,许多地段是先建房后通路,造成道路开辟的随意性和无序性,曲折、错位的小路多机动车难以通行。而今城镇道路建设又出现贪大求洋的倾向,新建或者改造的道路不管实际需要如何一律采取干道的做法宽宽荡荡,而旧的道路依然狭窄、拥挤,形成旧城条条是支路,新区路路是干道的局面。

(2)除了少数道路外大多路况较差,不能适应机动化的发展。在低机动化时期城镇机动交通以机动三轮车、拖拉机以及少量小型货车为主,车型小、速度慢、运量低,对道路的要求不高,在城乡所有道路上均可通行。而进入机动化时期后,随着经济的发展,货运汽车所占的比重越来越大,车辆速度快、车型大、运量高,对道路的要求也大大提高,城镇旧有的道路难以满足。还有许多道路桥梁的瓶颈车辆难以通过。速度的提高打破了城镇原来的节奏,交通危险性增加,运量增大,旧有路面难以承载,造成道路的严重破坏。

(3)缺乏管理道路资源被侵占现象严重。

1)市场、商店侵占。如前所述,城镇的原始积累和发展源自过境公路的带动作用,而这种作用又具体表现为兴办市场、沿路开店。马路市场、马路商店侵占道路资源,并不是指市场、商店直接占路,而是指沿路修建的市场、商店因为缺乏规划和管理,紧贴道路,没有专门的车辆和人流疏散场地设施,导致进出市场、商店的人车均拥挤在道路上,造成交通堵塞。

2)马路摊贩侵占。摊贩占路现象大中小城市均有,类型以小商品、副食品、小吃、水果、修理摊为主。城镇因为过境公路穿城、过往人员杂、管理的力度小等原因,这种现象要比大中城市更为严重。摊贩一般占用人行道,导致行人通行的不便,甚至被挤到车行道上去,严重阻碍了交通,并且易造成事故。在没有人行道的道路和穿城公路上则沿路摆放,有的搭建摊位的竹竿、木棍之类甚至伸出路面,形成路障,给往来车辆带来事故隐患,也危及摊贩本人的安全。

3)停车、行人侵占。由于停车场地少,管理力度小,车辆乱停乱放也侵占了大量道路资源。机动车停车占用车行道、人行道,非机动车停车占用人行道,在车辆多的路段更为突出,造成道路有效使用路面减少。行人侵占则表现为交通意识差,有人行道不走,或者不靠路边行走,而在路中间荡来荡去,对来往的车辆视而不见,对身前身后的鸣笛声充耳不闻,阻碍车辆通行,带来事故隐患。

2. 小城镇交通方式

小城镇作为城乡过渡的一种实体空间,其用地空间布局与城市相比存在一定差别,居民出行交通方式也有自己的特点。一般来讲,小城镇用地规模小,用地混合度较高,出行方式以步行、自行车、摩托车为主。在城镇内部的出行中,步行占一半以上,自行车、摩托车出行占30%～40%,公共交通比例不到10%。在镇域的出行中,以公共交通和私人摩托车为主,公共交通在日常出行中所占比例较低,而在长距离出行中才有优势。人对各种交通方式的需求主要有:经济性、连续性、独立性、快速性、舒适性、安全性等,而不同的交通方式可以满足人们不同的出行需求。

(1)步行。步行以人自身的行走来完成在空间的位移,是城镇居民最普遍的出行方式,其特点是路线受自我控制,活动比较自由,与其他交通方式的相互干扰较少,具有一定的独立性,除了消耗体力外,不产生其他成本,适合短距离的出行。缺点是体力消耗较大,受天气影响大。

(2)自行车。自行车是我国城乡最普遍的交通工具,其优点主要有:体积小,机动灵活,可以实现门到门的连续性交通;价格便宜,简单易学,能够大量普及;以人力驱动,无污染,是名副其实的"绿色交通";出行距离适中,适合于居民日常出行的距离范围。缺点是受体力、气候、地形条件制约比较大。

(3)摩托车。随着经济的发展,生活水平和购买力的提高,摩托车在城镇迅猛增长。与自行车相比,摩托车以燃油作动力,省力、舒适;出行速度快,省时;同时又具有机动、灵活的特点;价格适中,城镇工薪阶层消费得起。其缺点是产生的噪声、废气等对环境有比较大的污染,较难控制,不适宜于少年儿童以及老年人等弱势人群。

(4)公共交通工具。公共交通工具运送速度,在城市的市区约为15~16千米/小时,郊区城镇约为20千米/小时,比较舒适和安全,出行费用也不高,适用于城镇中长距离的出行以及弱势人群使用。缺点是不够机动灵活,不能够实现门到门,需与步行、自行车等方式结合,汇集和分流成本较高。在小城镇中,公共交通工具一般作为远距离出行方式,如到县城,到其他城市。

影响小城镇居民出行方式选择的因素很多,如上述提到的出行时间的长短、出行者的年龄、公共交通发达的程度及服务水平和票价、道路交通状况;自行车拥有量、地形、天气、季节等都能使之发生变化。而小城镇经济的发展,居民收入水平的提高,小城镇的形态生长和机动化的发展,则是从更深层意义上影响未来居民出行方式的选择。以收入水平为例,研究表明,随着收入的提高,对交通快速性、舒适性、安全性的要求就越高,而对经济性的要求则降低。

可以预见,未来小城镇主要交通方式将产生以下变化:步行出行的比例将有所下降,向购物、休闲集中,向老年人群集中;随着经济和机动化的发展,自行车出行的比例将有所下降,并且向老年以及弱势人群集中,中青年部分向机动化转化;摩托车若无政策限制,一定时期内还将有比较快的增长,尤其对于镇际和镇域的出行,增长集中在那些工作在城镇,而居住不在此的中青年人群;小汽车将逐步进入家庭,但近期增长有限,原因仍然是收入水平的限制。随着城镇规模的扩大和镇域经济发展以及联系的加强,公共交通的比例将有所上升,镇域和镇际私人经营车辆增长快,须加强政策引导。

3. 小城镇道路设施

(1)静态交通设施匮乏。

1)停车场地少。尤其是沿路布置的市场,由于缺乏统一的规划,没有配建的停车场地,汽车、三轮车、板车、自行车乱停乱放,占路停靠,带来事故隐患。

2)交通站场少。许多小城镇没有专门的车站、维修站等场地,公交、小巴、出租车等沿路停放待客、争抢客源,造成交通秩序混乱;门店式的维修点更是占路经营,待修的车辆沿路摆放,严重阻碍交通。

(2)路灯、绿化、交通标志牌等附属设施不足。美国规划师凯文·林奇在《城市的印象》一书中描述到:"一个可识别的城市就是它的区域、道路、标志易于识别并且组成整体图形的城市","道路……是大多数人印象中占控制地位的因素……其他环境要素沿着它布置并与它相联系。"而在小城镇建成区环境当中,道路普遍缺乏路灯、绿化等附属设施,交通标志牌设置的也很少,千街一面,千镇一面,缺乏特色和识别性,对道路交通的使用者也非常不利。在某镇的现状调查中,由于没有指示牌,我们的调查人员常常误入死胡同,并造成多人调查工作的重复。

三、小城镇交通对小城镇生态环境的影响

目前,我国小城镇交通对小城镇生态环境的影响主要体现在以下几个方面。

1. 土地占用、自然生态破坏

城镇用地是不可再生资源。城镇道路等交通基础设施占用了大量的土地。同时,由于土地的占用,破坏了当地的自然生态系统,甚至一些生物的栖息地,使小城镇的生物多样性降低。我国人多地少,随着我国城镇机动车拥有量的快速增长,城镇用地会愈发紧张。

2. 能源消耗

很多发达国家的交通运输能源消耗占总能耗的比例非常高。例如：在加拿大，交通运输系统消耗总燃油的 66％，其中，绝大部分为汽车运输所消耗。与发达国家相比，我国目前的交通能耗占总能耗的比例还不算很高，燃油消耗中交通所占比例一般在 30％左右，但随着交通机动化，交通系统的资源消耗比重会逐年增加。交通系统对石油等不可再生能源的过度依赖，必将对我国小城镇经济的发展产生影响。

3. 环境污染

交通系统因产生大量大气污染物而成为小城镇一氧化碳、烃类化合物、氮氧化合物的主要污染源之一。虽然相对于发达国家而言，我国的车辆拥有量较少，但由于机动车的相关标准（如机动车尾气排放标准）较发达国家水平也低，交通对环境影响的相对程度已经接近发达国家。可以预见，我国城镇机动化发展将对城镇环境带来很大压力。

可见，小城镇的交通建设给城镇发展带来的影响是双重的，有积极的一面，也有消极的一面。这就要求在城镇环境规划中制定小城镇的交通规划，使小城镇的交通规划符合可持续发展的交通发展战略与管理方法，引导交通结构向低环境污染和优化利用不可再生资源的合理模式转移。对城镇交通规划的环境评价可以帮助城镇交通规划分析环境影响，监督交通规划充分考虑环境，对城镇交通规划有很重要的意义。

四、小城镇交通问题的成因分析

1. 道路分级标准存在差异，对城镇交通规划的深度认识存在差异

2007 年 5 月 1 日，建设部颁布实施了《镇规划标准》（GB 50188—2007）。该标准中，根据镇区人口规模将小城镇划分为四类，见表 7-1，每类均有相对应的道路分级标准，见表 7-2。然而，由于规划编制的时间问题，目前很多小城镇是按 2007 年之前规范执行的，标准偏低。目前不同的编制单位对自行车及步行交通、交通管理、停车设施、道路规

划红线控制等内容是否应作为小城镇交通规划的组成内容以及规划的深度的认识各不相同,各地小城镇也未做出相关规定,造成各个规划在内容及深度上差异很大,导致了小城镇交通建设的差异性和普遍的不完整性。

表 7-1　小城镇规模等级

规模等级	镇区人口
特大型	＞50 000
大型	30 001～50 000
中型	10 001～30 000
小型	≤10 000

表 7-2　小城镇道路分级标准

规划规模等级	道路级别			
	主干道	干路	支路	巷路
特大、大型	√	√	√	√
中型	＋	√	√	√
小型	－	＋	√	√

注:√为应设,＋为可设,－为不设级别。

2. 重生产轻基础设施建设

由于对"发展才是硬道理"指导思想的片面理解,在镇域建设中往往把生产放在第一位,对基础设施建设与生产发展之间的关系缺乏长远的考虑和正确的认识,导致了道路及其附属设施的建设得不到应有的重视,致使道路设施损坏严重。

3. 缺乏城乡统筹,各自为政,资金投入不足,建设滞后

市政基础设施的建设资金绝大多数用在了中心城市和县政府驻地的县城的建设,对小城镇基础设施建设的投资极少。由于管理体制的制约,目前的小城镇规划、建设、管理是各自为政,这种情况下极易存在不协调现象,传统的乡土观念、本位主义思想,使得村民和村委会均不愿跨村投资建设或养护道路,也不愿由本村投资建设、养护与外

村共享道路设施,这两方面都导致资金筹集困难,村庄的交通建设缺乏稳定的财政保障,建设养护无保障。而城镇布局大多比较自由,不利于道路的建设,特别是在建设资金有限的情况下,拆迁改造难度非常大。小城镇又大多依托过境道路形成,城镇的主要功能沿过境道路分布,若重新建设城镇中心,资金仍然是关键。

4. 缺乏管理和技术人才

小城镇在人才和技术方面都比较欠缺,难以制定出有远见有实效的城镇建设策略。规划编制固然可以通过外援得到技术支持,但请来的专家大多仅提供规划方案,缺少具体的操作指导以及后期的建设跟进,规划的落实势必大打折扣。

五、小城镇的交通对策

小城镇的交通建设必须与小城镇的生态环境发展相协调,才可以刺激小城镇的经济发展,这就要求城镇的交通规划要采用高标准、高起点的原则,使小城镇在现代化的交通体系中健康发展。

1. 交通系统建设要与外部系统协调共生

(1)制定城镇交通发展规划,与小城镇环境规划同步实施。在进行小城镇环境规划的同时制定小城镇交通规划。只有从整体上对交通系统以及城市布局、土地利用、环境保护等进行考虑才能实现可持续发展的生态交通目标。考虑小城镇用地的客观要求,给小城镇发展留下充足的发展空间。同时,对小城镇开展交通规划的环境影响分析,以保障小城镇的交通建设符合小城镇的可持续发展的要求。

小城镇交通发展规划建设应考虑下列因素。

1)土地利用因素。土地利用与城市交通系统之间存在一种强大的互动关系。在静态关系上,土地的使用是决定城市活动分布和交通运输系统动作的前提条件;而在动态关系上,城市活动分布、可达性和经过开发商投资建设的新空间是下一轮土地利用预测的前提和条件。因此,将生态交通概念纳入城市规划中,研究城市的开发强度与交通容量和环境容量的关系,使土地使用和交通运输两者协调发展,才能真正达到可持续发展的生态交通目标。

2)用地规划与控制。公共交通系统的实质属性见表 7-3。对于公共交通系统而言,其成败很大程度上取决于是否在用地的规划和控制上做出有效的配合。结合土地利用和城市形态发展公共交通以寻求可持续发展的道路。

表 7-3　公共交通系统的实质属性

序号	项目	内　　容
1	密度	指到公共交通站点合理的步行范围内,有足够的居民及通勤者,足以产生很高的搭乘出行
2	混合使用	指混合土地使用、房屋形式
3	设计	指良好的城市设计有助于步行、骑车与搭乘公共交通系统等相关实体建筑或基地位置

3)空间发展目标。交通可以改变城市空间结构和土地使用方式,因此,交通规划要与空间发展的目标紧密结合,交通在引导城市从无约束地扩散到有序地发展方面具有积极的作用,尤其是在探讨一种可持续发展的城市土地使用模式时交通成为关键的因素。

(2)生态交通与生态城镇共建生态城镇建设的基准点是城市发展的可持续性,而交通的可持续发展是城市可持续发展的重要组成部分,进一步来说,是否可以实现生态交通是生态城镇建设的根本和重要评价标准,没有生态交通的实现,城镇的可持续发展也就很难实现。

(3)建立大众参与机制,选择环保型交通工具,发展智能交通系统城市交通的规划、建设、管理与人们的日常工作生活息息相关,生态交通的实施更是离不开公众的积极参与。生态交通的运输工具选择是一个综合交通运输与生活品质的决定问题。这就要求人们选择生态交通工具,确保交通工具的环保性,发展智能交通系统。

2. 建立合理的城镇交通系统结构

以公共交通系统为主,合理使用其他交通工具。

(1)建立以公共交通为主体,多种交通方式为补充的现代化城镇交通体系。这样既可以充分发挥各种交通方式的优势,在满足交通需

求的同时,提高交通服务水平,又可以最大限度地降低城镇交通环境
负效应和能源消耗。

公共交通以最低的环境代价实现最多的人和物的流动,以有限资
源提供高效率与高品质的服务水平,因此,成为"生态交通"的必然选
择。我国人口众多,用地资源紧缺,城市用地相对紧张,发展高效、低
污染的公共交通事业是适宜我国国情的现代化之路。另外,我国城市
用地布局紧凑,土地利用集约化程度高,开发强度大,具备公共交通发
展的基本的人口密度条件,可以达到公共交通发展的良性循环。许多
发达国家工业化过程中发展起来的以小汽车交通为主的交通方式,增
加城市中机动车辆的数量,占用过多道路资源,浪费能源并且造成更
多污染,不符合我国国情,长远而言,必将恶化城镇的生态环境,降低
人民生活质量。因此,要建立方便、快捷、多层次的公共交通系统,合
理使用小汽车,为步行和自行车交通提供空间。

提高公交车辆保有量,完善公交体系,扩大公交覆盖率,增强可达
性,同时切实落实"公交优先"政策,在居民出行相对集中的路段设置
公交专用道,增大公共交通的吸引力和竞争力,应逐步淘汰营运摩托
车的交通方式。此外,由于小城镇城区面积相对较小,镇内公交路线
可能采用电瓶车、自行车或步行方式解决,建议小城镇的公交系统可
与周边城镇联合考虑,使公交路线长度合适,以提高公共交通的经济
效益。

(2)建设和完善小城镇道路网络。小城镇的发展需要道路建设来
支撑和引导,提高道路容量建设和完善道路网络,是从硬件的角度优
化小城镇道路结构,提高路网容量的手段。加强小城镇主干路和次干
路的建设,使主、次干路比例协调、打通断头路,改造村道,提高村道等
级至城市支路,增大支路密度,逐步完善小城镇的人行系统,减少行人
对机动车道的干扰。结合当地小城镇和山水林田发展规划,使小城镇
道路建设规划成为新农村建设总体规划的有机组成部分。合理的小
城镇道路建设有利于乡镇企业相对集中,更大规模地把农村富余劳动
力转移到小城镇,避免其向大中城市盲目流动。

(3)建立现代化的城镇交通管理体制。建立科学合理的城镇交通

管理,规范道路交通秩序,提高交通安全水平,最大限度地提高道路交通基础设施的利用效率,从而提高城镇交通体系的供给水平,缓解交通拥挤,提高运输效率,减少能源消耗和污染物排放。可采取如下措施。

　1)完善交通标志、标线和信号控制等交通工程设施,对次干路以上道路做中央隔离设施,实现对交通流的时空分离,以减少冲突点,提高道路通行能力。

　2)加强道路交叉口的交通组织和渠化工作,改造畸形交叉口,尽量避免小角度交叉口。

　3)因地制宜地利用老城区的道路系统,对密度大、无拓宽余地的老城区村道实行单行系统,盘活道路资源。

　4)加强停车场的设置与管理,减少静态交通对有限的道路资源的占用,规范交通行为。小城镇停车场规模不宜过大,应以中小规模为主,在城镇出入口布置相对大型的停车场。

　5)加强城镇居民的交通安全教育。

　(4)规划隔离带,营造优雅美丽环境。小城镇的交通建设规划得好,会给小城镇的生态环境及景观带来优雅、美丽的效果,反之,则造成干扰,破坏小城镇的原有景观。通过绿化、美化工程以及对交通秩序、公用设施严格的管理和治理,营造优雅美丽的城镇空间环境,增强小城镇对周围地区的经济辐射和吸引力,推动小城镇的发展。与此同时,加强公路干线两侧护坡的立体绿化、美化,使公路干线成为地域空间中一道亮丽的风景线。

3. 建立交通法制化,体现交通公平性

　为促进小城镇交通的发展,需要通过健全公平、合理的法律法规制度,减少有关城镇规划、交通设计、交通运营过程中出现的缝隙,才能使摩托车、小汽车、公交车等在通行中做到规范运营。对于个人采用的交通方式,不论是公共交通、小汽车、摩托车还是自行车,都应给予一定的使用空间,从而体现交通的公平,兼顾到全体社会公众的需求,平衡社会各个阶层的利益需要,使社会公众都能够平等地共享有限的交通资源。

第四节　小城镇意外灾害预警设施建设

一、小城镇常见意外灾害

小城镇常见意外灾害有自然灾害和人为灾害两种。其中,自然灾害包括洪水灾害、地震灾害、风灾、滑坡等;人为灾害包括火灾、瘟疫等。各种自然灾害和人为灾害的发生给人类带来巨大损失,对人类生命安全构成极大的威胁。

1. 大气圈和水圈灾害

大气圈和水圈常见的灾害主要包括洪涝、干旱、台风、风暴潮、沙尘暴以及大风、冰雹、暴风雪、低温冻害、巨浪、海啸、赤潮、海水、海岸侵蚀等。在我国,平均每年洪涝灾害的受灾面积为 1 000 多万公顷,成灾面积在 500 万公顷以上,时间主要集中在夏秋两季;干旱的受灾面积 2 000 多万公顷,成灾面积约 1 000 万公顷,多发生在春秋两季;每年登陆台风约 7 个,主要集中在东南沿海一带;风暴潮是对我国威胁最大的海洋灾害,历史上最严重的一次风暴潮曾夺去 10 多万人的生命;沙尘暴、冰雹、暴风雪、低温冻害等其他灾害损失也相当严重。

2. 地质、地震灾害

地址、地震灾害主要包括地震、崩塌、滑坡、泥石流、地面沉降、塌陷、荒漠化等。我国是地震多发的国家。1949 年以来,因地震死亡近 30 万人,伤残近百万人,倒塌房屋 1 000 多万间。其中,1976 年唐山发生震惊世界的 7.8 级强烈地震,造成 24.2 万人死亡,16.4 万人伤残;全国崩塌、滑坡、泥石流灾害点有 41 万多处,每年因灾死亡近千人。全国荒漠化土地面积 262 万平方千米,土地沙化面积以每年 2 460 平方千米的速度扩展,水土流失面积超过 180 万平方千米。

3. 生物灾害

在自然界中,人类与各种动植物相互依存,可一旦失去平衡,生物灾难就会接踵而至。如捕杀鸟、蛙,会招致老鼠泛滥成灾;用高新技术药物捕杀害虫,反而增强了害虫的抗药性;盲目引进外来植物会排挤本国植物,均会造成不同程度的生物灾害,危及生态环境。我国主要农作物病虫鼠害达 1 400 余种,每年损失粮食约 5 000 万吨,棉花100 多万吨;草原和森林病虫鼠害每年发生面积分别超过 2 000 万公顷和 800 万公顷。

4. 森林和草原火灾

因自然或人为原因,在森林或草原起火燃烧所造成的灾害,森林和草原火灾除造成人民生命财产损失外,主要是烧毁森林、草地,破坏森林、草原生态环境,降低畜牧承载能力,并促使草原退化。1950 年以来,全国平均每年发生森林火灾 1.6 万余次,受灾面积近百万公顷。受火灾威胁的草原 2 亿多公顷,其中火灾发生频繁的近 1 亿公顷。

二、小城镇防灾预警设施建设

自然灾害给小城镇发展造成了极大的损失,为了更好地抵抗各种自然灾害的侵袭,减轻自然灾害,保证小城镇的可持续发展,应在小城镇中建立了比较完善的灾害监测、预报和减灾应急系统。

1. 洪涝灾害预警

暴雨是造成洪涝的直接原因。目前世界上许多国家都利用空间技术建成"灾害预警系统(DWS)"、"数据收集平台(DCP)"和应急终端等,并被广泛用于获取洪涝的各种信息。洪水预警是美国防洪减灾工程措施的核心内容之一。预测洪水并及时发出预警对于防洪减灾意义重大。美国把全国划分为 13 个流域,每个流域均建立了洪水预警系统,每天进行一次洪水预报。此外,美国还利用先进的专业技术和现代信息技术,对洪水可能造成的灾害进行及时、准确的预测,发布警示信息,并逐步建立以地理信息系统(GIS)、遥感系统(RS)和全球卫星定位系统(GPS)为核心的"3S"洪水预警系统。1998 年我国在抗洪救灾中,租用了美国、日本和欧洲共 6 颗遥感卫星,对洪灾地区进行了全天候、全天时大面积监测并取得成功。

2. 风暴监测和预警

热带洋面上的飓风和热带风暴在每年都会发生,应用气象卫星预警系统,在防灾减灾中发挥了极大作用。根据卫星云图,可预报风暴强度、移动路径、登陆时间和地点,提前(24～48 h)发出紧急警报,使危险区人员提前撤离,转移重要设施。这可大大减少人员伤亡和财产损失。美国是受东太平洋热带风暴袭击频繁的国家。自从气象卫星使用以来,美国在台风中的死亡人数越来越少,已从20世纪60年代的年平均56人降至现在的年平均10人以下。

印度利用 Insat 卫星,执行一项 Insat 新应用计划——无人照料区域专用台风"灾害预警系统(DWS)"。该系统包括150个灾害预警接收机,安装在选定的有台风倾向的地区,为沿岸乡村镇提供台风临近警报。自从 DWS 在1987年投入应用以来,它已成为重要的减灾设施。1990年5月9日,强台风袭击 Andra Pradesh 沿岸,DWS 使印度政府在台风来临之前安排170 000人撤离,挽救了该地区数千人的生命。印度政府目前计划在全国的沿海地区建立 DWS 设施,全面推行 DWS 的应用。

3. 地震预报

目前,随着科学技术的发展,已经成功地应用卫星图像确定地震风险带的地震构造条件。GPS 技术对于监测板块之间以及板内各块体之间的相对运动和地壳应力场变化是极为有力的工具。我国利用卫星热红外波段资料进行地震短临预报已研究多年,取得了一些成果。从1990—1996年,总共预报50次,其中较准确的有12次,较好的24次,较差的9次,虚报5次。实践证明,利用卫星热红外信息进行地震短临预报在预报强震方面很有效。这是因为强震前异常反应强烈,在图像上显示的异常较明显;而小地震前异常反应不明显,预报判读准确性较强震差。

第八章　小城镇能源系统规划与建设

能源是人类活动的物质基础,也是世界发展和经济增长的基础。以能源的大量利用为基础的粗放型经济发展模式为各国和全球经济发展奠定了基础。如今随着人类对自然规律和可持续发展认识的不断深入,迫使人们在享受能源带来的经济发展、科技进步等利益的同时,不得不思考一系列无法避免的能源安全、环境安全等问题。能源短缺、资源争夺以及日益严重的环境污染、气候异常等问题,已经开始威胁着人类的生存与发展。

如今,能源安全及与环境的协调发展已是全世界共同关心的问题,也是我国社会经济发展的重要保障。为此,世界各国根据各自的国情,综合考虑本国的经济发展状况和环境条件制约等因素,采取调整产业结构、改善能源消费结构、开发新能源、采用节能措施等一系列对策和措施,力求缓和能源短缺与经济发展的矛盾,保障能源安全。

小城镇的建设和发展同样离不开能源系统的支持。随着我国城镇化水平的不断提高,小城镇的能源消耗总量日益增加,能源消费产生的环境问题不容忽视。因此,针对小城镇能源系统的特点,依据低碳能源发展战略,对小城镇能源系统进行系统规划与建设,是小城镇建设的重要内容之一。

第一节　低碳经济下的小城镇能源系统

低碳经济,是指在可持续发展理念指导下,通过技术创新、制度创新、产业转型、新能源开发等多种手段,尽可能地减少煤炭石油等高碳能源消耗,减少温室气体排放,达到经济社会发展与生态环境保护双赢的一种经济发展形态。"低碳"意味节能,低碳经济就是以低能耗、低污染为基础的经济。因此,新能源的开发显得至关重要。

一、低碳经济与新能源崛起

近年来,一场以新能源革命和低碳经济为主题的绿色浪潮正在席卷全球。从美国,到日本、欧洲各国,低碳经济和新能源战略是西方发达国家占领新的国际市场竞争制高点、主导全球价值链的新王牌。

经济危机使世界各国的经济都受到了不同程度的打击,而低碳经济作为一个新的经济增长点会带来许多重大投资机会。特别是高能效的电力、交通、建筑、工业和绿色基础设施建设这五个方面将会产生重大投资机会。低碳经济涉及的行业和领域十分广泛,主要包括低碳产品、低碳技术、低碳能源的开发利用。在技术上,低碳经济则涉及电力、交通、建筑、冶金、化工、石化等多个行业,以及在可再生能源及新能源、煤的清洁高效利用、油气资源和煤层气的勘探开发、二氧化碳捕获与埋存等领域开发的有效控制温室气体排放的新技术。在当今世界,讨论新的经济增长点,已经不能单一地考虑某种新产业对于经济增长的作用。作为经济增长点,不仅要对持续的经济增长有贡献,而且要对提高劳动就业和降低二氧化碳有重要贡献。

二、新能源开发现状

(一)新能源开发前景看好

长期以来,人类在生产和生活中一直使用石油和煤炭等化石能源,随着能源需求量的不断增加,不可再生能源的储量却逐渐减少,能源危机不时闪现,世界已经进入“高油价时代”,能源安全问题成了许多国家面临的一大挑战。此外,大量使用石化能源造成环境污染,碳排放增加,引起全球气候变暖,使人们赖以生存的地球家园环境恶化,这是人类面临的另一重大挑战。

在这样的背景下,节能减排、绿色发展是必然选择,寻求新能源替代化石能源日显迫切。

所谓新能源是相对于传统能源而言的,指正在研发或开发利用时间不长的一些能源形式,如太阳能、地热能、风能、海洋能、生物质能和核能等。由于新能源造成的污染少,因此,新能源也被誉为"清洁能源"或"绿色能源"。新能源中的太阳能等是取之不竭的可再生能源,对解决能源短缺和环境污染问题具有重要意义,因而被各国普遍看好。另外,风能、生物质能等新能源也得到了充分的利用,部分新能源技术已经取得长足发展并得到广泛应用。

(二)新能源发展困境

1. 投资环境不容乐观

与其他行业不同,新能源行业如果没有政府资金和政策的扶持,往往难以承受市场考验,而经济压力又让政府补贴不可能长久进行下去。有经济学家对其抨击称,"现在新能源企业没有一个可以不靠补贴生存,这样的行业要想成为主流是不可能的。"此外,为了使用新能源,汽车、供暖、电力设备等都需要改造。因此,新能源经济泡沫一旦破裂,所导致的社会影响将不亚于房地产等经济泡沫的破裂。新能源波及政府、企业、民众等各个层面,影响金融、基建、电力等相关行业。

2. 警惕深层次危机

(1)在发展中国家,新能源的市场规模很小,发展空间受限,新能源行业的健康发展还要倚重国家财政补贴的支持。在这种情况下,投资人不免会担忧,国家的财力是否能长期补贴新能源。

(2)基础研发领域投入明显不足,关键技术瓶颈始终未能有大的突破。无法掌握新能源产业的核心技术,也没有国家级的研发机构来从事新能源产业共性、战略性、基础性的研究。

(3)同质化严重,优质产能紧缺。

(4)产业潜在的安全风险巨大,市场扩张远远超前于技术成熟。

在上述深层次的危机下,要发展新能源,审批项目的时候要设立一定的标准,避免无序竞争。政府还需明确向企业告知项目上马的潜在风险,为企业提供及时、可靠的市场信息,让企业在信息透明,有充分风险估计的氛围中竞争和发展。目前,对新能源及其技术开发和应用的制约因素仍是其成本太高,投入太大。

三、我国低碳经济发展之路的战略措施

1. 转变发展理念和价值观

低碳既是环境问题，也是发展问题；既是全球问题，也是区域问题。要走好低碳经济发展之路，必须转变发展理念和价值观，把发展低碳经济和构建低碳社会作为长远的发展目标。要接受低碳经济的概念，在低碳发展的基础上收获 GDP，实现经济增长和 GDP 的增加。同时，实现低碳发展绝不只是宏观层面上、全球行为，在微观层面也是可以操作的、可视的。只要在发展经济的同时，注重环境保护，通过发展循环经济，把资源消耗限制在资源再生的阈值之内，把对环境的损害限制在环境自净能力的阈值之内，就可以实现低碳经济的发展。

2. 经济结构和能源结构的转型

发展低碳经济，需要经济结构和能源结构的彻底转型。从经济结构上看，要转变现有的"高消耗、高排放、高污染"的经济体系，用低碳农业替代高碳农业，用低碳工业体系替代高碳工业体系，走"低消耗、低排放、低污染"的经济发展之路。从能源结构上看，要以可再生能源替代化石能源，构建新能源经济体系。目前，能源供需形势相对缓和，为结构调整提供了难得的战略机遇。要抓住这一机遇，大力发展清洁能源，着力提升可再生能源产业的快速发展，进一步淘汰小火电、小煤矿、小炼油等落后生产能力，提高资源利用效率和清洁化水平。

3. 传统能源也要"绿化"

在国际上掀起发展低碳经济热潮之后，我国也在哥本哈根会议上做出承诺，到 2020 年实现单位 GDP 二氧化碳排放量比 2005 年下降 $40\% \sim 45\%$。要实现这样的减排目标，不仅需要发展新能源产业，还要大力对传统化石能源进行节能减排，而且在分析人士看来，后者的潜力更大，而需要付出的成本则更低。

目前，我国的电源结构仍以火电为主，预计，未来在传统化石能源"节能减排"的文章大有可为。此外，我国工信部提出发展"战略性新兴产业"，这意味着，以新能源产业发展为由头，我国众多传统产业都

有望进行结构调整和发展思路的转型。

4. 从低碳经济到低碳社会

低碳发展之路固然应该重视发展低碳经济,构筑轻型的经济体系,但更重要的是还要构筑一个低碳社会,涉及社会生活的各个方面,具体内容如下。

(1)发展低碳交通。目前,发展低碳交通已经成为一种世界潮流,而公共交通是实现低碳交通的重要发展方向。

(2)构建低碳政府。我国政府在社会经济活动中扮演着极其重要的角色。政府不仅作为投资的主体形成国有资本,还作为消费的主体改善着公共服务的能力。

(3)发展低碳社区。社区是人们生活、居住的主要场所,其居民有共同的认同感。发展低碳社区,不仅非常必要,也具有可操作性。

(4)发展低碳校园。校园是一个相对独立、封闭的运行系统,学校作为传播人类文明和知识的机构,具有引领人类文明、提升公众意识的职能。学校的主体是学生,他们是一批朝气蓬勃的新生力量,最容易接受新生事物。因此,在学校推进低碳发展具有得天独厚的优势。

(5)倡导低碳消费。低碳经济必须依托于低碳消费生活才能实现真正的节能减排目的。

第二节　小城镇新能源的应用

一、新能源的概念与特点

1. 新能源的概念

新能源是指非传统矿石能源以外的其他能源形式,具有来源上的可再生性以及使用上的低污染性。从 20 世纪 50 年代以来,世界各国都开始研究新能源,在风电、太阳能光伏与光热、生物质能发电、潮汐利用等方面取得了一定的成果,初步具备了产业化的条件。

2. 新能源的主要特点

(1)能量密度较低,并且高度分散。

（2）资源丰富，可以再生。

（3）清洁干净，使用中几乎没有损害生态环境的污染物排放。

（4）太阳能、风能、潮汐能等资源具有间歇性和随机性。

（5）开发利用的技术难度大。

二、新能源的种类

联合国开发计划署（UNDP）将新能源和可再生能源分为以下三大类。

（1）大中型水力发电。

（2）新可再生能源，包括小水电、太阳能、风能、现代生物质能、地热能和海洋能等。

（3）传统生物能。

我国新能源和可再生能源是指除常规化石能源和大中型水力发电及核裂变发电之外的生物质能、太阳能、风能、小水电、地热能和海洋能等一次能源以及氢能、燃料电池等二次能源。

三、小城镇发展新能源的意义

新能源又称非常规能源，是指人类新进才开始利用或正在积极研究、有待推广的能源。新能源包括太阳能、地热能、风能、海洋能、生物质能和核聚变能等。新能源是未来能源开发的重点领域。在能源安全日趋严峻、生态环境恶化的形势下，因地制宜的开发利用新能源，是保障小城镇能源供应、提高经济效益、实现可持续发展的有效途径，也是小城镇建设的重要内容之一。

小城镇发展新能源的意义主要体现如下。

1. 缓解能源供应紧张局面

我国人口众多，人均能源资源占有量非常低。随着社会经济的高速发展，对能源的需求也成倍增长。目前，我国石油对外依存度已达近52%，并呈逐年上升的趋势。能源安全已成为不容忽视的严峻挑战。随着小城镇建设的不断深入，小城镇社会经济发展对能源的需求也不断增大，能源供应问题也日益凸显。开发利用新能源可以有效缓解这一局面。研究和实践表明，太阳能、风能、地热能、生物质能等新能源资源丰富，分布广泛，可以再生，是目前大量应用的化石能源的替代能源。开发利用这些新能源，可直接、大量、稳定的增加小城镇能源供应，有效地解决小城镇能源紧缺问题。

2. 改善生态环境质量

化石能源的大量开发和利用，是造成大气和其他类型环境污染与生态破坏的主要原因之一。过度和低效地使用能源势必造成严重的环境问题。以太阳能、生物质能等新能源替代化石能源，不但可以解决小城镇居民生活用能紧张问题，还可以有效减少化石能源造成的污染物排放和碳排放，减轻能源消费给生态环境造成的不利影响。例如，通过生物质能转化技术，实施秸秆综合利用、沼气项目建设等，可以将农村的"三废"秸秆、粪便、垃圾变成"三料"燃料、饲料、肥料，实现能源供给的同时，可低成本的降低污染、洁净环境，阻断疫病传播等。

3. 带动小城镇经济发展

能源作为社会生产的原动力，直接决定和影响社会再生产及经济增长的发展规模和发展速度，小城镇社会经济发展同样离不开能源的支持。开发利用新能源，一方面，可以弥补能源供给不足，为小城镇经济发展提供能源支持；另一方面，与当地的生产发展相结合。因地制宜地开发利用新能源也是一个系统的联动工程，可以直接推动小城镇产业结构的调整和优化升级，带动社会经济的发展。

四、太阳能及其在小城镇中的应用

(一)太阳能的特点及分类

太阳能是由内部氢原子发生聚变释放出巨大核能而产生的能，来自太阳的辐射能量。人类所需能量的绝大部分都直接或间接地来自太阳。植物通过光合作用释放氧气、吸收二氧化碳，并把太阳能转变成化学能在植物体内贮存下来。煤炭、石油、天然气等化石燃料也是由古代埋在地下的动植物经过漫长的地质年代演变形成的。此外，水能、风能等也都是由太阳能转换而来的。

太阳能,既是一次能源,又是可再生能源。太阳能资源丰富,既可免费使用,又无须运输,对环境无任何污染。为人类创造了一种新的生活形态,使社会及人类进入一个节约能源减少污染的时代。

1. 太阳能的特点

(1)优点。

1)普遍:太阳光普照大地,没有地域的限制无论陆地或海洋,无论高山或岛屿,都处处皆有,可直接开发和利用,且无须开采和运输。

2)无害:开发利用太阳能不会污染环境,是最清洁能源之一,在环境污染越来越严重的今天,这一点是极其宝贵的。

3)巨大:每年到达地球表面上的太阳辐射能约相当于130万亿吨煤,其总量属现今世界上可以开发的最大能源。

4)长久:根据目前太阳产生的核能速率估算,氢的贮量足够维持上百亿年,而地球的寿命也约为几十亿年,从这个意义上讲,可以说太阳的能量是用之不竭的。

(2)缺点。

1)分散性:到达地球表面的太阳辐射的总量尽管很大,但是能流密度很低。一般来说,北回归线附近,夏季在天气较为晴朗的情况下,正午时太阳辐射的辐照度最大,在垂直于太阳光方向 1 m² 面积上接收到的太阳能平均有 1 000 W 左右;若按全年日夜平均,则只有 200 W 左右。而在冬季大致只有一半,阴天一般只有 1/5 左右,这样的能流密度是很低的。因此,在利用太阳能时,想要得到一定的转换功率,往往需要面积相当大的一套收集和转换设备,而且造价较高。

2)不稳定性:由于受到昼夜、季节、地理纬度和海拔高度等自然条件的限制以及晴、阴、云、雨等随机因素的影响,所以,到达某一地面的太阳辐照度既是间断的,又是极不稳定的,这给太阳能的大规模应用增加了难度。为了使太阳能成为连续、稳定的能源,从而最终成为能够与常规能源相竞争的替代能源,就必须很好地解决蓄能问题,即把晴朗白天的太阳辐射能尽量贮存起来,以供夜间或阴雨天使用,但目前蓄能也是太阳能利用中较为薄弱的环节之一。

3)效率低和成本高:目前太阳能利用的发展水平,有些方面在理论上是可行的,技术上也是成熟的。但有的太阳能利用装置,因为效率偏低,成本较高,总的来说,经济性还不能与常规能源相竞争。在今后相当一段时期内,太阳能利用的进一步发展,主要受到经济性的制约。

2. 太阳能的分类

(1)太阳能光伏。光伏板组件是一种暴露在阳光下便会产生直流电的发电装置,由几乎全部以半导体物料制成的固体光伏电池组成。由于没有活动的部分,故可以长时间操作而不会导致任何损耗。简单的光伏电池可为手表以及计算机提供能源,较复杂的光伏系统可为房屋提供照明,并入电网供电。光伏板组件可以制成不同形状,而组件又可连接,以产生更多电能。近年,天台及建筑物表面均可使用光伏板组件,甚至被用作窗户、天窗或遮蔽装置的一部分,这些光伏设施通常被称为附设于建筑物的光伏系统。

(2)太阳能光热。现代的太阳热能科技将阳光聚合,并运用其能量产生热水、蒸汽和电力。除了运用适当的科技来收集太阳能外,建筑物亦可利用太阳的光和热能,方法是在设计时加入合适的装备,例如巨型的向南窗户或使用能吸收及慢慢释放太阳热力的建筑材料。

(二)太阳能的应用

人类对太阳能的利用有着悠久的历史。我国早在两千多年前的战国时期,古人就知道利用钢制 4 面镜聚焦太阳光来点火;利用太阳能来干燥农副产品。发展到现代,太阳能的利用已日益广泛,包括太阳能光热利用、光电利用、光化学利用以及光生物利用等。在小城镇建设中,对太阳能的利用方式主要有太阳能热水器、太阳能热泵、太阳能光伏发电、太阳能采暖等。

1. 太阳能热水器

太阳能热水器是利用太阳能将光能转化为热能提供热水的装置。通常由集热器、绝热贮水箱、连接管道、支架和控制系统组成。其中,太阳能集热器是太阳能热水器接受太阳能量并转换为热能的核心部件和关键技术,集热器受阳光照射面温度高,集热管背阳面温度低,而管内水便产生温差反应,利用热水上浮冷水下沉的原理,使水产生微循环而达到所需热水。

（1）太阳能热水器分类。

1）按照使用分类，可分为季节性热水器、全年性热水器以及有辅助热源的全天候热水器；

2）按照集热器原理和结构分类，可分为平板型热水器和真空管热水器；

3）按照结构分类，可分为普通式太阳能热水器和分体式热水器。

（2）太阳能热水器的地位与作用。目前，我国太阳能热水器已经成为太阳能成果应用中的一大产业。2007年，我国太阳能热水器总产量达到 2 300 万平方米，保有量达到 10 800 万平方米，均占世界总量的一半以上，是世界上最大的太阳能热水器生产国和使用国。

在小城镇建设中，居民住宅以多层（4～5层）、低层（2～3层）和小高层毗连式住宅为主，非常适合采用分体式太阳能热水器系统。例如，在天津市东丽区华明示范小城镇的建设中，每栋住宅楼的顶部都统一安装了太阳能热水器，在为居民提供便利舒适的生活条件的同时，有效减少了传统化石能源的使用，降低污染物和二氧化碳排放，保护小城镇环境。

2. 太阳能照明

太阳能照明是以太阳能为能源，通过太阳能电池实现光电转换，白天用蓄电池积蓄、贮存电能，晚上通过控制器对电光源供电，实现所需要的功能性照明。

与传统照明系统相比，太阳能照明系统是一个自动控制的工作系统，具有节能、环保、安全、经济的优点。太阳能利用自然光源，无须消耗电能，是可再生能源；太阳能照明系统以太阳能替代化石能源，节约能源的同时，可有效减少 SO_2 等有害物质以及温室气体的排放，符合绿色环保的要求；由于太阳能照明系统不使用交流电，而且采用蓄电池吸收太阳能，通过低压直流电转化为光能，是最安全的电源；产品使用寿命长，虽然安装成本较高，但一次性投入，后期维护成本低，且仅每年节省的电能用于工业生产，其创造的价值也远超出太阳能路灯的投资。

（1）工作环境和特点。

1）环境温度变化范围：−40～50 ℃。选择光源和各种电器元件时必须考虑在此环境温度下的使用与寿命问题。

2）由于雨、雪、雷电冰雹的侵蚀和干扰，必须具有合理的安全防护等级和防雷接地。

3）连续阴雨天需要太阳能电池板、蓄电池具有足够的容量。

4）蓄电池在充满时电压可达到 14.7 V，放电时可下降到 10.7 V 左右，阴雨天时蓄电池的电压将会降到 10 V 左右。在这样的情况下，一方面，要通过控制器对蓄电池进行保护；另一方面，要保证光源在高、低电压下均能可靠启动和稳定工作。

（2）太阳能光伏照明的构成。太阳能照明由太阳能电池、充放电控制器、蓄电池、照明灯具组件及它们之间的电缆等几个主要部分组成。

（3）太阳能光伏照明的分类。

1）按照太阳能光伏照明的电源分类。

①独立使用的太阳能光伏照明。将太阳能电池组件、蓄电池、照明部件、控制器以及机械结构等部件组合在一起，形成以太阳能为能源，在室外离网、独立使用的含有一个或多个照明组件的照明装置。它需要配用较大的太阳能电池、蓄电池来储存能量。

②风/光互补的太阳能照明。在独立使用的太阳能光伏照明装置上增设风力发电机与太阳能电池共同使用，从而提高效率，降低太阳能电池的设计容量。

③太阳能与市电互补照明。太阳能与市电互补照明是以太阳能为主要能源，供当天晚上照明用电，当阴雨天电池储能不足时，由市电供电的照明装置，可减小太阳能电池、蓄电池的装机容量。

2）按使用的场合和功能分类。

①太阳能信号灯。航海、航空和陆上交通信号灯的作用至关重要，许多地方电网不能供电，而太阳能信号灯可解决供电问题，光源以小颗粒定向发光的 LED 为主。取得了良好的经济效益和社会效益。

②太阳能草坪灯。光源功率 0.1～1 W，一般采用小颗粒发光二极管（LED）作为主要光源。太阳能电池板功率为 0.5～3 W，可采用

1.2 V 镍电池等。

③太阳能景观灯。应用于广场、公园、绿地等场所,采用各种造型的小功率 LED 点光源、线光源,也有冷阴极造型灯来美化环境。太阳能景观灯可以不破坏绿地而得到较好的景观照明效果。

④太阳能标识灯。用于夜晚导向指示、门牌、路口标识的照明。对光源的光通量要求不高,系统的配置要求较低,使用量较大。标识灯的光源一般可采用小功率 LED 或冷阴极灯。

⑤太阳能路灯。应用于村镇道路和乡村公路,是太阳能光伏照明装置主要应用之一。采用的光源有小功率高压气体放电(HID)灯、荧光灯、低压钠灯、大功率 LED。由于其整体功率的限制,应用于城市主干道上的案例不多。随着与市政线路的互补,太阳能光伏照明路灯在主干道上的应用将越来越多。

⑥太阳能杀虫灯。应用于果园、种植园、公园、草坪等场所。一般采用具有特定光谱的荧光灯,比较先进的使用 LED 紫光灯,通过其特定谱线辐射诱杀害虫。

⑦太阳能灯箱。用于广告灯箱,有待于进一步开发。随着太阳能技术和光源技术的不断提高,太阳能光伏照明还会有更多的使用场合和功能。

⑧太阳能手电筒。采用 LED 作为光源,可以在野外活动或紧急情况时使用。

3)按太阳能光伏照明光源供电方式分类。

①直接式供电。太阳能电池板所发的电贮存在蓄电池中,由蓄电池直接为光源供电。

②间接式供电(逆变供电)。逆变器将直流电转换成交流电,再为照明光源供电,逆变供电会增加 10%～20%的功率损耗。

3. 太阳能热泵

太阳能热泵是一种把太阳能作为低温热源的特殊热泵。在太阳能热泵中,太阳能技术和热泵技术相结合,弥补了两种系统各自的缺点,从而达到优势互补的效果。

(1)工作原理。太阳能热泵系统的工作原理如图 8-1 所示。工质在蒸发器内吸热后变为低温低压过热蒸汽,在压缩机中经过绝热压缩变为高温高压气体,再经冷凝器定压冷凝为高压中温的液体,放出工质的汽化热,与冷凝水进行热交换,使冷凝水被加热为热水,供用户使用;液态工质再经过膨胀阀绝热节流后变为低温低压气液两相混合物,并回到蒸发器定压吸收低温热源热量,蒸发变为过热蒸汽;如此形成一个完整的循环过程。

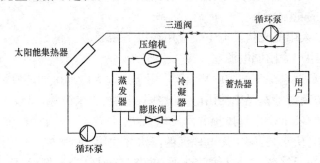

图 8-1　太阳能热泵系统工作原理

(2)应用特点。太阳能热泵同其他类型的热泵一样也具有"一机多用"的优点,即冬季可供暖,夏季可制冷,全年可提供生活热水。

在小城镇建设中,太阳能热泵系统可以应用于小城镇的医院、学校以及一些大型公共建筑中。

4. 太阳能光伏发电

太阳能发电分光热发电和光伏发电。不论产销量、发展速度和发展前景,光热发电都赶不上光伏发电。可能因光伏发电普及较广而接触光热发电较少,通常民间所说的太阳能发电往往指的就是太阳能光伏发电,简称光电。

(1)分类。太阳能光伏发电分为独立光伏发电与并网光伏发电。

1)独立光伏发电系统也叫离网光伏发电系统。主要由太阳能电池组件、控制器、蓄电池组成,若要为交流负载供电,还需要配置交流逆变器。

2)并网光伏发电系统就是太阳能组件产生的直流电经过并网逆

变器转换成符合市电电网要求的交流电之后直接接入公共电网。并网光伏发电系统有集中式大型并网光伏电站,一般都是国家级电站,主要特点是将所发电能直接输送到电网,由电网统一调配向用户供电。但这种电站投资大、建设周期长、占地面积大,发展难度相对较大。而分散式小型并网光伏系统,特别是光伏建筑一体化发电系统,由于投资小、建设快、占地面积小、政策支持力度大等优点,是并网光伏发电的主流。

(2)太阳能光伏发电主要应用在以下领域。

1)用户太阳能电源:

①小型电源 10~100 W 不等,用于边远无电地区如高原、海岛、牧区、边防哨所等军民生活用电,如照明、电视、收录机等。

②3~5 kW 家庭屋顶并网发电系统。

③光伏水泵:解决无电地区的深水井饮用、灌溉。

2)交通领域:如航标灯、交通/铁路信号灯、交通警示/标志灯、路灯、高空障碍灯、高速公路/铁路无线电话亭、无人值守道班供电等。

3)通讯/通信领域:太阳能无人值守微波中继站、光缆维护站、广播/通讯/寻呼电源系统;农村载波电话光伏系统、小型通信机、士兵GPS 供电等。

4)石油、海洋、气象领域:石油管道和水库闸门阴极保护太阳能电源系统、石油钻井平台生活及应急电源、海洋检测设备、气象/水文观测设备等。

5)家庭灯具电源:如庭院灯、路灯、手提灯、野营灯、登山灯、垂钓灯、黑光灯、割胶灯、节能灯等。

6)光伏电站:10 kW~50 MW 独立光伏电站、风光(柴)互补电站、各种大型停车场充电站等。

7)太阳能建筑将太阳能发电与建筑材料相结合,使得未来的大型建筑实现电力自给,是未来一个大的发展方向。

8)其他领域。

①与汽车配套:太阳能汽车/电动车、电池充电设备、汽车空调、换气扇、冷饮箱等。

②太阳能制氢加燃料电池的再生发电系统。

③海水淡化设备供电。

④卫星、航天器、空间太阳能电站等。

5. 太阳能采暖

太阳能采暖是通过建筑朝向和周围环境的合理布置,内部空间和外部形体的巧妙处理,以及建筑材料和结构、构造的恰当选择,使其在冬季能集取、保持、贮存、分配太阳热能,从而解决建筑物的采暖问题;同时在夏季又能遮蔽太阳辐射,散逸室内热量,从而使建筑物降温,达到冬暖夏凉的目的。

太阳能采暖系统可以分为被动式和主动式两大类。

(1)被动式太阳能采暖是太阳能采暖中最简单的一种形式,通过建筑的朝向和周围环境的合理布置,以及建筑材料和结构构造的恰当选择,使建筑物在冬季尽可能多地吸收和贮存热量,以达到采暖的目的。这样集热面积、蓄热体积均由是建筑设计决定的,调节控制的可能性较小,但它构造简单,造价便宜。

(2)主动式太阳能采暖是使用常规能源,利用水泵或风机等动力设备,将热水或热空气从太阳能集热器输送到储热器或采暖房间内,系统中的各部分均可控制而达到需要的室温。它的系统复杂,初投资高。主动式太阳能采暖按使用热媒种类不同,可分为空气式及热水式;按照太阳能利用方式不同,可分为直接式和间接式。

对于我国来说,不仅北方寒冷地区可以采用太阳能采暖,南方炎热地区也可以采用太阳能降温。小城镇建筑相对比较分散,采用太阳能采暖系统,既可补充集中供热之不足,又能缓解能源紧张状况,而且没有任何污染。

五、生物质能及其在小城镇中的应用

(一)生物质能的概念与特点

1. 生物质能的概念

生物质是指通过光合作用而形成的各种有机体,包括所有的动植物和微生物。

生物质能就是太阳能以化学能形式贮存在生物质中的能量形式，即以生物质为载体的能量。生物质能直接或间接地来源于绿色植物的光合作用，可转化为常规的固态、液态和气态燃料，取之不尽、用之不竭，是一种可再生能源，同时也是唯一一种可再生的碳源。生物质能的原始能量来源于太阳，从广义上讲，生物质能是太阳能的一种表现形式。目前，很多国家都在积极研究和开发利用生物质能。生物质能蕴藏在植物、动物和微生物等可以生长的有机物中，是由太阳能转化而来的。有机物中除矿物燃料以外的所有来源于动植物的能源物质均属于生物质能，通常包括木材及森林废弃物、农业废弃物、水生植物、油料植物、城市和工业有机废弃物、动物粪便等。地球上的生物质能资源较为丰富，而且是一种无害的能源。地球每年经光合作用产生的物质有 1 730 亿吨，其中蕴含的能量相当于全世界能源消耗总量的 10～20 倍，但目前的利用率不到 3%。

2. 生物质能的特点

(1)可再生性。生物质能属可再生资源，生物质能由于通过植物的光合作用可以再生，与风能、太阳能等同属可再生能源，资源丰富，可保证能源的永续利用。

(2)低污染性。生物质的硫含量、氮含量低、燃烧过程中生成的 SO_x、NO_x 较少；生物质作为燃料时，由于生物在生长时需要的二氧化碳相当于生物排放的二氧化碳的量，因而对大气的二氧化碳净排放量近似于零，可有效地减轻温室效应。

(3)广泛分布性。缺乏煤炭的地域，可充分利用生物质能。

(4)总量十分丰富。生物质能是世界第四大能源，仅次于煤炭、石油和天然气。根据生物学家估算，地球陆地每年生产 1 000 亿～1 250 亿吨生物质；海洋年生产 500 亿吨生物质。生物质能源的年生产量远远超过全世界总能源需求量，相当于目前世界总能耗的 10 倍。我国可开发为能源的生物质资源到 2010 年可达 3 亿吨。随着农林业的发展，特别是炭薪林的推广，生物质资源还将越来越多。

(5)广泛应用性。生物质能源可以以沼气、压缩成型固体燃料、气化生产燃气、气化发电、生产燃料酒精、热裂解生产生物柴油等形式存在,应用在国民经济的各个领域。

(二)生物质能在小城镇中的应用

生物质能的利用主要有直接燃烧、热化学转换和生物化学转换 3 种途径。热化学转换,是指在一定的温度和条件下,使生物质气化、炭化、热解和催化以产生气态燃料;生物化学转换,主要是指利用农业废弃物、动物粪便的发酵,产生沼气,直接燃烧是最传统的利用方式,但利用效率低,对环境影响大。在小城镇建设中,生物质能的利用方式应重点推广沼气和生物燃油。

1. 沼气

沼气是有机物质在厌氧条件下,经过微生物的发酵作用而生成的一种混合气体,可以燃烧。由于这种气体最先是在沼泽中发现的,因此称为沼气。人畜粪便、秸秆、污水等各种有机物在密闭的沼气池内,在厌氧(没有氧气)条件下发酵,类繁多的沼气发酵微生物分解转化,从而产生沼气。简单概括地说,沼气是有机物经微生物厌氧消化而产生的可燃性气体。

(1)成分组成。沼气的主要成分是甲烷。沼气由 50%～80% 甲烷(CH_4)、20%～40% 二氧化碳(CO_2)、0%～5% 氮气(N_2)、小于 1% 的氢气(H_2)、小于 0.4% 的氧气(O_2)与 0.1%～3% 硫化氢(H_2S)等气体组成。由于沼气含有少量硫化氢,因此略带臭味。沼气特性与天然气相似。空气中如含有 8.6～20.8%(按体积计)的沼气时,就会形成爆炸性的混合气体。

(2)沼气的利用。沼气作为能源利用已有很长的历史。我国的沼气最初主要为农村户用沼气池。20 世纪 70 年代初,为解决的秸秆焚烧和燃料供应不足的问题,我国政府在农村推广沼气事业,沼气池产生的沼气用于农村家庭的炊事并且逐渐发展到照明和取暖。

1)沼气发电技术。沼气燃烧发电是随着大型沼气池建设和沼气综合利用的不断发展而出现的一项沼气利用技术。将厌氧发酵处理产生的沼气用于发动机上,并装有综合发电装置,以产生电能和热能。沼气发电具有创效、节能、安全和环保等特点,是一种分布广泛且价廉的分布式能源。沼气发电在发达国家已受到广泛重视和积极推广。

2)沼气燃料电池技术。燃料电池是一种将储存在燃料和氧化剂中的化学能,直接转化为电能的装置。当源源不断地从外部向燃料电池供给燃料和氧化剂时,可以连续发电。燃料电池不受卡诺循环限制,能量转换效率高,洁净、无污染、噪声低、模块结构、积木性强、比功率高,既可以集中供电,也适合分散供电。

3)污染治理。对于以农业为主的中国,沼气技术在农业领域正发挥着很大的作用,目前,国家制定法律法规中有许多发展农村沼气的有关政策规定,并在全国各地大力推动大中型沼气工程建设,并且进一步提高设计、工艺和自动控制技术水平。预计到 2015 年,处理工业有机废水的大中型沼气工程可达 2 500 座,形成年生产沼气能力 40 亿立方米,相当于 343 万吨标准煤,年处理工业有机废水 37 500 万立方米。农业废弃物沼气工程累计建成近 4 100 个,形成年生产沼气能力 4.5 亿立方米,相当于 58 万吨标准煤,年处理粪便量 1.23 亿吨,从而解决全国集约化养殖场的污染治理问题,使粪便得到资源化利用。

2. 秸秆燃气

秸秆燃气,是利用生物质通过密闭缺氧,采用干馏热解法及热化学氧化法后产生的一种可燃气体,这种气体是一种混合燃气,含有一氧化碳、氢气、甲烷等,亦称生物质气。

获得秸秆燃气的技术称为秸秆气化技术。秸秆气化炉,亦称生物质气化炉、制气炉、燃气发生装置等,是秸秆转化为秸秆燃气的装置。

目前,秸秆气化集中供气技术是我国农村能源建设重点推广的一项生物质能利用技术。秸秆集中供气技术是以农村丰富的秸秆为原料,经过热解和还原反应后生成可燃性气体,通过管网送到农户家中,供炊事、采暖、燃用。国家对这项技术开发利用和示范推广工作十分重视,"七五"期间开始进行科研攻关,"八五"期间由国家科委、农业部在山东等地进行试点,从 1996 年开始在全国各地示范推广。

六、地热能及其在小城镇中的应用

(一)地热能的概念与分类

地热能是由地壳抽取的天然热能,这种能量来自地球内部的熔岩,并以热力形式存在,是引致火山爆发及地震的能量。地热能是一种可再生资源。地热能包括深层地热能和浅层地热能两种类型。

1. 深层地热能

深层地热能来自地球深处的可再生性热能,起于地球的熔融岩浆和放射性物质的衰变。深层地热有多种类型,其中地热水是集"热、矿、水"三位一体的宝贵的自然资源。通常地热水温度较高,可直接用于建筑供暖,并可结合水源热泵机组实现地热水梯级(供暖)利用。与燃煤、石油等能源相比,地热不仅清洁,而且能反复利用,属于可再生资源。深层地热能的利用,包括建筑供暖、洗浴、医疗保健、农业生产、水产养殖、饮用矿泉水等。其中,建筑供暖是最广泛的应用方式。

2. 浅层地热能

浅层地热能是指地表以下一定深度范围内(一般为恒温带至200 m埋深),温度低于25 ℃的土壤和地下水中所蕴藏的低温热能,其能量主要来源于太阳辐射与地球梯度增温。浅层地热能也是地热资源的一部分,相对深层地热能,具有分布广泛、储量巨大、再生迅速、采集方便、开发利用价值大等特点。浅层地热能的应用,不但可以满足供暖(冷)的需求,同时还可以实现供暖(冷)区域的零污染排放,直接改善本区域的大气质量。

(二)地热能在小城镇中的应用

在小城镇建设中,地热资源的利用主要用于建筑供热,利用方式主要为地热井和地源热泵。

1. 地热井

地热井,是深约3 500 m的地热能或水温大于30 ℃的温泉水来进行发电的方法和装置。

地热分高温、中温和低温三类。高于150 ℃,以蒸汽形式存在的,属高温地热;90～150 ℃,以水和蒸汽的混合物等形式存在的,属中温地热;高于 25 ℃、低于 90 ℃,以温水、温热水、热水等形式存在的,属低温地热。

地热井的主要用途如下。

(1)高温地热适合发电,中温地热可发电,也可用于房屋供暖,低温地热则可用于洗浴、医疗,也可以用于供暖以及温室种植、水产养殖等。

中温地热也可用于发电。在国外以中温地热水为能源的地热电站并不少见。例如美国阿拉斯加已建成用 72 ℃地热水发电的机组。在我国云南省腾冲县,也有一座中温发电站。

(2)地热井还可用于供暖。除环保、节能外,地热供暖技术上简单易行,对温度的要求也比较宽泛,从 15～180 ℃的温度范围均可利用。而 103 ℃的地下热水,正好可免去加热,直接引至供暖系统作供暖服务。

(3)地热应进行"梯级"利用,这样可对地热资源"物尽其用"。第一步用于供暖;第二步送入温泉洗浴或垂钓中心,提供地板供暖;第三步就是水产养殖,之后引到温泉种植采摘基地,作特菜和花卉以及各种时鲜果品种植灌溉之用;最后排入温泉公园的湖里,使其冬天不结冰,绿水常清。

2. 地源热泵

地源热泵是利用地球表面浅层水源(如地下水、河流和湖泊)和土壤源中吸收的太阳能和地热能,并采用热泵原理,既可供热又可制冷的高效节能空调系统。

地源热泵利用地热一年四季地下土壤温度稳定的特性,冬季把地热作为热泵供暖的热源,夏季把地热作为空调制冷的冷源。地源热泵供暖空调系统主要分三部分:室外地能换热系统、地源热泵机组和室内采暖空调末端系统。其中,地源热泵机主要有两种形式:水—水式或水—空气式。两个系统之间靠水或空气换热介质进行热量的传递,地源热泵与地能之间换热介质为水,与建筑物采暖空调末端换热介质可以是水或空气。作为一种高效节能的可再生能源技术,地源热泵技术近年来引起社会的重视。

相比较传统锅炉集中供热,地源热泵具备以下特点。

(1)地源热泵技术属可再生能源利用技术。由于地源热泵是利用了地球表面浅层地热资源(通常小于 400 m 深)作为冷热源,进行能量转换的供暖空调系统。地表浅层地热资源可以称之为地能,是指地表土壤、地下水或河流、湖泊中吸收太阳能、地热能而蕴藏的低温位热能。地表浅层是一个巨大的太阳能集热器,收集了 47% 的太阳能量,比人类每年利用能量的 500 倍还多。地源热泵不受地域、资源等限制,真正是量大面广、无处不在。这种储存于地表浅层近乎无限的可再生能源,使得地能也成为清洁的可再生能源一种形式。

(2)地源热泵属经济有效的节能技术。其地源热泵的 COP 值达到了 4 以上,也就是说消耗 1 kW·h 的能量,用户可得到 4 kW·h 以上的热量或冷量。

(3)地源热泵环境效益显著。其装置的运行没有任何污染,可以建造在居民区内,没有燃烧,没有排烟,也没有废弃物,不需要堆放燃料废物的场地,且不用远距离输送热量。

(4)地源热泵一机多用,应用范围广。地源热泵系统可供暖、空调,还可供生活热水,一机多用,一套系统可以替换原来的锅炉加空调的两套装置或系统;可应用于宾馆、商场、办公楼、学校等建筑,更适合于别墅住宅的采暖、空调。然而实现地源热泵主机系统的这一机多用,则需要一整套系统解决方案,其有动力输配系统——节能空调机房,室内末端输送设备采用地暖分集水器,水力平衡分配器,生活热水采用多功能水箱。由此可体现出地源热泵主机的一机多用也代表着暖通系统的整个运行体系。

(5)地源热泵空调系统维护费用低。地源热泵的机械运动部件非常少,所有的部件不是埋在地下便是安装在室内,从而避免了室外的恶劣气候,机组紧凑、节省空间;自动控制程度高,可无人值守。

七、非常规水源热能及其在小城镇中的应用

(一)非常规水源热能利用技术

非常规水源热能主要是指贮存于城市污水、工业或电厂冷却水、海水以及江河湖等地表水中的低品位热源。

非常规水源热能的利用主要通过热泵实现。非常规水源热泵是以非常规水源作为提取和贮存能量的冷热源,借助热泵机组系统内部制冷剂的物态循环变化,消耗少量的电能,从低品位热源中提取热量,将其转换成高品位清洁能源,从而达到制冷制暖效果的一种创新技术。目前,常见的非常规水源热泵主要分为城市污水源热泵、工业用水源热泵、地表水热泵三种。非常规水源热泵的优点,见表 8-1。

表 8-1　非常规水源热泵的优点

序号	类别	内　　容
1	废热利用	非常规水源热泵主要利用城市废热和自然环境中的热能作为冷热源,进行能量转换,替代化石能源消耗。同时,不产生废渣、废水、废气,有效降低对环境的污染
2	能效比高	目前,非常规水源热泵技术已较成熟和稳定,所需水源的温度与城市污水、电厂冷却水等的温度相适宜,大大降低了化石燃料的消耗。据测算,非常规水源热泵能效比高于其他集中供热方式,非传统水源热泵的能效比为 4~6,而传统锅炉能效比仅为 0.9,空气源热泵能效比为 2.5 左右
3	清洁环保	非常规水源热泵机组的运行没有任何污染,没有燃烧,没有排烟,不产生任何废渣、废水、废气和烟尘,不需要堆放燃料废物的场地,且不用远距离输送热量。据测算,非常规水源热泵主要大气污染物排放是锅炉房的 10%
4	节约土地	非常规水源热泵省去了锅炉房和与之配套的煤场、煤渣以及冷却塔和其他室外设备。结构紧凑,体积小,占用空间少。在供热能力相同的情况下,非常规水源热泵占地面积仅为传统锅炉房的 20%
5	应用广泛	非常规水源热泵技术主要是以水作为能量介质,因此凡是具有污水源的地域和城市,均可利用此技术为建筑物提供制冷、供暖和热水服务,实现一机三用(制冷、供暖、生活热水)。该项技术可广泛应用于商场、场馆、宾馆、酒店、写字楼、工矿企业车间等建筑的供冷、供热
6	运行费低	非常规水源热泵初次投资低,运行费用低,经济性优于传统供热、供冷方式。与其他可再生能源(风能、太阳能)比较,非常规水源热泵经济效益最为突出

(二)非常规水源热能在小城镇中的应用

在小城镇建设中推广使用非常规水源热泵,将其作为未来集中供热系统的有益补充,对于优化建筑用能结构、实现节能降耗目标、改善环境质量、节约土地资源,具有深远而重大的意义。

1. 污水源热泵

污水源热泵,主要是以城市污水作为提取和储存能量的冷热源,借助热泵机组系统内部制冷剂的物态循环变化,消耗少量的电能,从而达到制冷制暖效果的一种创新技术。与其他热源相比,污水源热泵的技术关键和难点在于防堵塞、防污染、与防腐蚀。

(1)工作原理。污水源热泵的主要工作原理是借助污水源热泵压缩机系统,消耗少量电能,在冬季把存于水中的低位热能"提取"出来,为用户供热,夏季则把室内的热量"提取"出来,释放到水中,从而降低室温,达到制冷的效果。其能量流动是利用热泵机组所消耗能量(电能)吸取的全部热能(即电能＋吸收的热能)一起排输至高温热源,而起所消耗能量作用的是使介质压缩至高温高压状态,从而达到吸收低温热源中热能的作用。

污水源热泵系统由通过水源水管路和冷热水管路的水源系统、热泵系统、末端系统等部分相连接组成。根据原生污水是否直接进热泵机组蒸发器或者冷凝器可以将该系统分为直接利用和间接利用两种方式。直接利用方式是指将污水中的热量通过热泵回收后输送到采暖空调建筑物;间接利用方式是指污水先通过热交换器进行热交换后,再把污水中的热量通过热泵进行回收输送到采暖空调建筑物。

(2)污水源热泵技术的特点。

1)环保效益显著。原生污水源热泵空调系统是利用了城市废热作为冷热源,进行能量转换的供暖空调系统,污水经过换热设备后留下冷量或热量返回污水干渠,污水与其他设备或系统不接触,污水密闭循环,不污染环境与其他设备或水系统。供热时省去了燃煤、燃气、燃油等锅炉房系统,没有燃烧过程,避免了排烟污染;供冷时省去了冷却水塔,避免了冷却塔的噪音及霉菌污染。不产生任何废渣、废水、废气和烟尘,环境效益显著。

2)高效节能。冬季,污水体温度比环境空气温度高,所以热泵循环的蒸发温度提高,能效比也提高。而夏季水体温度比环境空气温度低,所以制冷的冷凝温度降低,使得冷却效果好于风冷式和冷却塔式,机组效率提高。供暖制冷所投入的电能在 1 kW 时可得到 5 kW 左右的热能或冷能。能源利用效率远高于其他形式的中央空调系统。

3)运行稳定可靠。水体的温度一年四季相对稳定,其波动的范围远远小于空气的变动,是很好的热泵热源和空调冷源,水体温度较恒定的特性,使得污水源热泵机组运行更可靠、稳定,也保证了系统的高效性和经济性。不存在空气源热泵的冬季除霜等难点问题。

4)一机多用,可应用范围广。污水源热泵可供暖、空调,一机多用,一套系统可以替换原来的锅炉加空调的两套装置或系统。城市污水热泵空调系统利用城市污水,冬季取热供暖,夏季排热制冷,全年取热供应生活热水,夏季空调季节可实施部分免费生活热水供应。一套系统冬夏两用,实现三联供。

5)投资运行费用低。城市污水源热泵具有初投资低,运行费低的巨大经济优势。运行效果良好,经济效益显著。污水热泵系统的机房面积仅为其他系统的 50%。系统根据室外温度及室内温度要求自动调节,可做到无人看管,同时也可做到联网监控。污水源热泵系统原理简单,设备的可靠性强,维护量小,平时无设备的维护问题。

2. 地表水源热泵

地表水源热泵是利用江、河、湖、海等地表水作为热泵机组的热源。与空气、土壤、地下水等冷热源相比,地表水具有水量大、热容量大、换热系数大、无须回灌、不影响水资源等独特优势。当建筑物的周围有大量的地表水域可以利用时,可通过水泵和输配管路将水体的热量传递给热泵机组或将热泵机组的热量释放到地表蓄水体中。

根据热泵机组与地表水连接方式的不同,地表水源热泵可分为两类:开式地表水源热泵系统和闭式地表水源热泵系统,如图 8-2 所示。

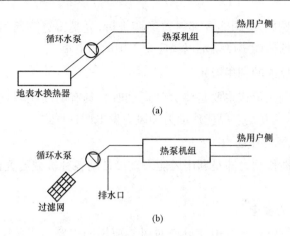

图 8-2 地表水源热泵系统类型

八、风能及其在小城镇中的应用

风能是指地球表面大量空气流动所产生的动能。由于地面各处受太阳辐照后气温变化不同和空气中水蒸气的含量不同,因而引起各地气压的差异,在水平方向高压空气向低压地区流动,即形成风。风能资源决定于风能密度和可利用的风能年累积小时数。风能密度是单位迎风面积可获得的风的功率,与风速的三次方和空气密度成正比关系。据估算,全世界的风能总量约 1 300 亿千瓦,中国的风能总量约 16 亿千瓦。

(一)风能的利用历史

人类利用风能的历史可以追溯到公元前,但数千年来,风能技术发展缓慢,未引起人们足够的重视。但自 1973 年世界石油危机以来,在常规能源告急和全球生态环境恶化的双重压力下,风能作为新能源的一部分才重新有了长足的发展。风能作为一种无污染和可再生的新能源有着巨大的发展潜力,特别是对沿海岛屿,交通不便的边远山区,地广人稀的草原牧场,以及远离电网和近期内电网还难以达到的农村、边疆,作为解决生产和生活能源的一种可靠途径,有着十分重要的意义。即使在发达国家,风能作为一种高效清洁的新能源也日益受到重视。例如,美国能源部就曾经调查过,光是得克萨斯州和南达科他州两州的风能密度就足以供应全美国的用电量。

(二)风能的利用形式

风能利用形式主要是将大气运动时所具有的动能转化为其他形式的能量,主要是以风能作动力和风力发电两种形式。

1. 以风能作动力

以风能作动力即是利用风能来直接带动各种机械装置,如带动水泵提水等。

2. 风力发电

风力发电是小城镇建设中对风能应用的主要形式。风力发电的原理是利用风力带动风车叶片旋转,在透过增速机将旋转的速度提升,来促使发电机发电。依据目前的风车技术,大约 3 m/s 的风速便可以开始发电。风力发电所需要的装置,称作风力发电机组,大体上可分为风轮(包括尾舵)、发电机和铁塔三部分。

风能量存在于地球表面一定范围内,能量丰富、分布广泛。利用风能发电的优缺点如下。

(1)优点。

1)风能为洁净的能量来源。

2)风能设施日趋进步,大量生产降低成本,在适当地点,风力发电成本已低于发电机。

3)风能设施多为不立体化设施,可保护陆地和生态。

4)风力发电是可再生能源,较环保。

(2)缺点。

1)风力发电在生态上的问题是可能干扰鸟类。如美国堪萨斯州的松鸡在风车出现之后已渐渐消失。目前的解决方案是离岸发电,离岸发电价格较高但效率也高。

2)在一些地区、风力发电的经济性不足。许多地区的风力有间歇性,更糟糕的情况是如台湾等地在电力需求较高的夏季及白日是风力较少的时间;必须等待压缩空气等储能技术发展。

3)风力发电需要大量土地兴建风力发电场,才可以生产比较多的能源。

4)进行风力发电时,风力发电机会发出庞大的噪音,所以要找一些空旷的地方来兴建。

5)现在的风力发电还未成熟,还有相当大的发展空间。

(三)风能利用的弊端

风能利用存在一些限制及弊端,具体如下。

(1)风速不稳定,产生的能量大小不稳定。

(2)风能利用受地理位置限制严重。

(3)风能的转换效率低。

(4)风能是新型能源,相应的使用设备也不是很成熟。

第三节　小城镇建设节能措施

一、建筑节能

建筑节能,是指在建筑材料生产、房屋建筑和构筑物施工及使用过程中,满足同等需要或达到相同目的的条件下,尽可能降低能耗,具体指在建筑物的规划、设计、新建(改建、扩建)、改造和使用过程中,执行节能标准,采用节能型的技术、工艺、设备、材料和产品,提高保温隔热性能和采暖供热、空调制冷制热系统效率,加强建筑物用能系统的运行管理,利用可再生能源,在保证室内热环境质量的前提下,减少供热、空调制冷制热、照明、热水供应的能耗。

1. 建筑节能的意义

由于小城镇经济规模不大,交通、工业能耗所占的比例相对较低,建筑能耗相对较高,因此,建筑节能在小城镇能源系统优化配置中的意义重大。

(1)全面的建筑节能有利于从根本上促进能源资源节约和合理利用,缓解我国能源资源供应与经济社会发展的矛盾。

（2）有利于加快发展循环经济，实现经济社会的可持续发展。

（3）有利于长远地保障国家能源安全、保护环境、提高人民群众生活质量、贯彻落实科学发展观。

2. 建筑节能的技术途径

（1）减少能源总需求量。据统计，在发达国家，空调采暖能耗占建筑能耗的 65%。我国的采暖空调和照明用能量近期增长速度已明显高于能量生产的增长速度，因此，减少建筑的冷、热及照明能耗是降低建筑能耗总量的重要内容，一般可从以下几方面实现。

1）建筑规划与设计。面对全球能源环境问题，微排建筑、低能耗建筑、零能建筑和绿色建筑等全新的设计理念应运而生，它们本质上都要求建筑师从整体综合设计概念出发，坚持与能源分析专家、环境专家、设备师和结构师紧密配合。在建筑规划和设计时，根据大范围的气候条件影响，针对建筑自身所处的具体环境，重视利用如外界气流、雨水、湖泊和绿化、地形等自然环境创造良好的建筑室内微气候，以尽量减少对建筑设备的依赖。具体措施如下。

①合理选择建筑的地址、采取合理的外部环境设计，包括在建筑周围布置树木、植被、水面、假山、围墙等。

②合理设计建筑整体体量和确定建筑朝向，以改善既有的微气候。

③合理的建筑形体设计是充分利用建筑室外微环境来改善建筑室内微环境的关键部分，主要通过建筑各部件的结构构造设计和建筑内部空间的合理分隔设计得以实现。同时，也可借助相关软件进行优化设计。

2）围护结构。建筑围护结构组成部件（屋顶、墙、地基、隔热材料、密封材料、门和窗、遮阳设施）的设计对建筑能耗、环境性能、室内空气质量与用户所处的视觉和热舒适环境有根本的影响。一般增大围护结构的费用仅为总投资的 3%～6%，而节能却可达 20%～40%。通过改善建筑物围护结构的热工性能，在夏季可减少室外热量传入室内，在冬季可减少室内热量的流失，使建筑热环境得以改善，从而减少建筑冷、热消耗。首先，提高围护结构各组成部件的热工性能，一般通过改变其组成材料的热工性能实行。然后，根据当地的气候、建筑的地理位置和朝向,选择围护结构组合优化设计方法。最后,评估围护结构各部件与组合的技术经济可行性,以确定技术可行、经济合理的围护结构。

3)提高终端用户用能效率。高能效的采暖、空调系统与上述削减室内冷热负荷的措施并行,才能真正地减少采暖、空调能耗。首先,根据建筑的特点和功能,设计高能效的暖通空调设备系统,例如热泵系统、蓄能系统和区域供热、供冷系统等。其次,在使用中采用能源管理和监控系统监督和调控室内的舒适度、室内空气品质和能耗情况。如欧洲一些国家通过传感器测量周边环境的温、湿度和日照强度,然后基于建筑动态模型预测采暖和空调负荷,控制暖通空调系统的运行。最后,在其他的家电产品和办公设备方面,应尽量使用节能认证的产品。如美国一般鼓励采用"能源之星"的产品,而澳大利亚对耗能大的家电产品实施最低能效标准(MEPS)。

4)提高总的能源利用效率。从一次能源转换到建筑设备系统使用的终端能源的过程中,能源损失很大。因此,应从全过程(包括开采、处理、输送、储存、分配和终端利用)进行评价,才能全面反映能源利用效率和能源对环境的影响。建筑中的空调、热水器、洗衣机等能耗设备应选用能源效率高的能源供应。

(2)利用新能源。在节约能源、保护环境方面,新能源的利用起至关重要的作用,包括有太阳能、地热能、风能、生物质能等的有效利用。

二、工业节能

在小城镇中,特别是经济欠发达地区的小城镇,工业企业大多是依托当地资源发展起来的,技术落后、单位产品能效水平低、污染排放大,造成资源浪费和环境污染,因此,进行小城镇工业节能势在必行。

工业节能是节能行业的一个重要领域,既工业领域的节能减排,主要涵盖了工业领域的电子行业、化工行业、烟草行业、造纸行业、钢铁行业、陶瓷行业、建材行业、医药行业、印染行业、食品行业等十大行业。不同行业的主要节能技术以及在工业项目中常见的通用设备的节能技术如下。

1. 电子行业节能技术

（1）通用设备节能。电子行业内涉及的通用设备较多，如制冷设备、空压机、照明等。

（2）废热的循环利用。电子生产的某些连续工序段，常采取各自独立加热、排气的方式处理，浪费了大量的热能。由于各相邻工序段之间要求的热风温度不同，呈梯级温度变化。因此，可以采用上一工序段的排气经过换热器将热量交换给新风后进入下一段工序，实现温度的梯级利用。另外，各锅炉的排气含有大量的热量，可以通过加装换热器的方式，将原来的排风热量交换给进入锅炉的新风，实现排气热量的循环利用。

（3）电镀节能。电镀池中通常需要保持一定的温度（不超过 80 ℃），一般采取电加热的方式加热池水，消耗大量的电能。可以采取高温热泵制取热水的方式替代电加热，能够达到 60% 的节能效果。另外，使用高效节能电镀电源，可替换可控硅整流器，能达到节能效果。

2. 化工行业节能技术

（1）合成氨。

1）大型合成氨。大型合成氨工业的节能技术包括如下内容。

①烃类蒸汽转化合成氨装置。一段炉烟气余热回收，降低烟道气排放温度；采用新型催化剂降低进料 H_2O/C，降低工艺蒸汽消耗量；采用"温和转化"或"换热转化"等设计，改变转化工艺或转化炉型，用燃气轮机驱动空气压缩机，燃气轮机的高温乏气送入一段炉作为补充空气。

②采用低水碳比高活性的催化剂，提高 CO 变换率，将变换炉由轴向床改为轴径向床。采用低能耗的脱碳工艺和新型高效填料。采用新型合成塔内件配以小颗粒、高活性催化剂和合成回路改造。

③采用干煤粉或水煤浆加压气化，耐硫变换，低温甲醇洗、液氮洗，低压氨合成工艺，全低压分子筛大型空分装置。增设炭黑开路系统，优化气化工况。

④采用计算机集散控制系统（DCS），对主要工艺参数实施优化控制。

2)中型合成氨。以天然气为原料的企业,采用换热式转化炉。以煤为原料的企业,采用煤粉或水煤浆加压气化技术、优化常压循环流化床间歇气化技术、富氧连续气化技术。

3)小型合成氨。

①合成氨生产。推广中低低变换工艺技术、NHD 脱碳工艺技术、"DDS"及"888"脱硫工艺技术和精脱硫工艺技术、醇烃化精制合成氨原料气技术;推广新型Ⅲ J－99,JR、NC 节能型氨合成系统及 A301、ZA－5 低温低压氨合成催化剂,提高氨净值,降低合成压力;采用垂直筛板塔型用于传质传热过程;推广镍基钎焊热管换热器;氨合成过程集散控制系统及优化控制系统。推广全渣循环流化床锅炉;推广蒸汽自给和"两水"(冷却水、污水)闭路循环技术。

②尿素生产。推广新型高效尿塔内件;合成氨—尿素蒸汽自给技术;采用双塔并联工艺;采用予分离予蒸馏工艺;全循环尿素装置的高压圈汽提法技术;采用 DL 塔板及螺旋板、波纹管及蒸发式冷凝器等高效传质传热设备。

(2)烧碱。发展离子膜烧碱,提高离子膜法烧碱产量所占比重。采用扩张阳极、改性隔膜技术的金属阳极(DSA)隔膜电解槽;采用大型可控硅整流机组;有载调压—变压—整流机组和计算机控制技术;提高盐水质量,实现长周期稳定运行;推广烧碱蒸发新型节能技术,采用氯气透平机组,取代输送氯气的纳氏泵。

(3)电石。发展大型密闭电石炉,推广炉气干法净化,回收利用电石炉气,采用空心电极技术和气烧石灰窑技术。

(4)纯碱。新建纯碱装置,氨碱法、联碱法设计能力要分别达到 80 万 t/年、30 万 t/年以上。新建纯碱装置的主要设备必须大型化、自动化,实行热电联产和蒸汽多级利用。氨碱法推广采用真空蒸馏或干法加灰蒸馏技术,以及蒸馏废液闪发,降低蒸馏汽耗和回收低压蒸汽;联碱法采用高效淡液蒸馏塔,降低淡液蒸馏汽耗,结晶工序推广氨直冷和逆料取出技术,降低冷量消耗。

(5)黄磷。新建黄磷装置年产能力在 7 000 t 以上,淘汰年产能力 4 000 t 以下的小电炉。推广炉气回收利用技术,炉气用作烘干磷矿石燃料或做原料生产化工产品。生产操作采用微机控制,提高自动化水平,实现节能降耗。

3. 烟草行业节能技术

(1)通用设备节能。卷烟厂通用设备包括电机、空压机、制冷设备等。

(2)干式冷却技术。干式冷却技术是通过提高进入表冷盘管的冷冻水温度,使表管表面空气层温度高于被处理空气的露点温度,被处理的空气只有温度降低,而含湿量不变。该技术可简化空气处理过程,可避免夏季冷热空气处理设备(制冷的同时加湿)同时运行,降低水泵运行功耗和冷水机组供冷量。

(3)废水处理再利用。在卷烟生产中,制丝过程要使用水对烟梗进行清洗和调整烟丝湿润度、使用蒸汽进行烘干和湿润烟丝、利用空调调节车间空气温度和湿度产生大量生产废水、蒸汽凝结水和乏蒸汽,这些废水水质较好,且还含有大量的热量。如果这些废水、乏汽不加处理直接外排,不仅会造成资源能源的浪费,对水、大气环境也会造成严重的热污染。针对卷烟厂特点、分析废水产生原因,建立水资源和热量回收系统,对产生的废水、余热进行回收处理,是烟草生产废水的处理出路。

4. 造纸行业节能技术

(1)造纸制浆向深度脱木素蒸煮工艺、氧脱木素、无元素氯和全无氯漂白方向发展。

(2)采用高浓筛浆、高效精浆技术和设备。

(3)发展高得率制浆技术(如 TMP、CTMP、APMP 等)及中高浓漂白技术。

(4)造纸机采用新型脱水器材、宽区压榨、全封闭式气罩、热泵、热回收技术等。

(5)制浆、造纸工艺过程及管理系统计算机控制等技术。

5. 钢铁行业节能技术

钢铁厂节能,首先要考虑“三气”,即:转炉、高炉、焦炉煤气。具体措施如下。

(1)在焦炉中采用干法熄焦技术。

(2)用气动鼓风机替代电动鼓风机作为动力源为常规炼铁高炉、烧结等提供所需的风力。

(3)使用钢坯热送技术直接将轧钢厂的钢坯送到轧钢两个加热炉,该技术相对于冷坯每吨轧材可降低30%以上的燃料消耗。

(4)采用高炉煤气余压发电技术,即高炉煤气余压透平发电装置,是利用高炉冶炼的副产品——高炉炉顶煤气,具有的压力能及热能,使煤气通过透平膨胀机做功,驱动发电机发电,来进行能量回收的一种节能装置。

(5)采用蓄热燃烧技术将废热的回收率提高到极限值。

(6)在连续退火工艺中,采用冷轧薄板的连续退火法改善退火本身的热效率,降低能源的消耗。

(7)其他节能技术。包括烧结矿显热回收技术、热风炉废气余热利用、高炉渣显热回收技术等。

6. 陶瓷行业节能技术

(1)日用陶瓷。

1)推广节能型先进窑炉,采用新型优质耐火保温材料,全保温和优化窑炉结构及先进燃烧控制系统等技术。

2)开发日用陶瓷工业窑炉技术支撑体系。

3)推广轻质耐火材料匣钵、窑具、窑车,采用清洁气体燃料或液体燃料,实现明焰无匣烧成。

(2)建筑陶瓷、卫生陶瓷。

1)发展建筑陶瓷、卫生陶瓷辊道窑技术。

2)采用高速烧嘴燃烧,实现窑体耐火保温轻质化、窑炉大型化。

3)研究改进建筑陶瓷和卫生陶瓷生产工艺,优化原料配方组成,推广釉面砖一次烧成新技术。

7. 建材行业节能技术

(1)通用设备节能。在建材行业,通用设备包括球磨机、工业炉、空压机、照明、电机等。

（2）搅拌设备节能。对搅拌机实行变频改造，根据搅拌物料的特性以及加入其他化学物质的时间不同，设定多段速度，同时采用变频器的程序运行功能、不同时间的自动程序运行模式，大大减轻工人的劳动强度，提高生产效率。

（3）桥式吊机（天车/行车）节能。目前，传统的起重机的行车提升机控制系统普遍采用绕线电机转子串电阻的方式进行调速，该系统存在能耗大、控制系统复杂、调速不连续、启动及换挡电流冲击大、线绕电机易受侵蚀、无法实现恒转矩提升等缺点。通过在提升机上安装变频控制器，可以克服以上缺点，达到良好的节能效果。

（4）生料制备、煤粉制备和水泥粉磨等环节采用高效粉磨设备及技术。

（5）新型干法水泥生产线余热发电。目前，国内新型干法熟料生产线中，部分废热不能完全被利用，回收这部分废热用来发电或是供热是非常现实的节能途径。将废气中的热能转化为电能，可有效地减少水泥生产过程中的能源消耗，具有显著的节能效果。同时，废气通过余热锅炉降低了排放的温度，还可有效地减轻水泥熟料生产对环境的热污染，具有良好的经济效益和社会效益。

（6）使用水泥助磨剂。水泥助磨剂能够降低粉磨阻力，提高细粉颗粒的分散度，提高颗粒易碎性。因此，加入适量助磨剂可提高磨机台时产量，降低粉磨电耗，降低过粉磨现象、优化水泥颗粒级配、提高水泥颗粒圆度系数，提高水泥强度，达到提高混合材掺加量的目的。

（7）水泥窑焚烧垃圾。在水泥窑内焚烧垃圾具有如下优点：焚烧温度高（窑内物料温度约 1 450 ℃，气体温度接近 2 000 ℃）；物料在窑内停留时间长；窑内高温气体湍流强烈，可使废弃物完全燃烧，使有机物破坏得十分彻底；水泥窑全系统在负压下运行，因此，有毒有害气体不会溢出，不会产生环境方面的问题；熟料煅烧是在碱性条件下进行的，有毒、有害废弃物中的氯、氟、硫等在窑内被碱性物质完全中和吸收，变成无毒的化合物；焚烧废弃物的残渣最终又进入水泥熟料，一般情况下，对水泥质量不会造成大的影响。做到了废弃物处理彻底干净,就不会产生以焚烧方式处理废弃物过程中造成环境二次污染问题。利用废弃物替代部分原燃料煅烧水泥熟料,既处置了废料又节约了能源,还减少了 CO_2 等有害气体的排放量。

8. 医药行业节能技术

医药企业的节能工作应重点放在空调系统及蒸汽系统上。

(1)通用设备的节能。医药企业由于生产环境较为苛刻,需要使用大量的蒸汽和恒温恒湿环境,因此存在蒸汽锅炉、冷水机组、盐水机组以及深冷机组等设备。

(2)溶媒回收区的节能。

1)余热回收。进入溶媒回收区的冷物料可先与回收的热物料进行热交换,在减少冷却水的同时,又回收了大量的余热,减少回收区蒸汽的使用量。

2)冷凝水回收。回收区的蒸汽使用量通常占企业用汽量的 40% 多,在回收过程中,蒸汽通过换热器将一部分的热能转换到回收母液中,蒸汽由气态变成液态蒸馏水,温度在七、八十度。将蒸馏水集中回收,通过管道输送给锅炉使用,提高了锅炉的单位能耗产气量,锅炉中加热的自来水一般需要进行软化处理才能使用,回收的蒸馏水电导率低,更适合锅炉使用,还节约了自来水软化费用。

(3)单机双温系统。

1)采用单机组二次吸气的螺杆压缩机的双温冷源系统,能够获得两种不同的蒸发温度,提高运行的经济性,降低单位制冷量的设备投资费用。

2)单机双温系统与单机单温系统相比,除提供基本相等的低温冷量外,还额外增加一部分中温冷量。如果低温恒定,则中间温度越高,中间冷量上升也越多,而低温冷量只略有下降。

3)螺杆式单机双温系统适用于石化、水利、啤酒、制药等领域中原料的分级降温,具有很好的节能效果。

9. 印染行业节能技术

(1)推广自动化、高效化纺织工业工艺技术和装备,缩短工艺流程,提高效率。

(2)棉纺行业推广紧密纺、中高支转杯纺纱工艺和高智能型宽幅无梭织机等新技术。

(3)染整行业推广高效节水、节能型助剂和冷轧堆一步法、一浴法等新工艺,采用智能化高效短流程前处理机、高效节能的拉幅定型机等。

(4)推广化纤熔融纺、直接纺等工艺技术。

(5)采用多效多级蒸发设备与技术处理印染的碱液、化纤的酸液。

10. 食品行业节能技术

(1)蒸煮设备节能。蒸煮设备多使用热水锅炉或蒸汽,用于物料的制熟或消毒等,主要的节能措施包括:对糖化工序喷射液化技术改造,减少蒸汽量的使用;回收酿造车间内的二次蒸汽热能,提高蒸汽使用效率;麦汁负压蒸发,减少蒸汽用量等。

(2)均质设备节能。均质设备包括粉碎设备、搅拌设备等。粉碎设备的节能主要为电机节能;搅拌设备的节能可按实际生产情况分段控制或采取变频控制,减少搅拌时间,降低使用功率。

(3)发酵设备节能。食品在经过发酵前,均需进行一定程度的冷却,可以考虑采取重新匹配换热器前后段换热面积的措施,冷物料在通过蒸煮设备之前,可与热物料先进行换热,达到能源综合利用的目的。在迅速冷却及发酵过程中,对外界环境要求比较严格,多为低温低湿环境,主要由制冷系统提供。

(4)烘干设备节能。可将一些烘干设备改为利用废热源的热泵烘干,降低能源成本。

(5)啤酒生产的节能设备。啤酒速冷器、麦汁压滤机、高浓稀释设备、麦汁煮沸热能回收设备等。

三、公共设施节能

公共设施是指由政府或其他社会组织提供的、属于社会公众使用或享用的公共建筑或设备,按照具体的项目特点可分为教育、医疗卫生、文化娱乐、交通、体育、社会福利与保障、行政管理与社区服务、邮政电信和商业金融服务等。

小城镇公共设施具有服务种类多、服务面广、能源消耗高等特点。小城镇公共设施节能主要包括道路照明系统节能、公共交通系统节能、公共建筑节能等。

1. 道路照明系统节能

道路照明是指在道路上设置的照明器，为在夜间给车辆和行人提供必要的能见度。道路照明可以改善交通条件，减轻驾驶员疲劳，并有利于提高道路通行能力和保证交通安全，此外，还可美化市容。

道路最初是用点燃木材照明，后来逐步发展为用油灯、汽灯、电弧灯、碳丝白炽灯、高压汞灯，现今道路照明主流光源为高压钠灯。基于全球性节能减排政策，部分新型节能光源（如 LVD 无极灯、LED灯和新型索明氙气路灯）也已逐步应用到道路照明工程中，并发展迅速。

与大中城市相比，小城镇居民夜晚活动相对较少。据调查，我国小型城市在夜晚 9 点后，道路上几乎空无一人。从这一时段直至清晨6 点路灯熄灭，在低交通流量的道路上仍然保持较高照度显然没有必要。

但是，通过减小光源功率，减少光源的数量、缩短开启的时间等措施，不仅会导致路面照度分布不均，给治安及交通安全埋下了隐患，而且不能避免后半夜电网电压的升高对光源寿命的减损，因此不能称作是真正意义上的节能。道路系统节能要在保证道路照明效果达到相应的标准的前提下，最大限度地降低道路照明的能耗，做到"点着灯节电"，提高能源利用效率的同时，保障城镇道路行车的安全性和畅通性。

小城镇道路照明系统节能的措施如下。

（1）确定合理的照明标准。在进行小城镇道路照明系统设计时，要确定道路照明等级，按照主干道、次干道、住宅小区等不同的照明场所进行合理设计，以便最大限度地利用光能，减少资源浪费。

（2）选用性能好的光源。使用高效光源是在适当考虑灯泡显色性的基础上，照明节能的重要环节。例如，LED 半导体照明设备具有电压低、电流小、亮度高的特性，达到很好的节能效果。通过安装 LED

路灯系统控制器,还可以根据道路实际情况,选择不同的模式,有较弱的光线时采用半功率模式,后半夜采用隔二亮一模式等。

(3)科学控制开关时间。道路照明启闭时间准确与否也是照明节能的一个主要方面。合理地控制路灯的启闭时间能够有效地节约能源,可通过人工控制、时钟控制、光电控制、微机控制等方式对照明时间进行控制。

(4)降低无功损耗,缩小供电半径。随着供电质量不断提高,电网电压日趋稳定正常,而到下半夜当用电明显减少时,供电电压升高较多,则照明用电量的功耗也随之上升。这样不但缩短光源寿命,也会增加不必要的能量消耗。通过安装智能路灯节能控制柜可有效解决这一问题。智能路灯节能控制柜采用先进电磁调压技术,动态调整路灯照明回路的输入电压和电流,使照明灯具工作在最佳电压、电流工况,降低灯具的额外功率消耗,达到节电和优化供电目的,同时利用时间控制开关与主开关的结合控制路灯的开关时间,实现路灯控制功能。

2. 公共交通系统节能

小城镇公共交通是我国能源消耗的大户,从《节约能源法》到行业主管部门的节能政策,都将城市交通列为节能减排的重要领域。

为实现城市交通的可持续发展和节能减排目标,现有的节能政策体系对城市交通的发展做出了有目标、有要求、有层次、有重点的战略部署。在这些政策中,城市交通领域的节能主要以结构调整为基本方向,大力提高公共交通出行比例;以优先发展城市公共交通为基本战略,从规划、财政、用地、路权等各方面加大扶持力度;以发展大容量公共交通方式为重点,鼓励发展城市轨道交通;以新能源应用为技术支撑,开发推广代用燃料和清洁燃料汽车;以减少小汽车出行和降低公共交通油耗为主要途径,提高能源利用效率。

小城镇公共交通节能降耗对策如下。

(1)技术应用对策。

1)保持常规能源公共汽车数量的稳定增长,提高运输能力,以满足逐步增长的公共交通出行需求,创造舒适的乘车环境。

2)大力加强在用车辆检查/维护制度,增加检测次数,促进维护保养。

3)加快引入新能源公共汽车。公共交通企业在更新和购置新车时,应以节能环保型车辆为主。

4)有序发展节能环保的无轨电车。无轨电车是符合节能环保要求的出行方式,城市应编制无轨电车发展规划,根据城市交通系统的特征和需求,在道路设施建设过程中同步进行电车供电线网建设;有条件的城市可在电车线路中引入超级电容车。

(2)系统效率对策。

1)加强公共交通一体化建设,整合不同公共交通方式资源,实现不同公共交通方式之间、公共交通与其他出行方式之间的设施和管理的有效衔接。

2)逐步建立票制票价一体化体系,简化购票环节、实行换乘优惠,实现公共交通系统运营的一体化服务,以提高整个公共交通系统的运行效率;建立合理的比价关系,通过价格杠杆调节不同公共交通方式间的客流分配。

3)加快公共交通换乘枢纽一体化建设,在枢纽内部实现多种公共交通方式以及公共交通与其他出行方式的零距离换乘,提高公共交通系统运行效率。

4)全面整合信息资源,实现信息资源一体化服务;推动智能公共交通系统建设,实现公共交通网络跨区、跨线综合调度,提高公共交通线路整体运输效率和应急能力;充分运用信息技术,为乘客提供全方位的出行信息服务,减少乘客在选择公共交通方式时的盲目性。

(3)管理保障对策。

1)加强天然气车辆应用的配套设施建设。对于加注站、加气(子)站的建设,政府应给予技术、用地、财税、管理等多方面的扶持。加强配套场站的规划设计工作,结合公共交通场站的布局和建设,同步开展加气站的规划布局。

2)在道路时空资源分配方面向公共交通倾斜。加快推广公共交通优先车道、专用车道、信号控制交叉口公交专用进口道、专用道路、单向优先专用线的布设;推广信号控制交叉口公共交通信号优先措施;采取公共交通优先通行和限制小汽车通行相结合的需求管理措施。

3)以提高城市交通信息服务和城市道路通行效率为主线,加快推进城市智能交通技术应用,减少城市交通拥堵,改善公交车辆运行环境,降低燃油消耗。

4)政府应给予公共交通企业新能源汽车购置补贴,或者有计划地为公共交通企业提供节能环保公共汽车,避免增加企业运营负担,提高企业节能环保积极性,以经济手段鼓励节能战略在实际中落实;同时,政府应合理规划并投资建设新能源公共汽车所需的补给站和维修设施,降低新能源汽车的运营成本。

5)公共交通企业应在内部管理中贯彻节能降耗理念,尽快出台节能降耗管理方案。设定行车规范、标准和目标,开展燃油消耗监督工作,在考核机制中加入对燃油节约的考核指标,培养公共交通企业及其员工兼顾社会效益和经济效益的责任感。

3. 公共建筑节能

公共建筑是指供人们进行各种公共活动的建筑。包括办公建筑(如写字楼、政府部门办公室等),商业建筑(如商场、金融建筑等),旅游建筑(如旅馆饭店、娱乐场所等),科教文卫建筑(包括文化、教育、科研、医疗、卫生、体育建筑等),通信建筑(如邮电、通信、广播用房)以及交通运输类建筑(如机场、车站建筑、桥梁等)。

公共建筑节能主要通过推广节能建筑、绿色建筑实现。

(1)节能建筑。节能建筑是指遵循气候设计和节能的基本方法,对建筑规划分区、群体和单体、建筑朝向、间距、太阳辐射、风向以及外部空间环境进行研究后,设计出的低能耗建筑。

节能建筑的特点包括:第一,少消耗资源。设计、建造、使用要减少资源消耗。第二,高性能品质。结构用材要足够强度、耐久性、围护结构、保温、防水……。第三,减少环境污染。采用低污染材料,利用清洁能源。第四,延长生命用期。第五,多回收利用。

节能建筑的设计应符合下列要求。

1)"因地制宜"。"地"主要是指建筑物所在地的气候特征。

2)建筑外围护结构的热工设计应贯彻超前性原则。随着我国经济的发展,建筑节能设计标准将分阶段予以修改,建筑外围护结构的热工性能会逐步提高。由于建筑的使用年限长,到时按新标准再对既有建筑实施节能改造是很困难的,因此应贯彻超前性原则,特别是夏季酷热地区,建筑外围护结构(屋顶、外墙、外门外窗)的热工性能指标应突破节能设计标准规定的最低要求,予以适当加强,应控制屋顶和外墙的夏季内表面计算温度。

3)建筑设计者要有社会责任感。因为能源是我国的战略物资和经济发展的动力,又是后代人生存的必要条件,建筑节能是贯彻国家节约能源法和可持续发展战略的大事,所以节能建筑的设计者实际上又承担了一份牵涉国家发展战略和后代人生存条件的社会责任。

(2)绿色建筑　绿色建筑是指在建筑的全寿命周期内,最大限度地节约资源(节能、节地、节水、节材),保护环境和减少污染,为人们提供健康、适用和高效的使用空间,与自然和谐共生的建筑。

绿色建筑的室内布局十分合理,尽量减少使用合成材料,充分利用阳光,节省能源,为居住者创造一种接近自然的感觉。

绿色建筑以人、建筑和自然环境的协调发展为目标,在利用天然条件和人工手段创造良好、健康的居住环境的同时,尽可能地控制和减少对自然环境的使用和破坏,充分体现向大自然的索取和回报之间的平衡。

为深入贯彻落实科学发展观,切实转变城乡建设模式和建筑业发展方式,提高资源利用效率,实现节能减排约束性目标,积极应对全球气候变化,建设资源节约型、环境友好型社会,提高生态文明水平,改善人民生活质量,绿色建筑的设计应符合下列要求。

1)节能能源。充分利用太阳能,采用节能的建筑围护结构以及采暖和空调,减少采暖和空调的使用。根据自然通风的原理设置风冷系统,使建筑能够有效地利用夏季的主导风向。建筑采用适应当地气候条件的平面形式及总体布局。

2)节约资源。在建筑设计、建造和建筑材料的选择中,均考虑资源的合理使用和处置。要减少资源的使用,力求使资源可再生利用。节约水资源,包括绿化的节约用水。

　　3)回归自然。绿色建筑外部要强调与周边环境相融合,和谐一致、动静互补,做到保护自然生态环境。

第九章 小城镇生态居住区规划与设计

小城镇建设的可持续性发展,要把环保问题提到首要日程,生态居住区是体现保护生态环境,采用环保建筑,以高科技的自然农业生产区为居民创造健康生活的生态环境,为小城镇扩展提供新的途径。

第一节 生态居住区概述

一、生态居住区的概念与特点

生态居住区是通过调整人居环境生态系统内生态因子和生态关系,使居住区成为具有自然生态和人类生态、自然环境和人工环境、物质文明和精神文明高度统一、可持续发展的理想城市住区。生态居住区空间结构合理、基础设施完善,生态建筑、智能建筑和生命建筑广泛应用,人工环境与自然环境融合。生态居住区符合城市规划和区域规划,与区域和城市融洽,是生态城市的一部分,体现了所在城市的风貌和特质。

生态居住区与传统小区相比有本质的不同,主要有以下特点。

(1)和谐性。生态居住区内自然与人共生,人类回归自然,亲近自然,自然融于小区,小区融于自然;同时,能营造满足人类自身发展需求的环境,富有人情味,充满浓厚的文化气息,拥有强有力的互帮互助的群体,呈现出繁荣、生机和活力。

(2)可持续性。生态居住区是以可持续发展为指导的,因而它能实现小区社会、经济、环境的发展,能够在取得社会效益和环境效益的同时推动经济发展,实现经济快速高质增长;能把小区自然环境作为小区公共资源得到永续利用。

(3)整体性。生态居住区不是单单追求环境优美或自身的繁荣,而是兼顾了社会、经济、环境三者的整体协调发展,小区生态化也不是某一方面的生态化,而是小区整体上的生态化,实现整体上的生态文明。

生态居住区的建设将会逐渐改变。目前,我国城市建设中环境污染、缺乏有效环境保护的不合理现状,实现节能、节地、节水、低污染以及物业等的有效管理,为城市和小区自身环境改善带来强大的动力。

二、生态居住区的基本类型

生态居住区是与特定的城市地域空间、社会文化联系在一起的。不同地域、不同社会历史背景下的生态居住区具有不同的特色和个性,体现多样化的地域、历史文脉,因此,生态居住区不是单一的发展模式与类型,而是充分体现各地域自然、社会、经济、文化、历史特征的个性化空间。

生态居住区大致可以分为以下几种类型。

1. 生态艺术类居住区

生态艺术类居住区主要提倡以艺术为本源,最大限度地开发生态居住区的艺术功能,将生态居住区当成艺术品去创造和营建,使其无论从外部还是从内部看起来都是一件艺术品。

2. 生态智能类居住区

生态智能类居住区主要是以突出各种生态智能为特征,最大限度地发挥住宅和居住区的智能性,凡对人类居住能够提供智能服务的可能装置,都在适当的部分置入,使居住者可以凭想象和简单的操作就可以达到一种特殊的享受。

3. 生态宗教类居住区

生态宗教类居住区主要是以氏族图腾为精神与宗教结合的住宅类产物。

4. 部分生态类居住区

部分生态类居住区是在受限制的条件下的一种局部或部分尝试,

或是将房间的一部分装饰成具有生态要求的"部分生态居住区"。

5. 生态荒庭类居住区

生态荒庭类居住区是指生态居住区实现人与自然的完美统一。一方面从形式上回归自然,进入一种原始自然状态中;另一方面又在利用现代科技文化的成果,使人们可以在居所里一边快乐地品尝咖啡的美味,一边用计算机进行广泛的网上交流,为人们造就一种别有趣味的天地。

三、生态居住区理念的现实意义

(1)生态环境的破坏与人们无休止地开发建设密切相关,自然生态区是尽可能地不破坏或少破坏原有的生态环境,并与"山水园林"城市和"旅游名城"有机地结合起来,改善市容市貌。

(2)现代城市人由于长期地在拥挤的城市市区生活,人们已厌倦了这种喘不过气的生活空间,而更需要有开阔的视野和新鲜的空气。尤其是进入了 21 世纪,人们返璞归真的思想更浓,期望大自然式的休闲居住生活。"自然生态居住"便为这种思想的人提供了再适当不过的去处,对城市中心区的人们具有较强的吸引力。这样一来,由于中心区人口的分散,不但可以减轻城市中心区的拥挤,而且可以使交通逐渐畅通。

(3)由于"自然生态居住"的合理开发观念,可以降低开发成本,尽可能地降低容积率,使大面积的土地得以完好保存,并可进行高新农业生产。在开发成本中,占有很大比例的是土地成本,"自然生态居住区"的征用土地方式是居住、道路及公建占地才作为征用土地,而大面积的用作高新农业生产的且兼做居住区景点和绿化的是非征用土地,这样可以最大限度地提高征用土地的使用率,从而降低整个开发成本和区内的容积率。

(4)现阶段的开发观念是:征用土地,使原农业人口失去生产的载体并进行安置补偿,这必然给这些人的就业带来问题,并且也给社会治安带来不稳定的因素。据新华社报道,我国需要安排非农建设占有耕地 1 850 万亩,按照目前全国人均占有耕地水平测算,将大约有

1 200 万被征地的农民需要陆续安置。由此可见,安置失去土地的农民是未来发展的一个主要矛盾。"自然生态居住"的理念,就是就地解决,并且让农民转入带有一定科技含量的农业生产中去,使之成为本区的一员。"自然生态居住环境"的理念是对城市的发展带有哲理性的思考,在实践经验的基础上,将形成具体的、技术性的方案,帮助解决城市扩展面临的许多问题。过去的城市发展模式是随着城区扩大,城市与大自然之间的距离加大,城市居民对接受大自然的渴望也就增加。当城市的每个地区彼此间以自然的生态绿化带分隔,同时又有机的联结在一起时,城市与大自然之间的距离也就缩小,也就便于城市居民接近大自然。这种新的居住理念,还需不断地进行实践反馈,但这必然是现代城市发展的趋势,将使城市建设更有活力。

第二节　生态居住区规划

一、生态居住区规划目标

生态规划的目标是要从自然生态和社会心理两个方面去创造一种能充分融合技术和自然的人类活动的最优环境,诱发人的创造精神和生产力,提供高的物质和文化生活水平。

根据上述生态规划的目标,人们可把生态居住区规划目标理解为:以生态学"整体、协调、循环、再生"原则为指导,通过生态设计方法促进人居环境质量的提高和人与自然的和谐、人工设施与自然环境的协调,实现小区社会—经济—自然复合系统整体协调而达到一种稳定、平衡、有序状态的演进过程。

二、生态居住区规划方法与原则

运用生态规律,以可持续发展为目标,以工程措施和技术手段为支撑,对传统意义上的小区进行规划设计,使居住区成为真正的生态居住区,以居住区生态文明推进城市的可持续发展。

小城镇生态居住区规划原则如下:

1. 生态可持续原则

可持续发展是解决当前自然、社会、经济领域诸多矛盾和问题的根本方法与总体原则。当前,人—自然的发展问题是人类居住区的最大危机,只有从人—自然整体的角度,去研究产生这些问题的深层原因,才能真正地创造出适宜人居的居住环境。

生态居住区规划的本质在于通过对空间资源的配置,来调控人—自然系统价值(自然环境价值、社会价值、经济价值)的再分配,进而实现人—自然的可持续发展。生态可持续原则包括自然生态可持续原则、社会生态可持续原则、经济生态可持续原则、复合生态可持续原则。

(1)自然生态可持续原则。生态居住区是在自然的基础上建造起来的,因此,生态居住区的建设必须遵循自然的基本规律,维护自然环境基本要素的再生能力、自净能力和结构稳定性、功能持续性,尽可能将原有价值的自然生态要素保留下来,并对开发建设可能引起的自然机制不能正常发挥作用进行必要的同步恢复和补偿,使之趋向新的平衡,最大限度减缓开发建设活动对自然的压力,减少对自然环境的消极影响。

(2)社会生态可持续原则。生态居住区规划不仅仅是工程建设问题,还应包括社会的整体利益;不仅应立足于物质发展规划,着力改善和提高人们物质生活质量,还要着眼于社会发展规划,满足人对各种精神文化方面的需求;注重自然与历史遗迹、民间非物质文化遗产以及历史文脉的保护与继承。

(3)经济生态可持续原则。生态居住区规划设计应提倡提高资源利用效率以及再生和综合利用水平、减少废物的设计思想,促进生态型经济的形成,并提出相应的对策或工程、工艺措施。

(4)复合生态可持续原则。生态居住区的社会、经济、自然和系统是一个有机的整体,三者相辅相成,生态居住区规划设计时,必须统筹兼顾、综合考虑,不偏向任一方面,使整体效益达到最高。因此,生态居住区的规划不能只考虑短期的经济效益,而忽视人的实际生活需要和可能对生存环境造成的胁迫与影响,社会、经济、生态目标要提到同等重要的地位来考虑,可以根据实际情况进行修改调整。

2. 因地制宜原则

我国地域辽阔,气候差异很大,地形、地貌和土质也不一样,建筑形式不尽不同。同时,各地居民长期以来形成的生活习惯和文化风俗也不一样,小城镇生态居住区的规划建设必须坚持"因地制宜"原则,即根据环境的客观性,充分考虑当地的自然环境和居民的生活习惯。

3. 以人为本原则

生态居住区的规划设计必须注重和树立人与自然和谐及可持续发展的理念。由于社会需求的多元化和人民经济收入水平的差异,以及职业、文化程度等的不同,对住房与环境的选择也有所不同。特别是随着社会的不断进步和发展及收入的增加,人们对住房与环境的要求也相对提高。因此,生态居住区的规划与设计必须坚持"以人为本"的原则,充分满足不同层次居民的需求。

4. 社区共享、公众参与原则

生态居住区规划设计应充分考虑全体居民对居住区的财富的公平共享,包括共享设施、共享服务、共享景象、公众参与。共享要求生态居住区规划设计在设施的选择上应注意类型、项目、标准与消费费用的大众化,设施的布局应注意均衡性与选择性,在服务方式上应注意整体性与到位程度,以直接面向居住区的服务对象。公众参与是居住区全体居民共同参与社区事务的保证机制和重要过程,包括居住区公民参与社区管理与决策、居住区后续发展与信息交流。生态居住区的规划布局应充分满足公众参与的要求。

三、小城镇生态居住区规划内容

小城镇生态居住区规划包括小区自然生态规划、经济生态规划和社会生态规划。

1. 自然生态规划

自然生态是生物之间以及生物与环境之间的相互关系与存在状态,自然生态有着自在自为的发展规律。

自然生态规划的内容如下。

(1)绿化指标:该指标是衡量生态居住区建设水平最重要的指标之一。

1)绿地率:(包括景区和水面)须达 50%以上,人均公共绿地应在 28 m² 以上。

2)地面保水指标:本指标强调建筑基地渗水保水能力,尽量减少混凝土覆盖面积,采用自然排水系统,以利于雨水的渗透,理想指标是小区 80%的裸露地具有透水性能。

(2)节水指标:节水指标以开辟另类水资源(开源)与省水器具的使用(节流),作为节水的主要方法。前者是指在居住区建筑设计中导入雨水利用或净水系统的设计,后者是指把雨水、生活废水汇集处理后,达到规定的用水水质标准、重复使用于非饮用水及非与身体接触的杂用水。

(3)节能指标:重视节能建筑的设计,通过空调系统、照明、白昼光利用、太阳能利用等途径节约能源。

(4)二氧化碳与废物减量指标:此指标鼓励应用轻量化的建筑结构,如使用钢构造建筑来减少砂石、砖等建材的使用;提倡居家简朴的装潢设计、建材的回收利用,以达到节约能源、省资源、减少废物与降低二氧化碳排放量的目的。

(5)污水处理指标:此项指标要求建设雨水、生活污水分流管道系统,一方面有利于雨水的回收利用;另一方面可减少污水的处理量。

(6)垃圾处理指标:指垃圾的分类收集和资源的回收利用。

(7)绿色交通指标:采用低污染、适合都市环境、对健康有益的运输工具来完成社会经济交往活动。生态小区绿色交通规划应鼓励居民使用绿色交通。

2. 经济生态规划

经济生态规划的总体目标是资源的低消耗、环境的轻污染来取得经济的高速增长,并养成文明科学的消费方式。为此,应用绿色消费科技和绿色生产科技,逐步改变能源结构,加速再生能源对化石能源的替代,应用水能、风能、生物能、太阳能等绿色能源;采用自然通风和自然采光,减少能源消耗;在小区内实行绿色生产、绿色消费。

3. 社会生态规划

(1)为增强居住区的归属感而建立标志性建筑、具有中心性的广场和对居民有魅力的开敞空间。

(2)建立配套齐全、布局合理的生态基础设施,创造便利于各个年龄层次人群的生活环境。

(3)居住区中提供多样性、个性化住宅,以保证各种经济收入的人与各种年龄层次人们的需求。

(4)居住区有商业活动、市民服务、文化活动、娱乐活动等集中的中心地区。

总之,生态居住区既是一种小区规划新理念,又是未来城市追求的远景目标,将成为可持续城市理想休憩乐园和未来住宅小区发展的必然趋势。生态居住区的建设是一项宏伟的综合工程,需要我们长期不懈的努力。

第三节　生态住宅设计

一、生态住宅的概念与特点

1. 生态住宅的概念

生态住宅是一种系统工程的综合概念,以可持续发展的思想为指导,意在寻求自然、建筑和人三者之间的和谐统一,即在"以人为本"的基础上,利用自然条件和人工手段来创造一个有利于人们舒适、健康的生活环境,同时又要控制对于自然资源的使用、实现向自然索取与回报之间的平衡。

小城镇生态住宅应立足于将节约能源和保护环境这两大课题结合起来。其中不仅包括节约不可再生的能源和利用可再生洁净能源,还涉及节约资源(建材、水)、减少废弃物污染(空气污染、水污染),以及材料的可降解和循环使用等。小城镇生态住宅要求自然、建筑和人三者之间的和谐统一,共处共生。

生态住宅的规划设计须结合当地生态、地理、人文环境特性,收集有关气候、水资源、土地使用、交通、基础设施、能源系统、人文环境等各方面的资料,使建筑与周围的生态、人文环境有机结合起来,增加居民的舒适和健康,最大限度提高能源和材料的使用效率,减少施工和使用过程中对环境的影响。

我国是一个发展中国家,资源有限,由于地域条件,气候条件、民族习惯、经济水平、技术力量的差异,在小城镇生态住宅的建设中应积极运用适宜的技术。

2. 生态住宅的特点

生态住宅又称"健康住宅"。生态住宅不仅仅是绿化,从规划的角度上看,生态小区的总体布局、单体空间组合、房屋构造、自然能源的利用、节能措施、绿化系统以及生活服务配套的设计,都必须以改善及提高人的生态环境、生命质量为出发点和目标。

生态住宅要将健康的口号落在实处。房地产不是以卖地皮为最终目的,也不是以卖钢筋、水泥的房子为最终目的,更不是以卖概念和环境为最终目的,而是以营造符合人类社会发展和人性需求的健康文明新家园为最终目的。生态住宅的健康要求如下。

(1)会引起过敏症的化学物质的浓度很低。

(2)尽可能不使用容易挥发出化学物质的胶合板、墙体装饰材料等。

(3)安装性能良好的通风换气设备,能将室内污染物质排出室外。特别是对高气密性、高隔热性住宅来说,必须采用具有风管的中央通风换气系统,进行定时的通风换气。

(4)在厨房、卫生间或吸烟处,要设置局部排气设备。

(5)在起居室、卧室、厕所、走廊、浴室等温度要全年保持在 $17\sim27\ ℃$ 之间。

(6)室内的湿度要全年保持在 $40\%\sim70\%$。

(7)二氧化碳的浓度要低于 1 000 ppm。

(8)悬浮粉尘的浓度要低于 $0.15\ mg/m^3$。

(9)噪声要小于 50 dB。

(10)一天的日照确保在 3 h 以上。

(11)设有足够亮度的照明设备。

(12)住宅具有足够的抗自然灾害能力。

(13)具有足够的人均建筑面积,并确保私密性。

(14)住宅要便于护理老龄者和残疾人。

二、生态住宅的设计原则

1. 因地制宜原则

因地制宜原则便是就地取材,充分利用当地资源能采用现代新技术,创造可持续发展的小城镇住宅。

(1)重视气候条件和土地资源并保护建筑周边环境生态系统的平衡。要开发并使用符合当地条件的环境技术。由于我国耕地资源有限,在小城镇住宅设计中,应充分重视节约用地,可适当增加建筑层数,加大建筑进深,合理降低层高,缩小面宽。在住宅室外使用透水性铺装,以保持地下水资源的平衡。同时,绿化布置与周边绿化体系应形成系统化网络化关系。

(2)注重隔热、防寒和遮挡直射阳光,进行建筑防灾规划。规划时应考虑合理的朝向与体形,改善住宅体形系数、窗地比,对受日晒过量的门窗设置有效的遮阳板,采用密闭性能良好的门窗等措施节约能源。特别提倡使用新型墙体材料,限制使用黏土砖。在寒冷地区应采用新型保温节能外围护结构;在炎热地区应做好墙体和屋盖的隔热措施。

(3)充分利用太阳能、风能和水资源,利用绿化植物和其他无害自然资源。应使用外窗自然采光,住宅应留有适当的可开口位置,以充分利用自然通风。尽可能设置水循环利用系统,收集雨水并充分利用。要充分考虑绿化配置以软化人工建筑环境。

2. 节约自然资源,防止环境污染

(1)降低能耗,即注重能源使用的高效节约化和能源的循环使用,注重对未使用能源的收集利用,以及对二次能源的利用等。

(2)使用耐久的建筑材料,在建筑面积、层高和荷载设计时留有发

展余地,同时采用便于对住宅保养、修缮和更新的设计。

（3）使用无环境污染的材料、可循环利用的材料以及再生材料的应用。对自然材料的使用强度应以不破坏其自然再生系统为前提,使用易于回收再利用的材料,应用地域性的自然建筑材料以及当地的建筑产品,提倡使用经无害化加工处理的再生材料。

3. 建立各种良性再生循环系统

（1）应注重住宅使用的经济性和无公害性。应采用易再生及长寿命的建筑消耗品,建筑废水、废气应无害处理后排出。小城镇住宅从收集生活污水的管道设施、净化污水的污水处理设施,以及处理后的水资源和污泥的再利用设施等的建设带来很大问题。

（2）要注重住宅的更新和再利用。要充分发挥住宅的使用可能性,通过技术设备手段更新利用旧住宅,对旧住宅进行节能化改造。

（3）住宅废弃时注意无害化解体和解体材料再利用。住宅的解体不应产生对环境的再次污染,对复合建筑材料应进行分解处理,对不同种类的建筑材料分别解体回收,形成再资源化系统。

4. 融入历史与地域的人文环境

在小城镇住宅设计中,既要反映时代精神,有时代感,又要体现地方特色,有地域特点。即要把生活、生产的现代化与地方的乡土文脉相结合,建造出既有乡土文化底蕴,又具有时代精神的小城镇住宅。

（1）要注重对古村落的继承以及与乡土建筑的有机结合。

（2）应注重对古建筑的妥善保存、对传统历史景观的继承和发扬、对拥有历史风貌的古村落景观的保护,要保持居民原有的出行、交往、生活和生产优良传统,保留居民对原有地域的认知特性。

三、生态住宅的设计特点

在生态住宅的具体设计上,其特点主要体现如下。

（1）注重绿化布局的层次、风格与建筑物要相互辉映。

（2）注重不同植物各方面的相互补充融合,例如,除普通草本植物外,注重观赏花木、阔叶乔木、食用果树、药用植物和芳香植物等的种植。

（3）注重发挥绿化在整个小区生态中其他更深层次的作用，如隔热、防风、防尘、防噪声、消除毒害物质、杀灭细菌病毒等，甚至从视觉感官和心理上消除精神疲劳等作用。

（4）在房屋的建造设计上，则要考虑自然生态和社会生态的需要，注重节省能源，注重居住者对自然空间和人际交往的需求。

四、生态住宅建设

（一）住宅形式的选择

小城镇生态住宅的设计应遵从自然优先的生态学原则，最大限度地实现能量流和物质流的平衡，建筑形式便于能源的优化利用，使设计、施工、使用、维护各个环节的总能耗达到最少。

1. 建筑形式

为了保证小城镇社会稳定，生态住宅建设要合理确定居民数量、住宅布局范围和用地规模，尽可能使用原有宅基地，并正确处理好新建和拆旧的关系。一方面，生态住宅的平面功能要科学合理，注重适应居民的家庭结构、生活方式和生活习惯；另一方面，生态住宅的立面造型要有地方传统特色又具现代风格。此外，建筑户型要节约利用土地，符合小城镇用地标准；能够服务小城镇居民，为群众提供适用、经济、合理的住宅设计方案，造价经济合理。

（1）住宅类型的选择。小城镇生态住宅建设应本着节约用地的原则，积极引导农民建设富有特色的联排式住宅和双拼式住宅，有条件的地方可建设多层公寓式住宅，尽量不采用独立式的住宅，控制宅基地面积，从而提高用地的容积率、节约有限的土地资源。

（2）平面形状的选择。生态住宅建筑设计时，原则上应使围护结构的总面积越小越好，当建筑体积（V）相同时，围护结构的总面积不同，耗能相差很大，平面设计时应注意使维护结构表面积（A）与建筑体积（V）之比尽可能小，以减少建筑物表面的散热量。

建筑平面形状与能耗关系见表 9-1。根据表 9-1 可以看出，小城镇生态住宅平面形状宜选择规整的矩形。根据住宅中各种平面形状节能效果的量化研究:采用紧凑整齐的建筑外形每年可节约 8~15 kW·h/m² 的能耗。

表 9-1 建筑平面形状与能耗关系

平面形状	正方形	矩形	细长方形	L形	回字形	U形
A/V	0.16	0.17	0.18	0.195	0.21	0.25
热损耗/(%)	100	106	114	124	136	163

(3)朝向的选择。建筑物的朝向对建筑节能有很大影响,这一点已成为人们的共识。"良好朝向"或"最佳朝向"的概念是一个具有区域条件限制的提法,是在考虑地理和气候条件下对朝向的研究结论,在实际应用中则需根据区域环境的具体条件加以修正。

影响住宅朝向的因素很多,包括地理纬度、地段环境、局部气候特征及建筑用地条件等,最主要的是日照和通风的影响。

1)日照对朝向的影响。必要的日照条件是生态住宅不可或缺的,但是,由于不同地理环境和气候条件的影响,日照时数和阳光照入室内深度上是不尽相同的。

一方面,由于冬季和夏季太阳方位角的变化幅度较大,各个朝向墙面所获得的日照时间相差很大。因此,应对不同朝向墙面在不同季节的日照时数进行统计,求出日照时数日平均值,作为综合分析朝向时的依据。

另一方面,还需对最冷月和最热月的日出、日落时间做出记录。在炎热地区,住宅的多数居室应避开最不利的日照方位。住宅室内的日照情况同墙面上的日照情况大体相似。对不同朝向和不同季节(例如冬至日和夏至日)的室内日照面积及日照时数进行统计和比较,选择最冷月有较长日照时间、较多日照面积,最热月有较少日照时间、最少日照面积的朝向。

另外,在一天的时间里,太阳光线中的成分是随着太阳高度角的变化而变化的,其中紫外线量与太阳高度角成正比,见表 9-2。选择朝向对居室所获得的紫外线量应予以重视,这也是评价一个居室卫生条件的必要因素。

表 9-2　不同高度角时太阳光线的成分

太阳高度角	紫外线	可视线	红外线
90°	4%	46%	50%
30°	3%	44%	53%
0.5°	0%	28%	72%

2)风向对朝向的影响。主导风向直接影响冬季住宅室内的热损耗及夏季居室内的自然通风。为了住宅能够达到冬季保暖和夏季降温的目的,在住宅朝向设计时,一定要充分考虑当地的主导风向因素。另外,从住宅群的气流流场可知,住宅长轴垂直主导风向时,由于各幢住宅之间产生涡流,会影响自然通风效果。因此,应避免住宅长轴垂直于夏季主导风向,以减少前排房屋对后排房屋通风的不利影响。

在实际运用中,应当根据日照和太阳辐射将住宅的基本朝向范围确定后,再进一步核对季节主导风向。这时会出现主导风向与日照朝向形成夹角的情况。从单幢住宅的通风条件来看,房屋与主导风向垂直效果最好。但是,从整个住宅群来看,这种情况并不完全有利,而形成一个角度,往往可以使各排房屋都能获得比较满意的通风条件。

(4)建筑间距的设计。建筑在阳光下会产生阴影,但从节能的角度考虑,人们希望建筑南墙面的太阳辐射面积在整个采暖季中不因被其他建筑遮挡而减少,因此,合理的建筑间距也是生态住宅设计时必须考虑的。

(5)层高和面积的选择。住宅面积和层数的选择,应与当地的经济发展水平和能源基础条件相适应。

住宅层高选择时,一般以 2.8 m 为宜,不宜超过 3 m。底层层高可酌情提高,但不应超过 3.6 m。层高过低,会减少室内的采光面积,阻挡室内通风,造成室内空气混浊和空间的压抑感;层高过高,会浪费建造成本和日常使用的能源。

住宅面积选择要与当地的经济社会条件相适应,过分追求大面积的住宅,邻里之间互相攀比,均不应提倡。应提倡节约型住宅,合理的使用面积,是当前最有效的节能措施。可以节约建材、节约劳动力一级建造、使用、维护过程中的大量能源。

建筑面积和层数控制可以分为经济型和小康型两类。

经济型:建筑面积 100~180 m²,以 1~2 层为宜。

小康型:建筑面积 120~250 m²,以 2~3 层为宜。

2. 结构形式

住宅的结构是指住宅的承重骨架(如房屋的梁柱、承重墙等),小城镇生态住宅建筑层数以中、低层为主,故其采用的结构形式主要以砖混结构、钢筋混凝土结构和轻钢结构三种形式为主。

(1)砖混结构住宅。砖混结构是指建筑物中竖向承重结构的墙、柱等采用砖或者砌块砌筑,横向承重的梁、楼板、屋面板等采用钢筋混凝土结构。砖混结构量大面广,其优点是就地取材、造价低廉;其缺点是破坏环境资源,抗震性能差。砖混结构是最具有中国特色的结构形式。

小城镇的生态住宅建设应本着因地制宜、就地取材的原则,并符合国家有关建筑节能规定与墙体改造的政策。利用工业废料、矿渣等材料生产各种砖和砌块,符合小城镇建设因地制宜、就地取材的原则。

(2)钢筋混凝土结构住宅。钢筋混凝土结构是指用配有钢筋增强的混凝土制成的结构。承重的主要构件是用钢筋混凝土建造的。钢筋承受拉力,混凝土承受压力,具有坚固、耐久、防火性能好、比钢结构节省钢材和成本低等优点。

在我国小城镇住宅中,钢筋混凝土结构所占比例很小,其优点是平面布局灵活、抗震性能好、经久耐用,而缺点是造价较高。

(3)轻钢结构住宅。钢结构是一种高强度、高性能、可循环使用的绿色环保材料。轻钢结构住宅的优点是有利于生产的工业化、标准化,施工速度快、施工噪声和环境污染少。目前,与钢结构住宅配套的装配式墙板主要有两大体系:一类为单一材料制成的板材;另一类为复合材料制成的板材。

3. 地域建筑风貌

通过规划设计创新活动,把本土建筑与传统民居的建筑元素和文化元素相融合,丰富建筑户型,创造出具有地方特色的生态建筑。

结合地域的差异性,融入更多的地方特色。根据小城镇不同的地理区位,如山区、丘陵、平原、城郊、水乡、海岛的地形地貌特点,选择适宜的建筑形式和布局方式,注意节地、节能、节材、环保、安全、节省造价。

4. 建筑材料与技术的选用

根据当地的环境和气候特点,积极采用新型环保节能材料;在经济效能和实用性上应努力降低建造费用。

(二)建材的选择

小城镇生态住宅的建设,应尽量选择绿色建材。绿色建材也称生态建材、环保建材和健康建材,是指健康型、环保型、安全型的建筑材料。绿色建材不是指单独的建材产品,而是对建材"健康、环保、安全"品性的评价。注重建材对人体健康和环保所造成的影响及安全防火性能。绿色建材具有消磁、消声、调光、调温、隔热、防火、抗静电的性能,并具有调节人体机能的特种新型功能建筑材料。

1. 绿色建材的特点

与传统建材相比,绿色建材的特点如下。

(1)具有净化环境的功能。

(2)消耗低。所用生产原料大量使用尾矿、废渣、垃圾等废弃物,少用天然资源。

(3)能耗低。制造工艺低能耗。

(4)无污染。产品生产中不使用有毒化合物和添加剂。

(5)多功能。产品应具有抗菌、防霉、防臭、隔热、阻燃、防火、调温、调湿、消磁、防射线、抗静电等多功能。

(6)可循环再生利用。产品可循环或回收再利用。

2. 生态住宅外部建造所用的绿色建材

(1)地基建材。小城镇生态住宅地基用材主要是砖石、钢筋和水泥。为体现资源再循环利用原则,钢筋尽可能采用断头焊接后达标的制品或建筑物拆除挑出的回炉钢筋;水泥尽可能采用节能环保型的高贝利特水泥。

(2)砌筑建材。传统的墙体砌筑用材是实心黏土砖,不仅烧制过程耗能,有害气体排放量大,还大量毁坏耕地。为了提高资源利用率、改善环境,减少黏土砖的生产和使用以及生产黏土砖造成的资源浪费和环境污染,国家环保总局提倡企业以工业废弃物,如稻草、甘蔗渣、粉煤灰、煤矸石等生产建筑砌块。这样虽然造价相对较高,但新兴砌筑材料质量轻,可以减低基础造价,扩大使用面积,节约工时,节省材料,还能享受国家墙改基金返退等政策,综合成本要比传统材料便宜很多。

(3)建筑板材。生态住宅用建筑板材利用稻草、甘蔗清、粉煤灰、煤矸石等废弃物,制作出氯氧镁轻质墙板、加气混凝土板材和复合墙板,以及植物秸秆人造建材和石膏建材产品。其优越性如同砌筑建材,是新型的实用墙体材料。

(4)屋顶建材。为满足防水和保温隔热的要求,生态住宅屋面结构提倡采用大坡屋面,宜使用轻质材料。防水材料宜选用 SBS 改性沥青卷材、APP 改性沥青卷材等新型防水材料。

(5)门窗建材。小城镇生态住宅建设中,宜选用塑钢门窗或铝合金门窗,其中塑钢门窗性价比高,也是国家产业政策重点推荐的产品。另外,在经济条件允许的情况下,建议采用双玻门窗。

(6)管道建材。生态住宅中需要进行管道铺设或预留管道孔洞时,应选择塑料管材和塑料与金属复合管材,与传统的铸铁管和镀锌钢管相比,上述材料在生产能耗和使用能耗上节约效益明显。主要包括室内外的给排水管、电线套管、燃气埋地管等及其配件。

(7)建筑制品。生态住宅中用于瓦、管、板及保温材料等的建筑制品采用"无石棉建筑制品",是以各种其他纤维替代石棉制品。传统石棉制品在其生产、运输、应用和报废过程中会散发大量的石棉粉尘,被人吸入后,轻者引起难以治愈的石棉肺病,重者会引起癌症(国际癌症中心已将石棉认定为致癌物)。

3. 内部装修所用绿色建材

近年来，由于建筑装修与家具造成的室内空气污染案件日益增多，为了减低因装修装饰材料选择不当而造成的室内空气污染，生态住宅在装修中应严格选用无污染或者少污染的绿色产品，如选用不含甲醛的胶黏剂，不含苯的材料，以提高室内空气质量。另外，装修应以实用为主，不可追求繁丽复杂。

（1）板材制品。为了克服胶合板、纤维板、刨花板、细木工板、饰面板、竹质人造板等各类人造板材中的甲醛对于人体产生的危害极大，国家在《环境标志产品技术要求　人造板及其制品》（HJ 571—2010）中，对人造板及其制品所用原材料、木材处理时的禁用物质、胶黏剂、涂料、总挥发性有机化合物（TVOC）释放率、甲醛释放量做出了规定。

对于地板材料，现代装饰中正竭力对传统木地板加以创新，努力克服其不足，在木质表面选用进口的 UV 漆处理，既适合写字楼、电脑房、舞厅之用，更适合家庭居室。其最大特性是防蛀、防霉、防腐、不变形、阻燃和无毒，可随意拆装，使用方便，被称为绿色地板建材。

（2）黏合剂。黏合剂是板材制品和木材加工在装修中不可缺少的配料，因其含有大量的苯、甲苯、二甲苯、卤代烃等有毒有机化合物，制造和使用时均存在很大污染，严重危害人类的身体健康。国家在《环境标志产品技术要求　胶黏剂》（HJ/T 220—2005）中，规定了胶黏剂类环境标志产品的基本要求、技术内容及检测方法。

（3）陶瓷制品。陶瓷制品因其强度高、耐久性好、易清洁以及特有的色泽、花纹、多彩图案等装饰特点被广泛应用于住宅室内装修中，包括建筑的墙面、地面及台面、厨房、卫生间用的卫生机具等。但少数天然石材和陶瓷材料中含有钴、铀、氡气等放射性的元素，严重威胁到人们的身体健康。为此，国家在《环境标志产品技术要求　卫生陶瓷》（HJ/T 296—2006）中，规定了卫生陶瓷中可溶性铅和镉的含量限值。根据我国卫生陶瓷原料使用情况制定了卫生陶瓷放射性比活度指标，按照我国节水的原则规定了便器的最大用水量，同时规定了对卫生陶瓷在生产过程中所产生工业废渣的回收利用率。

（4）磷石膏制品。磷石膏建材制品可以代替黏土砖而减少天然石膏的开采量,减少对农田的破坏。但是,磷石膏在堆存中,其中的水溶性五氧化二磷和氟会随雨水浸出,产生酸性废水造成严重的环境污染。因此,国家在《环境标志产品技术要求　化学石膏制品》(HJ/T 211—2005)中规定了化学石膏制品类环境标志产品的术语、基本要求、技术内容和检验方法。该标准适用于以工业生产中的废料石膏——磷石膏和脱硫石膏为主要原料生产的各类石膏产品,但不包括石膏砌块和石膏板。

(5)壁纸。装饰壁纸在建筑物的室内装饰中得到了广泛的应用,但其中的有害物也会对人体健康产生不利影响。在《环境标志产品技术要求　壁纸》(HJ 2502—2010)中,对壁纸及其原材料和生产过程中的有害物质做出了限量或禁用要求,并对产品说明书中施工所使用材料提出明确规定。该标准适用于以纸或布为基材的各类壁纸,不适用于墙毡及其他类似的墙挂。

(6)水性涂料。水性涂料是以水稀释的有机涂料,分为水乳型、复合型和水溶型三大类,其中水乳型所占比例约为涂料总量的50%。由于传统涂料含有大量有机溶剂和有一定毒性的各种助剂、防腐剂及含重金属的颜料,在生产与使用中产生"三废",造成严重的环境污染现象,威胁到人们的健康。为此,在《环境标志产品技术要求　水性涂料》(HJ/T 201—2005)中,对水性涂料中挥发性有机化合物(简称VOC)、甲醛、苯、甲苯、二甲苯、卤代烃、重金属以及其他有害物做出了限量要求,并规定了水性涂料类环境标志产品的定义、基本要求、技术内容和检验方法。该标准适用于各类以水为溶剂或以水为分散介质的涂料及其相关产品。

(三)充分利用太阳能

太阳能是绿色能源中最重要的能源,是取之不尽、用之不竭、广泛存在的天然能源。其优点是极为丰富、洁净、安全、廉价。目前,在生态住宅区中太阳能的利用主要是太阳能热水器、太阳能空调和太阳能电池。

我国的太阳能资源十分丰富,年日照时数为2 500 h,的地区占国土面积的2/3以上,有的地区高达3 000 h。这为我国开发利用太阳能提供了良好的条件。随着科学技术的进步,太阳能利用的范围将会更广,能量转换效率将会更高。

(四)合理利用水资源

我国是个水资源缺乏的国家,在一些地方,一方面缺水严重,另一方面浪费严重。节水的关键措施还是"开源节流"。居民对水的消费主要是饮和用,其中饮食用水量约占总消费量的 5%,其余 95% 用于洗涤、排污等。在住宅小区,根据两种用途设置 A、B 两套供水系统。A 系统专供饮用水(包括冲茶、洗米、洗菜、煮饭)。这个系统的水必须是符合《生活饮用水卫生标准》(GB 5749—2006)的洁净水。B 系统专供使用水。这个系统的水应该循环使用。将住户洗菜、洗衣、洗澡水以及屋面雨水,地面雨水引入蓄水池内,进行过滤、净化、去污等物理、化学处理,再输入住户的"使用水管",供洗地、洗车、绿化、水景、冲厕、排污等使用。这个系统的水循环使用,可节省大量的用水。

(五)规划用地

随着我国经济的高速发展,土地资源逐年减少。居住区的用地规划应从下列三方面着手。

(1)容积率控制在合理的水平,并非越低越好。

(2)停车场架空或入地,即建造立体化的多层停车场或地下、半地下停车场。

(3)从节地与节能两个因素综合考虑,宜建造多层和小高层万方数据公寓,控制建设单门独户的别墅,尤其是依山傍水、景观优美的"风水宝地"更不应建造高档别墅和私家花园供极少数人享用,而应建造小区公园等公共设施,供大众享用。

(六)强力整治、促进环保

房屋的建设和使用都存在着对环境污染的问题。关于环境污染问题,过去只提"三废"(废水、废气、废渣)污染,现在增加了防治声污染和光污染的内容。此外,随着人们生活水平的提高,家用电器的普及率和使用率也在日益提高,电磁污染的问题呈现不断增长之势,不容忽视。

第四节 生态居住区运营管理

一、生态管理

1. 生态管理的概念

一个规范的生态居住区,生态规划设计、建设固然重要,但只有这些还不完整。要使其发挥应有的效益,还必须加强管理,实施可持续的科学管理,即生态管理。

传统的管理观念认为管理的目的是为了人们获得更多的利益和更高的价值。这种管理方式片面地强调社会经济系统而忽视了自然系统,无法达到人与自然的和谐。生态管理则是把人放到整个人与自然的系统中去,以人与自然和谐为目标,强调整体综合管理,融合生态学、经济学、社会学和管理学原理,合理经营与管理居住区,以确保其功能与价值的持续性。

2. 生态管理要素

(1)确定明确的、可操作的目标。

(2)确定管理对象。

(3)提出合理的生态管理模式。

(4)监测并识别居住区生态系统内部的动态特征,确定影响限制因子。

(5)确定影响管理活动的政策、法律和法规。

(6)选择、分析和整合生态、经济、社会信息,并强调与管理部门和居民间的合作。

(7)仔细选择和利用生态系统管理的工具和技术。

3. 生态管理方式和手段

管理是一项长期而复杂的工作,生态管理的理念用于生态居住区还处于起步阶段,很多理论与方位还不太完善,同时也有待于实战的检验,但人们应认识到,居住区生态管理是时代发展的需要,是生态居住区可持续发展的管理方式。

生态管理包含"管"和"理"的双重行为。"管"就是通过规章、制度等，进行指挥、控制和约束，"理"是组织、协调、引导，使生态居住区的运营达到有条有理的程度。不论是"管"还是"理"，政府机构、组织、企业、个人都是生态居住区的管理者，都要对生态居住区的可持续发展担负一定的责任。

生态管理是个涉及面广、多变节、多层次、多目标的综合复杂的系统问题，必须凭借多样的方式方法和手段才能实现对其的有效管理。这些手段主要有法律手段、行政手段、经济手段、技术手段、思想手段等。

（1）法律手段。法律手段是通过法律、法规来进行约束、调控，通过法规给活动主体规定大致的活动准则及方向，使之符合总体发展要求，以一整套科学合理、完备严密的法规体系为基础。

（2）行政手段。行政手段是政府机构直接干预和控制社会活动的一种管理方法。技术手段就是指借助一定的技术、设施对生态居住区进行管理。

（3）经济手段。经济手段是指通过运用价格、税收、财政、信贷等经济杠杆来进行影响和控制，实现管理的目标，同时，经济手段必须严格依靠经济规律案来进行。

（4）思想手段。思想手段主要是通过宣传教育、社会舆论等途径，对行为主体的思想和行为观念进行引导而达到管理的目的，思想手段是通过主体的自觉性和能动性发挥作用的，是种社会管理方法。

在生态管理手段中，法律手段、行政手段、经济手段、技术手段都属于强制性的管理手段，必须以遵循客观规律为前提。其中，法律手段是调节和控制的主要方式，经济手段和行政手段都离不开完善的法律体系的支持。而思想手段是属于内在管理，是一种依靠主体自觉性的管理方式，能比外部控制更主动、积极地发挥作用。思想手段生态居住区管理的最重要的和最终管理方式，从内部出发，提高居民的生态意识，把居民的自发行动变成自觉行动，利用已有生态居住区对周围非生态居住区生态意识的影响，不断扩大影响半径。这是提高生态居住区与整个城市居民自我调节和维持、保持有序发展的关键,同时也是促进整个城市生态建设、发展与管理的关键。

无论是哪种管理手段,都是生态居住区管理不可或缺的,任何种单的管理方法和手段部不可能胜任生态管理这一艰巨的任务。必须采用多种手段、多管齐下的方式进行综合管理,多种手段有机结合、互为补充,才能确保生居住区良性循环和可持续发展。

4. 生态管理的信息系统

生态居住区管理的影响因素多,信息量大,管理者面对复杂系统的大量的信息,单凭经验、人工分析来取舍和做出决定很难保证生态居住区的正常运营,更何况目前对生态居住区的管理还缺乏经验,要从众多信息中筛选出对管理决策有重大影响的信息,无疑是有相当大的难度的。因此,在生态居住区的管理中,加强信息技术、计算机技术等的运用,借助其强大的分析、处理能力,辅助管理决策,是进行管理工作的一大特点和优势。具体来说主要就是建立计算机辅助的管理决策动支持系统和预警系统。

(1)决策支持系统。决策支持系统是以计算机技术为基础,综合系统科学、管理决策科学来支持决策的人机交互系统。生态居住区管理决策支持系统就是利用计算机技术、信息管理技术来模拟复杂的生态关系,提供大量信息、方法和知识支持,为生态居住区的管理决策提供支持与依据。

(2)预警系统。预警系统是对特定的对象在跟踪、监测、统计、分析等基础上做出评价、预测和警报的信息系统。生态居住区管理的预警系统是建立对大量的生态影响因素变化的收集、反馈的信息系统分析的基础上的,从整个时空尺度,掌握整个生态居住区运行的变化趋势,以及可能出现的问题,提前做出报警。同时将管理结果及时反馈回来,有利于及时做出调整,提高管理工作的科学性和合理性,保护生态居住区的安全。

在生态居住区的管理信息系统中,决策支持系统和预警系统是相辅相成的,要充分运用计算机技术进行生态管理,提高管理水平,保证生态的可持续发展。

二、全寿命周期管理

小城镇生态居住区的开发与管理都是从可持续发展的角度进行的,对生态居住区管理的理解应从纵横两个维度进行。从横向看,生态管理的对象是生态居住区内的生态因子,强调的是生态居住区的生态特性;从纵向看,在生态居住区开发与使用的整个生命周期中,采用的应是有利于可持续发展的生态管理,这里强调的是管理手段的系统性和可持续性。

全寿命周期管理即是纵向的管理方式,从产品使用年限的角度出发,用系统论的方法进行开发、管理和评价,达到社会效益、经济效益和环境效益最优化,涵盖了从前期策划、规划设计、施工直到物业管理的整个开发运营过程。

1. 全寿命周期环境管理

全寿命周期环境管理要求在一件产品的整个环节中每个人都应该对环境产生的影响负责。对生态居住区而言,就是要求从规划设计、建筑施工、运行使用直到报废的全过程中,相关单位及个人都负有一定的环境责任。

全寿命周期环境管理目标是力求生态居住区在建造阶段、装修阶段和使用阶段对环境的影响达到最小化。

全寿命周期环境管理思想的特征包括两个方面:一方面是它能综合地考虑问题,避免环境问题从个阶段转移到另一个阶段,从种形式转移到另一种形式,从一地转移到另一地,禁止开发商为了本区域生态平衡而破坏其他区域的生态平衡;另一方面是它对于决策能提供更加科学的依据。

全寿命周期的环境影响管理是对居住区的规划、设计、施工、运营和维护直到最终拆毁等阶段对环境的影响进行考察,采用合理的规划、设计、建造和管理维护措施,以避免可能产生的环境危害;对不同阶段的相关单位和个人采取不同的生态责任,在居住区的生态功能、消耗和排污之间寻求合理的平衡。

2. 全寿命周期成本管理

全寿命周期成本管理的目标是居住区的建造成本、装修成本以及使用成本达到最小化或最优化。对居住者而言,生态管理从节约能源、资源的角度降低了住宅的使用成本,无论是生态的设计带来的维护、运行费用的减少,还是后期环境好转带来的社会效益等,都为购房者带来可观的效益。因此,从整个建筑寿命来控制成本,就能最有效地减少使用过程中的开支,提高经济效益。

三、物业管理

物业管理是受物业所有人的委托,依据物业管理委托合同,对物业的房屋建筑及其设备,市政公用设施、绿化、卫生、交通、治安和环境容貌等管理项目进行维护、修缮和整治,并向物业所有人和使用人提供综合性的有偿服务。

生态居住区的物业管理应更强调使用过程的生态性和可持续性,在使用过程中使功能更加完善,并体现绿色生态理念的特殊要求。例如,加强对生态环境的管理,在垃圾处理、水的循环利用、社会环境的营造上,通过区别于一般居住区或住宅小区的运行方式,显示出生态设计的巨大效益,体现生态居住区的生态特色和使用过程中的经济性。

1. 水系统管理

对于生态居住区而言,生活需要用水,绿化和景观也需消耗大量水资源,因此,持续的供水保障是物业管理的重要内容之一。

生态居住区内水系统管理的目标就是减少对市政供水系统的依赖,尽量在居住区内依靠再生水(中水)循环系统和雨水收集与处理系统来完成循环用水。

(1)再生水(中水)循环系统。再生水(中水)是指生活、生产产生的污水经适当处理后,达到一定的水质指标,满足某种使用要求,可以进行有益使用的水。一方面,生活污水中的清洁用水(如洗涤用水)以及一定量的雨水通过再生水管道汇入地下、半地下甚至地面的处理池,利用水生植物、经选择的细菌、湿地等自然处理方式,使水得到净化,经过必要的沉淀、过滤、消毒后,产生的再生水用于冲洗厕所、浇灌植物等;另一方面,来自建筑物的下水就在使用场所内处理,处理后的水可在原场所内再利用,成为生态居住区较稳定的水源。在生态居住区内建立统一的再生水道系统,可以减少下水道的负担和污水处理费用,保护水环境,节约水资源,促进水系生态的正常循环。

(2)雨水收集与处理系统。生态居住区内可以采用的雨水收集与处理方式如下。

1)对于建筑屋顶的降雨可以通过雨水管及集水槽输入到蓄水池,雨量较大时多余的雨水可通过溢流槽流入渗水井并向地下渗透,补充地下水。

2)对于池内贮存的雨水用于冲洗厕所和绿化浇灌用水等,也可输入再生水系统,经沉淀消毒后用于消防或其他用水。

雨水收集与利用系统可以在建筑群范围内进行统一建设。除了人工蓄积雨水之外,还可采用透水路面来进行自然土壤蓄水,以补充地下水;或采用修建渗水沟或渗水井的方式来收集雨水。

2. 垃圾处理系统管理

生态居住区内每天会产生大量的生活垃圾。这些垃圾中,既包括可以循环使用的材料,也包括有机垃圾。对垃圾处理系统的最终管理目标就是要达到垃圾的减量化、资源化和无害化。这就需要对生活垃圾实行分类和回收,充分利用资源。

在几十年的使用过程中,对生活垃圾的分类主要依靠居民的自觉,这也给生态居住区的思想管理水平提出了更高的要求。城市生活垃圾分类见表9-3。

表9-3 城市生活垃圾分类

级别	类型	内　　容
一	可回收物	包括下列适宜回收循环使用和资源利用的废物。 (1)纸类:未严重沾污的文字用纸、包装用纸和其他纸制品等; (2)塑料:废容器塑料、包装塑料等塑料制品; (3)金属:各种类别的废金属制品; (4)玻璃:有色和无色废玻璃制品; (5)织物:旧纺织衣物和纺织制品

续表

级别	类型	内　　容
二	大件垃圾	体积较大、整体性强,需要拆分再处理的废弃物品。 包括废家用电器和家具等
三	可堆肥垃圾	垃圾中适宜于利用微生物发酵处理并制成肥料的物质。 包括剩余饭菜等易腐食物类厨余垃圾,树枝花草等可堆沤植物类垃圾等
四	可燃垃圾	可以燃烧的垃圾。 包括植物类垃圾,不适宜回收的废纸类、废塑料橡胶、旧织物用品、废木料等
五	有害垃圾	垃圾中对人体健康或自然环境造成直接或潜在危害的物质。 包括废日用小电子产品、废油漆、废灯管、废日用化学品和过期药品等
六	其他垃圾	在垃圾分类中,按要求进行分类以外的所有垃圾

生态居住区对生活垃圾的管理不仅限于对废物的处理,而是从废物的产生、收集、运输、贮存、再利用、处理知道最终处置实施全过程管理控制,这种系统的整体管理方式就是一种典型的生态管理方式。

将被动的废物末端处理转移到主动的防止废物产生,主要体现在下列三个方面。

(1)废物的减量化。通过节约原材料,提高产品循环利用率,尽可能减少废物产生量。

(2)废物的资源化。加强废物回用,即废物的循环利用,使之转化为可供利用的二次资源。

(3)废物的无害化。对不可回收、回用的废物进行处理、处置,使之符合环境保护和不危及人类健康的要求。

3. 社会环境管理

人是社会的人,人离不开社会。生态居住区运营管理应多考虑人的社会属性,把个人需求与社会存在紧密地联系起来,加强生态居住区的社会功能,注重人文精神的建设,在为居民提供物质帮助的同时,也提供精神上的帮助及情感上的交流,创造一个和谐的社会环境。

(1)心理环境管理。生活在生态居住区的居民,应该有良好的社会心理环境,才能真正称得上是"生态"。

1)心理引导。一方面通过自我控制和自我调节,形成自觉性的"自律"行为。另一方面通过外部正确的、适当的宣传促进正确的社会心理的形成,如良好的邻里关系,是社会关系系统的重要组成部分,能带给人们健康轻松的心理感受,同时,有利于形成居民的归属感,有利于加强邻里交流交往,促进人与人之间的和谐关系,有利于形成符合生态的行为的和谐、统一性。这些都能起到渐进的、对生态的促进作用。

2)安全感建立。现代生活中,安全感是人们普遍缺乏和关心的问题。防盗已经成为居住者优先考虑的问题。因此,生态居住区的安全管理除了具备安防系统等硬件设施外,还应关注居住区自身的安全防盗能力。例如,以组团形式布置的住宅群和半公共空间容易建立与加强邻里关系,从而起到自然监督的作用。生态居住区管理更应该创造一个和谐的、群众自觉监督、方便经济的居住区安全系统,而不是冷冰冰的智能化电了安防系统。

3)文化建设。现代居住区中的高楼造成了人们的压抑感。压抑感对生理健康的影响可能是轻微的,但对于心理影响却是严重的。生态居住区要管理应加强社区文化活动建设,通过环境优美、设施齐全的户外活动空间和多种社区活动,吸引住户到户外活动,同时充分利用半公共空间设计来达到既保障居住者的私密性,又利于加强交往的目的。

(2)健身娱乐体系。居住者身体健康是生态居住区社会环境管理的另一目标。

生态居住区建设的最终目的是引导和培养居民健康、快乐、安全的享受生活,提供的是精神层面而非物质层面的配套与服务。健身娱乐设施的设置是实现这一目的的手段。一般而言,可分成会所、广场空间、楼梯空间和居室空间几个层次,每个层次都有不同范围、不同内容的健身娱乐活动,并与居住区交通线、居住区内步行线相结合,形成点一线一面有机组合的健身娱乐模式,使健身娱乐融入居住和日常生活环境之中,注重"居住—健康—生活"。

通过居民对健身娱乐设施的使用人数、使用率、使用效果等来真正反映设施的实用效果与管理效果。另外,健身娱乐设施使用的方便程度与可达性也是个重要因素。设置的合理性、环境、使用说明等,都决定了这些设施是真正实用的,还是只作为"装饰"来增加居住区的生态因子。

四、生态居住区评估管理

生态居住区评估管理是从政府层面在整个运营使用期对生态居住区的管理进行指导与控制,有物业管理公司、业主、政府部门等在运营使用过程中对各种指标进行实施,并由物业管理公司对建成的生态居住区进行主要管理和维护,最终目的是要使生态居住区始终保持其生态性。

第十章 生态环境建设规划编制

第一节 小城镇环境规划编制

编制小城镇环境规划是搞好小城镇环境保护的一项基础性工作。为指导和规范小城镇环境规划的编制工作,国家环保总局和原建设部制定了《小城镇环境规划编制导则》。《小城镇环境规划编制导则》适用于各地建制镇(含县、县级市人民政府所在地)环境规划的编制。

一、小城镇环境规划编制依据

(1)国家和地方环境保护法律、法规和标准。

(2)国家和地方"国民经济和社会发展五年计划纲要"。

(3)国家和地方"环境保护五年计划"。

(4)小城镇环境规划编制任务书或有关文件。

二、小城镇环境规划编制的指导思想与基本原则

1. 指导思想

贯彻可持续发展战略,坚持环境与发展综合决策,努力解决小城镇建设与发展中的生态环境问题;坚持以人为本,以创造良好的人居环境为中心,加强城镇生态环境综合整治,努力改善城镇生态环境质量,实现经济发展与环境保护"双赢"。

2. 基本原则

(1)坚持环境建设、经济建设、城镇建设同步规划、同步实施、同步发展的方针,实现环境效益、经济效益、社会效益的统一。

(2)实事求是,因地制宜。针对小城镇所处的特殊地理位置、环境特征、功能定位,正确处理经济发展同人口、资源、环境的关系,合理确

定小城镇产业结构和发展规模。

（3）坚持污染防治与生态环境保护并重、生态环境保护与生态环境建设并举。预防为主、保护优先,统一规划、同步实施,努力实现城乡环境保护一体化。

（4）突出重点,统筹兼顾。以建制镇环境综合整治和环境建设为重点,既要满足当代经济和社会发展的需要,又要为后代预留可持续发展空间。

（5）坚持将城镇传统风貌与城镇现代化建设相结合,自然景观与历史文化名胜古迹保护相结合,科学地进行生态环境保护和生态环境建设。

（6）坚持小城镇环境保护规划服从区域、流域的环境保护规划。注意环境规划与其他专业规划的相互衔接、补充和完善,充分发挥其在环境管理方面的综合协调作用。

（7）坚持前瞻性与可操作性的有机统一。既要立足当前实际,使规划具有可操作性,又要充分考虑发展的需要,使规划具有一定的超前性。

三、小城镇环境规划编制工作程序

以规划编制的前一年作为规划基准年,近期、远期分别按 5 年、15～20 年考虑,原则上应与当地国民经济与社会发展计划的规划时限相衔接。小城镇环境规划的编制一般按下列程序进行。

1. 确定任务

当地政府委托具有相应资质的单位编制小城镇环境规划,明确编制规划的具体要求,包括规划范围、规划时限、规划重点等。

2. 调查、收集资料

规划编制单位应收集编制规划所必需的当地生态环境、社会、经济背景或现状资料,社会经济发展规划、城镇建设总体规划,以及农、林、水等行业发展规划等有关资料。必要时,应对生态敏感地区、代表地方特色的地区、需要重点保护的地区、环境污染和生态破坏严重的地区,以及其他需要特殊保护的地区进行专门调查或监测。

3. 编制规划大纲

按照附录的有关要求编制规划大纲。

4. 规划大纲论证

环境保护行政主管部门组织对规划大纲进行论证或征询专家意见。规划编制单位根据论证意见对规划大纲进行修改后作为编制规划的依据。

5. 编制规划

按照规划大纲的要求编制规划。

6. 规划审查

环境保护行政主管部门依据论证后的规划大纲组织对规划进行审查,规划编制单位根据审查意见对规划进行修改、完善后形成规划报批稿。

7. 规划批准、实施

规划报批稿报送县级以上人大或政府批准后,由当地政府组织实施。

四、小城镇环境规划的主要内容

小城镇环境规划成果包括规划文本和规划附图。

1. 规划文本(大纲)

规划文本内容翔实、文字简练、层次清楚。基本内容如下。

(1)总论。说明规划任务的由来、编制依据、指导思想、规划原则、规划范围、规划时限、技术路线、规划重点等。

(2)基本概况。介绍规划地区自然和生态环境现状、社会、经济、文化等背景情况,介绍规划地区社会经济发展规划和各行业建设规划要点。

(3)现状调查与评价。对规划区社会、经济和环境现状进行调查和评价,说明存在的主要生态环境问题,分析实现规划目标的有利条件和不利因素。

(4)预测与规划目标。对生态环境随社会、经济发展而变化的情况进行预测,并对预测过程和结果进行详细描述和说明。在调查和预测的基础上确定规划目标(包括总体目标和分期目标)及其指标体系,可参照全国环境优美小城镇考核指标。

(5)环境功能区划分。根据土地、水域、生态环境的基本状况与目前使用功能、可能具有的功能,考虑未来社会经济发展、产业结构调整和生态环境保护对不同区域的功能要求,结合小城镇总体规划和其他专项规划,划分不同类型的功能区(如工业区、商贸区、文教区、居民生活区、混合区等),并提出相应的保护要求。要特别注重对规划区内饮用水源地功能区和自然保护小区、自然保护点的保护。各功能区应合理布局,对在各功能区内的开发、建设提出具体的环境保护要求。严格控制在城镇的上风向和饮用水源地等敏感区内建设有污染的项目(包括规模化畜禽养殖场)。

(6)规划方案制定。

1)水环境综合整治。在对影响水环境质量的工业、农业和生活污染源的分布、污染物种类、数量、排放去向、排放方式、排放强度等进行调查分析的基础上,制定相应措施,对镇区内可能造成水环境(包括地表水和地下水)污染的各种污染源进行综合整治。加强湖泊、水库和饮用水源地的水资源保护,在农田与水体之间设立湿地、植物等生态防护隔离带,科学使用农药和化肥,大力发展有机食品、绿色食品,减少农业面源污染;按照种养平衡的原则,合理确定畜禽养殖的规模,加强畜禽养殖粪便资源化综合利用,建设必要的畜禽养殖污染治理设施,防治水体富营养化。有条件的地区,应建设污水收集和集中处理设施,提倡处理后的污水回用。重点水源保护区划定后,应提出具体保护及管理措施。

地处沿海地区的小城镇,应同时制定保护海洋环境的规划和措施。

2)大气环境综合整治。针对规划区环境现状调查所反映出的主要问题,积极治理老污染源,控制新污染源。结合产业结构和工业布局调整,大力推广利用天然气、煤气、液化气、沼气、太阳能等清洁能源,实行集中供热。积极进行炉灶改造,提高能源利用率。结合当地实际,采用经济适用的农作物秸秆综合利用措施,提高秸秆综合利用率,控制焚烧秸秆造成的大气污染。

3)声环境综合整治。结合道路规划和改造,加强交通管理,建设林木隔声带,控制交通噪声污染。加强对工业、商业、娱乐场所的环境管理,控制工业和社会噪声,重点保护居民区、学校、医院等。

4)固体废物的综合整治。工业有害废物、医疗垃圾等应按照国家有关规定进行处置。一般工业固体废物、建筑垃圾应首先考虑采取各种措施,实现综合利用。生活垃圾可考虑通过堆肥、生产沼气等途径加以利用。建设必要的垃圾收集和处置设施,有条件的地区应建设垃圾卫生填埋场。制定残膜回收、利用和可降解农膜推广方案。

5)生态环境保护。根据不同情况,提出保护和改善当地生态环境的具体措施。按照生态功能区划要求,提出自然保护小区、生态功能保护区划分及建设方案,制定生物多样性保护方案。加强对小城镇周边地区的生态保护,搞好天然植被的保护和恢复;加强对沼泽、滩涂等湿地的保护;对重点资源开发活动制定强制性的保护措施,划定林木禁伐区、矿产资源禁采区、禁牧区等。制定风景名胜区、森林公园、文物古迹等旅游资源的环境管理措施。

洪水、泥石流等地质灾害敏感和多发地区,应做好风险评估,并制定相应措施。

(7)可达性分析。从资源、环境、经济、社会、技术等方面对规划目标实现的可能性进行全面分析。

(8)实施方案。

1)经费概算。按照国家关于工程、管理经费的概算方法或参照已建同类项目经费使用情况,编制按照规划要求,实现规划目标所有工程和管理项目的经费概算。

2)实施计划。提出实现规划目标的时间进度安排,包括各阶段需要完成的项目、年度项目实施计划,以及各项目的具体承担和责任单位。

3)保障措施。提出实现规划目标的组织、政策、技术、管理等措施,明确经费筹措渠道。规划目标、指标、项目和投资均应纳入当地社会经济发展规划。

2. 规划附图

(1)规划附图的组成。

1)生态环境现状图。图中应注明包括规划区地理位置、规划区范围、主要道路、主要水系、河流与湖泊、土地利用、绿化、水土流失情况等信息。同时,该图应反映规划区环境质量现状。山区或地形复杂的地区,还应反映地形特点。

2)主要污染源分布与环境监测点(断面)位置图。图中应标明水、气、固废、噪声等主要污染源的位置、主要污染物排放量以及环境监测点(或断面)的位置。有规模化畜禽养殖场的,应同时标明畜禽种类和养殖规模等信息。生态监测站等有关自然与生态保护的观测站点,也应标明。

3)生态环境功能分区图。图中应反映不同类型生态环境功能区分布信息,包括需要重点保护的目标、环境敏感区(点)、居民区、水源保护区、自然保护小区、生态功能保护区,绿化区(带)的分布等。

4)生态环境综合整治规划图。图中应包括城镇环境基础设施建设:如污水处理厂、生活垃圾处理(填埋)场、集中供热等设施的位置,以及节水灌溉、新能源、有机食品、绿色食品生产基地、农业废弃物综合利用工程等方面的信息。

5)环境质量规划图。图中应反映规划实施后规划区环境质量状况。

6)人居环境与景观建设方案图(选做)。图中应包括人居环境建设、景观建设项目分布等方面的信息。

(2)规划附图编制的技术要求。

1)规划图的比例尺一般应为 1/50 000~1/10 000。

2)规划底图应能反映规划涉及的各主要因素,规划区与周围环境之间的关系。规划底图中应包括水系、道路网、居民区、行政区域界线等要素。

3)规划附图应采用地图学常用方法表示。

附录:规划大纲

规划大纲应根据调查和所收集的资料,对小城镇自然生态环境、区位特点、资源开发利用的情况等进行分析,找出现有和潜在的主要生态环境问题,根据社会、经济发展规划和其他有关规划,预测规划期内社会、经济发展变化情况,以及相应的生态环境变化趋势,确定规划目标和规划重点。

规划大纲一般应包括以下内容。

1. 总论

1.1　任务的由来

1.2　编制依据

1.3　指导思想与规划原则

1.4　规划范围与规划时限

1.5　技术路线

1.6　规划重点

2. 基本概况

2.1　自然地理状况

2.2　经济、社会状况

2.3　生态环境现状

3. 现状调查与评价

3.1　调查范围

3.2　调查内容

3.3　调查方法

3.4　评价指标和方法

4. 预测与目标确定

4.1　社会经济与环境发展趋势预测方法

4.2　社会经济与环境指标及基准数据

4.3　环境保护目标和指标

5. 环境功能区划分

5.1　原则

5.2　方法

第二节 生态县、生态市建设规划编制

一、生态县、生态市建设规划编制依据

(1)国家和地方环境、资源相关法律、法规和规定、要求。

(2)国家和地方国民经济和社会发展计划及中长期发展规划。

(3)国家和地方环境保护及生态建设规划。

(4)国家环境保护总局《生态县、生态市、生态省建设指标(试行)》(环发[2003]91号)。

(5)相关生态省建设规划。

二、生态县、生态市建设规划编制指导思想与基本原则

围绕全面建设小康社会,以全面、协调、可持续的科学发展观为指导,运用生态经济和循环经济理论,统筹区域经济、社会和环境、资源的关系。以人为本,通过调整优化产业结构,大力发展生态经济和循环经济,改善生态环境,培育生态文化,重视生态人居,走生产发展、生活富裕、生态良好的文明发展道路。

生态市建设规划应遵循下列原则。

(1)协调发展的原则。充分考虑区域社会、经济与资源、环境的协调发展,统筹城乡发展,促进人与自然和谐,实现经济、社会和环境效益的"共赢"。

(2)因地制宜的原则。从本地实际出发,发挥本地资源、环境、区位优势,突出地方特色。

(3)量力而行的原则。不贪大求全,不盲目攀比。通过规划编制,选择生态县、生态市建设的重点领域和重点区域作为突破,循序渐进,分步实施。

(4)便于操作的原则。规划要与当地国民经济与社会发展规划(计划)相衔接,与相关部门的行业规划相衔接。规划目标与措施应尽可能做到工程化、项目化、时限化。

三、生态县、生态市规划建设目标

生态县、生态市规划建设以规划的前一年为基准年,分近期、中期和远期目标,应与当地国民经济与社会发展计划或中长期经济与社会发展规划相衔接。

1. 总体目标

(1)对生态县、生态市建设的预期目标进行定量与定性的描述,以充分展示规划远景目标。根据实际情况,可按规划的不同时限确定总体目标。

(2)各地根据实际,生态县创建一般以 5～10 年为期,生态市创建一般以 5～15 年为期。

(3)已开展生态省建设的地区,生态县、生态市建设规划的目标、任务,要与生态省建设规划纲要确定的目标、任务相衔接。

2. 具体建设指标

生态县、生态市建设的具体建设指标包括经济发展、环境保护和社会进步三类,指标的确定应与不同规划期的目标相一致,并便于阶段工作考核。

四、生态县、生态市建设的主要领域和重点任务

生态县、生态是建设的主要领域和重点任务，见表 10-1。

表 10-1　生态县、生态是建设的主要领域和重点任务

序号	主要建设领域	重点任务
1	生态产业 体系建设	(1)主要目标； (2)产业布局与生态功能区划的一致性分析； (3)循环经济与生态产业建设(包括生态工业、生态农业、生态服务业(生态旅游业等)等，此部分可根据当地实际进一步细化)
2	自然资源 与生态环 境体系建设	(1)主要目标； (2)重点资源开发生态环境保护监管，资源开发生态恢复与重建； (3)环境污染治理； (4)自然生态保护与建设； (5)农村和农业生态环境保护与建设
3	生态人居 体系建设	(1)主要目标； (2)优化城(镇)功能区布局与景观结构建设； (3)城(镇)环境保护基础设施建设与环境综合整治； (4)创建环境保护模范城市(编制生态市、区建设规划时考虑)； (5)创建环境优美乡镇(编制生态县建设规划时考虑)； (6)绿色社区、生态村建设
4	生态文化 体系建设	(1)主要目标； (2)倡导绿色生产和绿色消费； (3)生态环境保护知识普及与教育； (4)创建绿色学校； (5)提高公众的参与能力
5	能力保障 体系建设	(1)主要目标； (2)科技支撑能力建设； (3)环境安全预测、预警、预报系统建设； (4)相关资源、环境保护法规、制度建设； (5)完善可持续发展的科学、民主决策机制

五、生态县、生态市建设规划编制的实施

生态县、生态市规划的编制,可以由所在地人民政府委托有关科研院所承担,也可以组织自身技术力量开展编制工作。参与编制规划的单位和人员应当具有相关规划编制经验,熟悉生态县、生态市建设的要求。在规划编制过程中,既要有经济、社会、环境、资源等领域的专家参与,也要有当地政府有关部门的管理人员和实际工作者参加,确保规划的科学性、前瞻性和可操作性。

编制生态县、生态市建设规划,是创建生态县、生态市的基础,各地要高度重视、精心组织,确保规划编制质量。生态县、生态市建设编制应符合下列要求。

(1)要坚持因地制宜,从本地实际出发,发挥本地资源、环境、区位优势,充分整合各种资源,实施分类指导。

(2)要突出当地特点,扬长避短,开拓工作思路,走出具有当地特色的可持续发展的新路子。

(3)要与当地国民经济与社会发展规划(计划)相衔接,与相关部门的行业规划相衔接。创建生态省的省份所辖市、县编制规划时,还应与生态省建设规划相衔接。

(4)要提高规划的可操作性,建设目标、任务应具体化,工作措施应尽可能做到工程化、项目化、时限化,任务分解到各有关部门、县(区)、乡镇。

(5)各地要严格规划编制经费预算,规划编制业务的委托和承担,应尽可能采用招标、投标方式进行。

(6)规划编制完成后,编制单位应当广泛征求当地政府各有关部门的意见,并经政府常务会审议后,由省级环境保护部门组织专家进行论证。

(7)论证、修改后的规划必须经当地人大审议通过后,颁布实施。

第三节　生态工业园区建设规划编制

为贯彻《中华人民共和国环境保护法》、《国务院关于落实科学发

展观加强环境保护的决定》(国发〔2005〕39号)、《国务院关于加快发展循环经济的若干意见》(国发〔2005〕22号)和《国务院关于做好建设节约型社会近期重点工作的通知》(国发〔2005〕21号),保护环境,促进循环经济发展,制定《生态工业园区建设规划编制指南》,详细阐述了编制国家生态工业示范园区建设规划总体原则、方法、内容和要求。

一、生态工业园区的概念与类型

1. 生态工业园区的概念

生态工业园区是指依据清洁生产要求、循环经济理念和工业生态学原理而设计建立的一种新型工业园区。生态工业园区通过物质流或能量流传递等方式把不同工厂或企业连接起来,形成共享资源和互换副产品的产业共生组合,使一家工厂的废弃物或副产品成为另一家工厂的原料或能源,模拟自然生态系统,在产业系统中建立"生产者—消费者—分解者"的循环途径,寻求物质闭环循环、能量多级利用和废物产生最小化。

2. 生态工业园区的类型

生态工业园区建设,不仅局限于国家级经济技术开发区、国家级高新技术产业开发区、国家级保税区、国家级进出口加工区和省级各类开发区,还包括工业集中区及以大型企业为核心的工业聚集区域。根据园区的产业和行业结构特点,可将生态工业园区分为行业类生态工业园区、综合类生态工业园区和静脉产业类生态工业园区三种类型。

(1)行业类生态工业园区。指以某一类工业行业的一个或几个企业为核心,通过物质和能量的集成,在更多同类企业或相关行业企业间建立共生关系而形成的生态工业园区。

(2)综合类生态工业园区。主要是指在高新技术产业开发区、经济技术开发区等工业园区基础上改造而成的生态工业园区。

(3)静脉产业类生态工业园区。指以从事静脉产业生产的企业为主体建设的工业园区。静脉产业是以保障环境安全为前提,以节约资源、保护环境为目的,运用先进的技术,将生产和消费过程中产生的废物转化为可重新利用的资源和产品,实现各类废物的再利用和资源化的产业,包括废物转化为再生资源及将再生资源加工为产品两个过程。

二、生态工业园区规划编制工作程序

1. 确定任务

园区管委会、园区行政主管部门或园区开发建设单位委托具有相关规划编制经验的单位编制生态工业园区规划,通过委托文件和合同明确编制规划各方责任、要求、工作进度安排、验收方式等。

2. 调查、收集资料

收集编制规划所必需的生态环境、社会、经济背景或现状资料,包括社会经济发展规划,区域总体规划和土地利用规划,产业结构、产业发展规模和布局规划,以及园区主导行业发展规划、区域生态功能区划、水环境功能区划、土地功能区划等有关资料。信息收集以广和全为原则,应包括所有与规划有关的经济、社会、科技、人文以及自然、地理、生态、环境污染等方面的信息。调查范围以拟建设的生态工业园区为主,兼顾对园区发展影响较大的周边区域。

3. 编制规划大纲

按照规划主要内容编制规划大纲。

4. 编制规划

按照规划大纲的要求编制生态工业园区建设规划。

5. 成果

包括生态工业园区建设规划和生态工业园区建设规划技术报告。

三、生态工业园区规划编制主要内容

(一)生态工业园区概况和现状分析

1. 概况

生态工业园区规划主要包括园区发展概况、地理位置、自然地理条件、主要资源条件等内容。

2. 社会现状

描述园区人口状况,科、教、文、卫状况,基础设施状况(能源供应、给排水等)、道路交通状况以及周围区域内相关的产业结构、专用设施、基础设施、共享设施的建设等情况。

3. 经济现状

描述园区经济、工业发展水平。从经济发展、物质减量与循环、污染控制等方面评价性描述园区主导行业、重点企业及其发展状况。

4. 环境现状

(1)水环境现状。描述园区水环境质量现状、污水排放和处理现状和污水基础处理设施现状,分析园区水环境发展趋势,评价园区水环境质量和容量。

(2)大气环境现状。描述园区大气环境质量现状和大气污染物排放和处理现状,分析园区产业结构和能源供给变化,评估园区大气环境质量变化趋势。

(3)固体废物现状。描述园区生活垃圾和工业固体废物的主要类型、产生量、收集、贮运、处理处置和综合利用情况。

(4)生态环境现状。描述园区绿化面积、园区绿化率、生物多样性情况、自然生态系统稳定性、园区生态景观、宜居程度等园区生态环境现状。

(二)生态工业园区建设必要性分析

1. 园区环境影响回顾性分析

收集园区过去 5～10 年的社会、经济、环境资料,应通过资料分析回顾园区社会、经济和生态环境发展历史,评估园区社会经济发展和生态环境保护之间的协调关系,评估园区建设对环境的影响和未来发展趋势。对建设 10 年以上的园区,要进行过去 5～10 年的分析;建设不足 5 年的园区,按实际建设年限进行回顾性分析。主要内容包括:园区污染源数量和分布的变化;主要污染物特征和产排污量的变化;重点污染源排放达标情况分析;潜在的环境风险和应急方案;主要能源和资源的消耗水平及其国内外的比较;园区建址的环境敏感性分析;区域环境质量的变化;区域环境容量和环境承载力的变化;环境法律法规的贯彻执行;环保投入;环境管理等内容。

2. 生态工业园区建设的必要性和意义

结合资料收集和调研分析的结果,重点识别园区面对的制约因素,应从环境质量改善、资源约束改善、产业结构合理调整等方面分析生态工业园区建设对园区的影响和意义。

3. 生态工业园区建设的有利条件分析

根据园区自身特点,应从资源、产业基础、基础设施、人才、政策、区位、交通、生态工业雏形等方面分析生态工业园区建设的有利条件。

4. 生态工业园区建设的制约因素分析

根据资料收集和调研分析,应从环境承载力、资源承载力、产业结构、环境管理机制等方面分析园区发展的制约因素,找出制约园区可持续发展的突出问题。

(三)生态工业园区建设总体设计

1. 指导思想

生态工业园区建设应坚持贯彻落实科学发展观,以生态文明建设为目标,以循环经济理念为指导,以节能减排工作为重点,结合园区的特点,通过对园区的生态化改造和建设,实现区域的可持续发展。

规划指导思想中要体现与发挥区域比较优势、提高市场竞争力相结合,与引进高新技术、提高经济增长质量相结合,与区域改造和产业结构调整相结合,与环境保护和区域节能减排工作相结合。

(1)与发挥区域比较优势、提高市场竞争力相结合。应有选择地对全国范围内已完成生态工业园区建设规划的各类园区进行广泛调研和比较研究,发现、辨识和提炼规划区域独特的区域比较优势,以及由此决定的核心竞争力,在此基础上进一步提出提升和扩大这些核心竞争力的措施和途径。

(2)与引进高新技术、提高经济增长质量相结合。应对园区现有主导产业的技术水平、发展趋势进行调研,在保障体系设计、入园项目选择原则确定等规划工作中把引进和开发高新技术作为园区产业结构调整和升级的根本动力,实现生态工业链网中物质、能量和信息高效转化和流动。

(3)与区域改造和产业结构调整相结合。应与区域改造和产业结构调整充分结合,促进区内企业规模化、科技化、高效益和低污染,逐步实现以主导产业为核心,不同产业之间以及与自然生态系统之间的生态耦合和资源共享,物质、能量多级利用。

(4)与环境保护和区域节能减排工作相结合。应坚持预防为主、防治结合的方针,围绕区域节能减排目标,强化污染物总量控制,基于区域环境容量进行产业结构调整和优化布局,使园区产业布局、经济发展规模和速度与区域环境承载力相适应。

2. 基本原则

(1)与自然和谐共存原则。园区应与区域自然生态系统相结合,保持尽可能多的生态功能,最大限度地降低园区对局地景观和水文背景、区域生态系统造成的影响。

(2)生态效率原则。应通过园区各企业、企业生产单元的清洁生产和其之间的副产品交换,降低园区总的物耗、水耗和能耗,尽可能降低资源消耗和废物产生,提高园区生态效率。

(3)生命周期原则。应加强原材料入园前以及产品、废物出园后的生命周期管理,最大限度地降低产品全生命周期的环境影响。

(4)因地制宜原则。应突出园区自身的社会、经济、生态环境以及自然条件等特点。

(5)高科技、高效益原则。应采用现代化生物技术、生态技术、节能技术、节水技术、再循环技术和信息技术,采纳国际上先进的生产过程管理和环境管理标准。

(6)软硬件并重原则。园区建设应突出关键工程项目,突出项目间工业生态链建设。同时必须建立和完善环境管理体系、信息支持系统、优惠政策等软件,使园区得到健康、持续发展。

(7)3R原则。应体现"减量化、再利用、资源化"(3R)原则。

3. 规划范围

应明确生态工业园区规划核心区的准确边界范围,并根据生态工业园区与外界的物质流、能量流等方面的交换关系，提出规划的扩展区和辐射区范围。对于国家批复的各类开发区，核心区和扩展区均不得超过国家批准的边界范围。规划范围的确定应与原有的土地使用功能和用地规划相一致。

4. 规划期限

应明确生态工业园区规划的数据基准年，在基准年的基础上，提出规划近期目标和中远期目标的具体年限，通常近期年限为 3～5 年，中远期年限为 8～10 年。

5. 规划依据

应对生态工业园区规划和建设具有指导和支撑作用的各项政策、标准和规划应作为规划依据逐一进行描述。主要的规划依据如下。

(1)国家和地方环境保护、清洁生产和循环经济方面的相关法律法规。

(2)国家和地方对生态工业园区的管理政策。

(3)国家和地方有关园区的发展政策。

(4)园区所在区域国民经济和社会发展规划(纲要)。

(5)园区控制性规划。

(6)相关行业清洁生产标准。

(7)相关行业中长期发展规划。

(8)园区所在区域循环经济规划。

(9)园区所在区域产业发展规划。

(10)园区所在区域环境保护规划。

(11)园区所在区域土地利用规划。

(12)园区所在区域交通、电力等基础设施规划。

(13)其他。

6. 规划目标与指标

(1)规划目标和指标体系。根据园区发展现状和未来发展趋势，提出生态工业园区建设近期(3～5 年)和中远期(5～8 年)的目标和具体指标。

行业类生态工业园区规划指标体系可参照《行业类生态园区标准（试行）》（HJ/T 273—2006）的规定，指标应体现园区核心行业的特点。

综合类生态工业园区规划指标体系可参照《综合类生态园区标准（试行）》（HJ/T 274—2006）的规定。

静脉产业类生态工业园区规划指标体系可参照《静脉产业类生态工业园区标准（试行）》（HJ/T 275—2006）的规定。

园区应根据自身特点增加指标类别，以体现园区的产业结构调整，环境质量改善，重点污染物、污染源总量控制，人文特色等内容。

在定量指标的赋值过程中，可以采用趋势外推法、情景分析法、类比分析法和综合平衡法等方法。

（2）指标可达性分析。运用趋势外推、情景分析等方法，根据园区发展趋势，结合生态工业园区建设中重点支撑项目的引进和保障体系的建设，分析主要指标的可达性。

7. 总体框架

按照产业循环体系、资源循环利用和污染控制体系及保障体系三部分对生态工业园区建设进行总体框架设计，提出生态工业园区总体发展思路，设计并描述生态工业园区总体生态工业链，绘制生态工业总体框架图和园区总体生态工业链图。

产业循环体系包括各主导（核心）行业的产业共生和物质循环。资源循环利用和污染控制体系主要是大气和水污染物的控制、固体废物的处理处置、水资源的循环利用、固体废物的资源化利用和能源的多级利用。保障体系主要是为园区建设和发展提供组织、政策、技术、工具等保障措施。

（四）园区主导行业生态工业发展规划

1. 行业类生态工业园区

（1）分析园区核心行业发展现状、存在问题和发展潜力。

（2）从行业发展、物质代谢与循环、污染控制等方面建立核心行业生态工业发展指标体系。

（3）从产品设计、生产过程工艺改造、原料替代、物料循环使用、资源和能源使用等多个方面，提出行业发展的清洁生产方案。

（4）以核心行业为基础，优化园区的能源与资源利用效率，根据行业自身的特点，构建行业生态工业模式，重点提出核心行业发展方案，内容包括核心行业物质流分析、产品链设计、工业代谢关系图等。

2. 综合类生态工业园区

（1）根据园区特点，分析确定园区主导行业的数量和类型，综合考虑此类园区中各主导行业的发展前景。

（2）对每个主导行业分别开展规划，分析各主导行业发展现状、存在问题和发展潜力。

（3）从行业发展、物质代谢与循环、污染控制等多个方面建立各主导行业生态工业发展指标体系。

（4）从产品设计，生产过程工艺改造，原料替代，物料循环使用，资源和能源使用等多个方面，提出各主导行业发展的清洁生产方案。

（5）根据行业自身的特点，构建各主导行业自身生态工业发展模式，提出各主导行业发展方案，内容包括行业物质流分析、产品链设计、工业代谢关系图等。

（6）分析发掘几个主导行业之间的生态工业关系，构建园区内行业间的物质代谢循环模式，提高园区能源与资源的利用效率，优化园区的工业布局，提出园区行业共生网络设计方案。

3. 静脉产业类生态工业园区

（1）针对静脉产业类生态工业园区的产业结构特点，根据园区内静脉产业企业情况，分析园区发展现状、存在问题和发展潜力，开展废物资源可行性预测。

（2）从静脉产业发展、物质代谢与循环、污染控制、二次污染防治等多个方面建立静脉产业生态工业发展指标体系。

（3）根据静脉产业的特点，从废物资源化和再生加工为产品过程中资源能源减量，生产过程中产生的废物再用以及再次资源化等方面，提出园区静脉产业的减量、再用和资源化措施。

（4）重点关注静脉产业中废物转化为再生资源及将再生资源加工

为产品两个过程,提出生态产业链的设计方案,包括静脉产业物质流分析、产品链设计、工业代谢关系图等。

(5)提出静脉产业发展方案,通过物质、能源的集约利用、梯级利用以及基础设施和信息的共享,实现区域废物综合利用的最大化和排放最少化,建立以各类废物开展循环经济为主要特征的新的经济增长机制。

(五)资源循环利用和污染控制规划

1. 水循环利用和污染控制规划

(1)评估水资源开发利用和水质现状(水资源现状、水环境现状、工业废水处理现状、工业废水循环利用现状、污水集中处理现状、重点污染源排放现状),分析水资源开发利用和水环境存在的问题,评估园区对本身区域环境质量的改善及对所在水系下游地区的环境责任。

(2)水资源消耗和污水排放预测分析。

(3)规划近期和中远期水循环利用和污染控制目标和指标的制定。

指标主要包括:单位工业增加值新鲜水耗;单位工业增加值废水排放量;单位工业增加值 COD 排放量;园区污水集中处理率;工业废水稳定达标排放率;工业用水循环利用率;间接冷却水循环利用率;区域中水回用率;再生水使用量;再生水与新鲜水供水比例等。

(4)水循环利用和污染控制方案。包括水资源管理方案、水减量化方案(工业节水方案、生活节水方案)、水资源供应方案、水资源替代方案、废水循环利用方案和重点污染源水污染控制方案等。

1)水资源管理方案。建立健全并贯彻落实水资源一体化的政策、法规与管理办法,强化法制管理和科学管理,严格用水许可证制度、排水许可证制度、水资源利用监管制度,实行总量监督与监测,污水处理厂企业化管理及运行机制等。

2)水减量化方案。通过推行企业清洁生产,降低单位产值(产品)的耗水量;通过调整工业结构,淘汰或限制耗水量大、水污染物排放量大的行业和产品;通过推行生活节水用具,提高公众节水意识,降低生活用水量。

3)水资源供应方案。设计多源供水方案,提出饮用水、工业用水、工业冷却水、景观用水、绿化用水、中水和生活杂用水等集成与共享的水资源梯阶利用模式与方法。

4)水资源替代方案。通过中水回用以及海水的利用、雨水利用等模式,提出水资源的可行性替代方案。

5)废水循环利用方案。提出将排放的废水进行处理后用于某些水单元或将废水直接用于某些水单元的废水循环利用方案,以及水污染物的循环利用方案。根据地理范围将废水的循环利用分为厂域和区域两个层次。循环利用的同时,要注意二次污染的防治。

6)重点污染源水污染控制方案。针对水污染排放重点源,通过清洁生产审核,提高过程控制和末端治理技术水平,提出重点污染源水污染控制方案。

2. 大气污染控制和循环利用规划

(1)评估园区大气环境质量状况、环境演变历程和趋势、污染排放状况等。分析园区发展过程中面临的主要大气环境问题。

(2)根据园区社会经济发展特点、环境空气质量变化综合分析,预测规划近期和中远期主要污染物排放量。

(3)规划近期和中远期大气污染控制和循环利用目标和指标的制定。

指标主要包括:单位工业增加值废气排放量;单位工业增加值 SO_2 排放量;单位工业增加值 NO_x 排放量;单位工业增加值碳排量;大气治理设施的有效运行率;主要大气污染物排放达标率;全年空气环境质量达标天数等。

(4)根据规划近期和中远期目标,提出相应的大气污染控制战略,包括工程措施、技术措施、管理措施和政策措施等。针对本地区大气特征污染物,提出相应解决方案。针对废气排放重点源,提出工业废气污染控制和循环利用方案。针对静脉产业类型的企业和项目,建立大气污染源转移和二次污染防治方案。

3. 固体废物循环利用和污染控制规划

(1)工业固体废物和生活垃圾等的现状和存在问题分析。

(2)工业固体废物和生活垃圾等的产生量及排放量预测。

1)工业固体废物产生量预测,推荐采用产污系数法。

2)居民(包括居民小区、农村、机关事业单位、医院、餐饮服务业)固体废物产生与排放量预测,采用现场调查、排污系数与类比分析法。

(3)规划近期和中远期固体废物减量化、资源化和无害化目标和指标的确定。

指标主要包括:单位工业增加值工业固体废物排放量;工业固体废物综合利用率;危险废物安全处置率;固体废物回收利用率;生活垃圾处理处置率等。

(4)工业固体废物和生活垃圾等的减量和循环利用方案。

1)建立健全并贯彻落实固体废物分类收集、减量化排放、资源化利用、无害化处理与处置的一体化管理体系和政策、法规,培育市场化运作模式和网络。

2)调查分析园区固体废物的来源和种类,通过推行清洁生产实现固体废物的减量化。

3)建立固体废物的集中收集、交换利用和资源化的模式与方法。分析园区固体废物的种类与特点,结合园区的发展规划提出固体废物资源化利用模式。

4)构筑企业内部、企业之间和整个园区废物资源化利用的循环网络。通过分析企业生产需求,考虑工业企业特点,培育和建立园区废物资源化利用的网络体系。

5)针对静脉产业类园区和行业类、综合类园区中静脉产业类型的企业和项目,建立防止污染源转移和二次固体废物污染防治方案。

(5)工业固体废物和生活垃圾等实现减量化、资源化和无害化的技术手段和项目。

1)建立固体废物收集、资源化利用、管理与运行的市场化运行机制与模式及相应的政策法规。

2)居民区、机关事业、宾馆及企业的废物资源化利用工程。

3)不同行业固体废物交换利用或有偿使用项目。

4)生活垃圾分类收集与资源化利用、无害化处理项目。

5)危险固体废物的收集、储运及无害化处理项目。

4. 能源利用规划

通过调查园区能源储量、能源供应的来源和有效性,结合园区经济发展水平和对优质能源的承担能力,制定园区近期和中远期的能源供应规划,园区能量梯级利用与节能规划,以及园区企业内部、企业之间和园区与外部的能量交换规划。

(1)能源消耗预测分析,对能量梯级利用与节能现状和存在的问题分析。

(2)规划近期和中远期能源利用目标和指标的制定。

(3)能量供给及供应网络。在考虑园区经济承受力和能源供应的基础上,制定包括电网优化、热力网、天然气网、加油站、加气站网络的能源供应网络优化规划,以及供热与热电厂的热电平衡规划等。

规划天然气、太阳能、风能、地热能和生物能等较清洁的能源的比例。

为减少运输业对环境的影响,考虑采用清洁燃料作为运输车辆的燃料,因地制宜地利用工业锅炉或改造中低压凝汽机组为热电联产,向园区和社区供热、供电,依照燃料能值的不同制定园区不同种类的化石燃料,如煤、天然气、石油制品的利用规划。

(4)提出能量梯级利用与节能方案。

1)制定鼓励使用清洁能源的政策。

2)推广节能技术,充分利用园区的光热资源,如节能汽车、节能建筑、太阳能取暖、太阳能热水、日光温室、保温墙体材料使用、工业生产余压回收利用、余热回收利用等。

3)发展热电联产项目,平衡冷量、热量和电量需求等。

4)发展清洁发电项目,如风能、太阳能、天然气和清洁煤利用发电等。

5)优化区域能量供应的网络,特别是电网、热网、天然气管网等的分布及能量供应平衡。

(六)重点支撑项目及其投资与效益分析

1. 重点支撑项目

(1)项目选择条件。综合考虑园区产业结构特点和生态工业园区建设的需求,确定入园项目应满足的条件。

入园项目选择的总体原则是符合国家和园区自身的产业政策和环保政策,同时符合构建产业循环体系、资源循环利用和污染控制体系和保障体系的基本要求,针对园区的产业结构和经济发展现状与未来的发展趋势,引进具有支撑功能的项目。

(2)项目内容。结合生态工业园区建设的实际,分别筛选和提出产业循环体系、资源循环利用和污染控制体系以及保障体系的重点支撑项目,包括产业补链项目、基础设施项目、服务管理项目等。

项目内容注意要满足生态工业园区的总体设计理念和环境保护的具体要求。规划文本中应将各专项规划中有关重点工程与投资方案内容进行汇总,并作为规划的重点内容之一加以明确。

重点支撑项目的确定应包括:建设项目名称、建设位置、主要工艺技术、实施期限、建设内容(包括分年度建设内容)、实施主体等相关内容。要对项目内容、规模、作用和实施时间安排等做详细描述。

参照园区建设重点项目清单和地方性工程预算文件对各建设项目的投资进行科学合理的估算。投资方案要提出具体的投资数量和资金来源,并做出年度投资计划表。

2. 投资与效益分析

重点对园区发展生态工业的综合效益进行分析评价,对生态工业园区建设的各项成本及收益进行初步的全面系统地核算,评估园区生态工业建设的成效。

(1)经济效益分析。主要从以下几个方面分析生态工业园区建设带来的经济效益。

1)物质减量、再用、循环带来的直接经济效益。

2)污染减排带来的间接经济效益。

3)促进园区本身经济总量稳定增长,同时带动园区所在地区经济增长。

4)经济增长质量的改善,吸引投资的力度的加强。

(2)生态环境效益。主要从以下几个方面分析生态工业园区建设带来的生态环境效益。

1)园区及周边地区水、大气和土壤环境质量的改善。

2)降低对自然资源的需求,减少能源消耗。

3)改善生态质量,树立生态景观形象。

(3)社会效益分析。主要从以下几个方面分析生态工业园区建设带来的社会效益。

1)扩大社会就业,提高园区教、科、文、卫软硬件水平。

2)改善人居环境,促进居民生活质量的全面提高。

3)增强园区活力,提高园区综合竞争能力。

(七)生态工业园区建设保障措施

提出保障规划实施和规划目标实现的组织、政策、技术、管理和其他等各项措施,包括政策保障措施、组织机构建设、技术保障体系、环境管理工具、公众参与、宣传教育与交流以及能够保障生态工业园区建设顺利开展的其他措施。

1. 政策保障

(1)制定生态工业园区建设管理办法和相关的实施细则。其内容要注意与园区现行的法律、法规和政策相衔接,如果现行法律、法规和政策有不协调之处,需做及时调整。

(2)通过国家和当地政府法律、法规的实施和执行来保障园区的发展。

(3)各级政府及园区要制定相关扶持政策,保障生态工业园区建设的顺利实施。政策应包括产业允许和限制政策、投资和融资政策、信贷和土地使用优先政策、税收政策、财务补贴政策等。鼓励和发展环保产业,扶持生态工业。对通过清洁生产和 ISO 14001 环境管理体系审核的企事业单位给予政策上的优惠。

2. 组织机构建设

(1)行政管理机构及运行机制。建立生态工业园区建设领导小组和实施小组,成员包括建设、规划、环保、物价、财税、招商、计划发展、国土等部门。根据不同园区的具体行政管理机构特点,分别采用政府主导、政企分管或企业管理等管理模式,负责整个园区的生态工业建设和运行的管理与实施。

(2)领导干部目标考核。制定有关的规定,将生态工业园区的建设内容列入园区管委会或所在区域行政主管部门相关领导干部的考核目标之中。

(3)人才引进和培养。通过制定各种人才政策,积极吸引国内外优秀人才在园区开展短期和长期的工作。在国内外有关大学定向培养人才,在当地建立专业院校,进行专业培养和职工培训。从而达到加速培养高层次专业技术人才,培养高素质决策管理者,同时不断提高现有技术干部的业务素质。

(4)专家咨询机制。建立以国家、省、市有关领导和科研单位、大专院校相关方面专家组成的专家咨询小组,负责对园区的规划、设计、建设、运行中的全局性、方向性、技术性问题提出咨询意见和建议。

3. 技术保障体系

(1)信息交流技术体系。建设具有信息基础设施、信息管理体系和信息交流平台的数字园区,允许园区成员利用该系统进行数据的存储、搜索和分析,充分发挥信息在园区的管理、企业间信息交流、技术支持、环境咨询等作用。信息应网罗国际、国内、区域的经贸信息,生态工业政策和技术信息,资源深加工和综合利用信息,环保技术信息,新材料、新工艺信息,节能、节水、降耗信息,公众参与信息等。建立和完善废物交换信息平台,以满足不同企业间废物交换利用的信息需要。

(2)生态工业技术研发。建立与加强国内外科研机构联系,建立起跨地区的松散型科研联合体;依托国内科研机构,大力推进产学研结合,组织实施园区的科研项目。积极引进国内外各种有利于生态工业建设的新技术、新工艺、新材料、新产品,建立和完善科技推广服务体系,建立有效的技术激励和扩散机制,促进科技成果转变和生态产业的发展。探索、试验、扶持区域物料、能源、水资源、环境容量联合调度利用技术和措施。

(3)生态设计。试行或推行产品的生态设计和生命周期评价制度,提升产品生产过程和使用过程的环境友好性。

(4)生态工业孵化器。根据园区特点,建立园区生态工业孵化器,为项目进行工业生态性评估、与现有的企业相容性评估,为园区企业的工业生态改造、构筑工业生态链条、维持工业生态系统健康运转提供技术支持,有针对性地提出园区补链企业需求,担负将企业和园区建设成为生态工业系统的任务。

(5)生态工业园区稳定运行风险应急预案。评估园区物质、能量循环代谢的关键节点,分析其出现问题对生态工业园区运行可能产生的影响,制定相应的规避方案和风险发生的应急措施,以保证园区某一节点出现问题后,仍能够维持正常运转。

(6)园区环境风险应急预案。评估园区重点风险源,分析其环境安全隐患和可能出现的风险事故,制定相应的安全管理方案和风险发生的应急措施。

4. 环境管理工具

在园区企业间推行废物生命周期管理、环境管理体系、清洁生产审核、生命周期评价和环境标志等环境管理手段。

5. 公众参与

建立公众参与机制,制定公众参与的鼓励政策,形成公众参与的制度。建立园区的监督体系,强化社会监督机制,增强舆论监督能力,实现信息的双向交流。

6. 宣传教育与交流

通过对生态工业园区的宣传、产品推介、合作规划等方式,大力开展国际环境科技和生态工业领域的交流与合作,借鉴国际经验提高园区建设发展水平,提高园区的国际知名度。加强宣传教育,提高公众生态工业意识。宣传教育分高级决策层、中级技术管理层、大众和社区三个层次。

7. 其他保障措施

根据生态工业园区实际情况,建立其他能够保障生态工业园区建设顺利开展的政策、经济、技术等措施。

参 考 文 献

[1] 黎德化. 生态设计学[M]. 北京:北京大学出版社,2012.

[2] 包景岭,骆中钊,李小宁. 小城镇生态建设与环境保护设计[M]. 北京:化学工业出版社,2005.

[3] 袁中金,钱新强. 小城镇生态规划[M]. 南京:东南大学出版社,2003.

[4] 黄光宇,陈勇. 生态城市理论与规划设计方法[M]. 北京:科学出版社,2002.

[5] 沈满洪. 生态经济学[M]. 北京:中国环境科学出版社,2008.

[6] 国家环境保护总局. 小城镇环境规划编制技术指南[M]. 北京:中国环境科学出版社,2002.

[7] 印开蒲,鄢和琳. 生态旅游与可持续发展[M]. 成都:四川大学出版社,2003.

[8] 李宇宏. 景观生态旅游规划[M]. 北京:中国林业出版社,2003.

[9] 周浩明,张晓东. 生态建筑——面向未来的建筑[M]. 南京:东南大学出版社,2002.